例題で学ぶ

現代制御の基礎

Fundamentals of Modern Control

鈴木 隆・板宮敬悦 共著

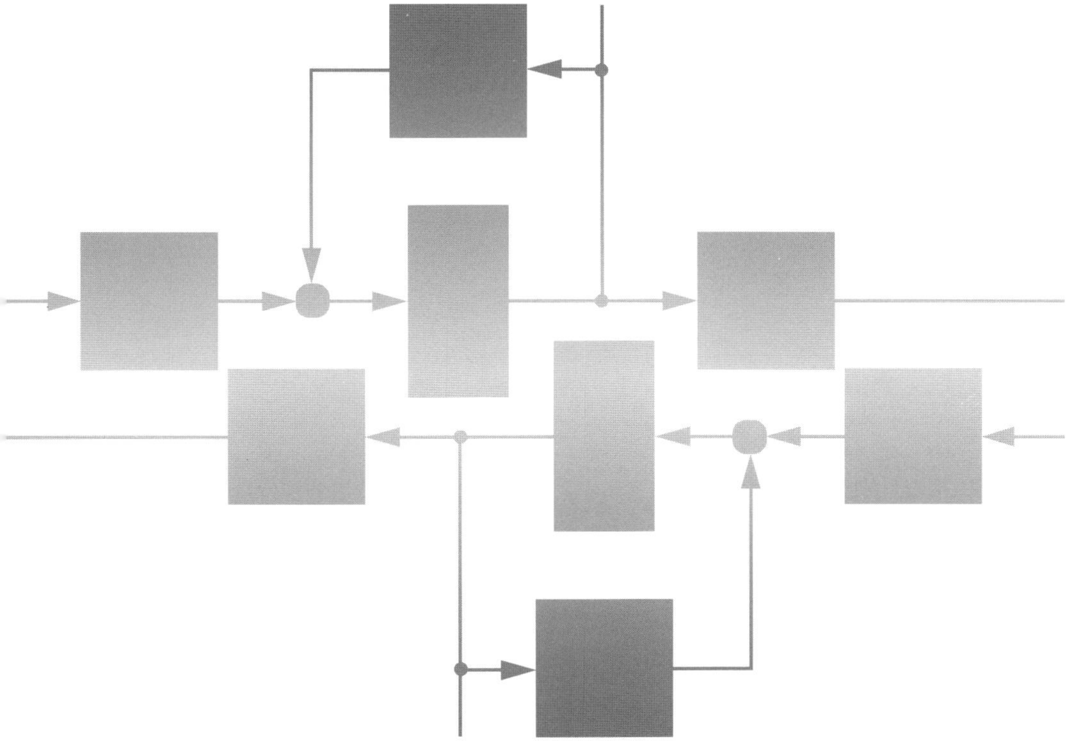

森北出版株式会社

まえがき

自動制御の技術を支える制御理論には，古典制御理論と現代制御理論とがある．前者はシステムの入出力間の関係 (入出力伝達関数) に着目した制御法で，伝達関数法とも呼ばれる．後者は出力のみならず内部状態をも考慮に入れた制御法で，状態空間法とも呼ばれる．古典制御理論は 18 世紀後半のワット (Watt) による蒸気機関の調速器の発明以来着々と整備され，第 2 次世界大戦中の自動化兵器の研究開発の成果を含めて，1950 年代にはほぼ完成の域に達した．これに対して，現代制御理論の歴史は新しく，その内容の多くは第 2 次世界大戦後の米ソの熾烈な宇宙開発競争を契機として開発された．人工衛星の打ち上げや月面への着陸などには従来の古典制御的な手法よりはもっときめの細かい制御法が要求されたわけである．現代制御理論は 1950 年代中頃よりカルマン (Kalman) をはじめとする多くの研究者により精力的に開発・整備され，現在では，古典制御の手法と相まって，産業の多くの部門でその真価を発揮するに至っている．

本書は状態空間法に基づく現代制御理論を扱ったもので，先に森北出版より出版された古典制御理論主体の "例題で学ぶ自動制御の基礎" の姉妹編をなすものである．現代制御理論は入力と出力の個数がそれぞれ複数個の多入力多出力系にも適用できるものであるが，本書では現代制御理論の基礎を解説するため，1 入力 1 出力の線形系に話題を絞った．本書は，1. 線形代数の概要，2. システムの状態表現，3. 状態方程式の解と性質，4. 可制御性と可観測性，5. システムの安定性，6. 状態フィードバックと状態観測器，7. 最適制御 の 7 章よりなる．現代制御理論はシステムの内部状態の変化を表わす状態方程式を基にして展開されるので，ベクトルや行列の概念が必要となる．第 1 章では，第 2 章以降の内容の理解に必要な範囲でベクトルや行列について線形代数の基礎的な事項を解説している．第 2 章以降は他の類書とほぼ同様の内容を扱ってはいるが，第 6，7 章の制御系の設計例では MATLAB によるシミュレーションの結果を示し，設計結果の妥当性が図として確認できるよう配慮している．また，各章の末尾には演習問題を用意し，それぞれの問題に対しては巻末に丁寧な解答を付して，各章の内容がより深く理解できるよう努めている．

本書では，ともすれば難しくなりがちの現代制御理論を，著者らの永年の講義やゼミの経験をもとに，話題を基礎的な事項に限定して，できるだけ平易に解説している．大学の工科系の学生や工業高専の学生の教科書や参考書として，あるいは企業等の現場で現代制御理論の基礎を一通り勉強したいと思っておられる方々の自習書として十分にお役に立ちうるものと確信している次第である．本書が現代制御理論への入門書の役割を果たし，多入力多出力の制御系やディジタル制御系などのより高度な制御理論学習への糸口ともなれば，著者の喜びこれに過ぎるものはない．とはいえ，本書の内容には筆者の思い違いや浅学非才のゆえに不備な点も多々あろうかと思われる．ご指摘・ご叱正をいただければ幸いである．

本書の執筆に当たっては，森北出版の水垣偉三夫氏に企画から出版にいたるまでいろいろとお世話をいただいた．ここに記して感謝の意を表する次第である．

2011 年 7 月

著　者

第 1 版第 3 刷の修正について

第 3 刷を重版するにあたり，様々なご助言を賜った名城大学の高畑健二先生に感謝いたします．

目　　次

第 1 章

線形代数の概要

現代制御理論はシステムの内部状態に着目して展開される．内部状態を表わす変数（状態変数）は一般にベクトル量であり，このベクトル量を他のベクトル量に関係づけるためには行列の演算が必要となる．本章では次章以降の内容を理解するのに必要な範囲でベクトルと行列に関する線形代数の基礎事項を概説する．以下ではまず，ベクトルと行列の演算法と行列式や逆行列の計算法を示すと共に，ベクトルの独立性や行列のランクなどについて述べる．つぎに，行列の固有値と固有ベクトルについて説明すると共に，ジョルダン標準形への変換などについて述べる．また，ベクトル量の 2 次形式にも言及し，正定条件や固有値との関係について説明する．

1.1 ベクトルと行列

1.1.1 行列とベクトルの定義

$n \times m$ 個の要素 a_{ij} $(i = 1, 2, \cdots, n\,;\, j = 1, 2, \cdots, m)$ をつぎのように矩形状に並べた配列

$$\boldsymbol{A} = \begin{bmatrix} a_{11} & a_{12} & \cdots & a_{1m} \\ a_{21} & a_{22} & \cdots & a_{2m} \\ \cdots & \cdots & \cdots & \cdots \\ a_{n1} & a_{n2} & \cdots & a_{nm} \end{bmatrix} \tag{1.1}$$

を**行列** (matrix) という．行列の横の並びを**行** (row)，縦の並びを**列** (column) という．すなわち，上の行列 $\boldsymbol{A}$ は n 行 m 列の行列である．このような行列 $\boldsymbol{A}$ は，大きさが $n \times m$ の行列と呼ばれる．行列 $\boldsymbol{A}$ は，i 行 j 列の要素 a_{ij} を用いて，$\boldsymbol{A} = [a_{ij}]$ のように表記することもある．行と列の数が等しい (すなわち，$n = m$) 行列は**正方行列** (square matrix) と呼ばれる．

列の数が 1，すなわち，$n \times 1$ の行列は n 次元の**列ベクトル** (column vector) と呼ばれる．列ベクトルは通常小文字で表記され，つぎのように表わされる．

$$\boldsymbol{a} = \begin{bmatrix} a_1 \\ a_2 \\ \vdots \\ a_n \end{bmatrix} \tag{1.2}$$

また，行の数が1，すなわち，$1 \times m$ の行列は m 次元の**行ベクトル** (row vector) と呼ばれ，つぎのように表わされる．

$$\boldsymbol{b} = [\, b_1 \quad b_2 \quad \cdots \quad b_m \,] \tag{1.3}$$

したがって，式 (1.1) の行列 $\boldsymbol{A}$ は，第 j 列を

$$\begin{bmatrix} a_{1j} \\ a_{2j} \\ \vdots \\ a_{nj} \end{bmatrix} = \boldsymbol{a}_{\mathrm{c}j} \ ;\ j = 1, 2, \cdots, m \tag{1.4}$$

と記すと，つぎのように表わされる．

$$\boldsymbol{A} = [\, \boldsymbol{a}_{\mathrm{c}1} \quad \boldsymbol{a}_{\mathrm{c}2} \quad \cdots \quad \boldsymbol{a}_{\mathrm{c}m} \,] \tag{1.5}$$

また，第 i 行を

$$[\, a_{i1} \quad a_{i2} \quad \cdots \quad a_{im} \,] = \boldsymbol{a}_{\mathrm{r}i} \ ;\ i = 1, 2, \cdots, n \tag{1.6}$$

と記すと，つぎのように表わすこともできる．

$$\boldsymbol{A} = \begin{bmatrix} \boldsymbol{a}_{\mathrm{r}1} \\ \boldsymbol{a}_{\mathrm{r}2} \\ \vdots \\ \boldsymbol{a}_{\mathrm{r}n} \end{bmatrix} \tag{1.7}$$

対角要素 a_{ii} 以外の要素がすべて0であるような正方行列

$$\boldsymbol{A} = \begin{bmatrix} a_{11} & 0 & 0 & \cdots & 0 \\ 0 & a_{22} & 0 & \cdots & 0 \\ & \cdots & \cdots & \cdots & \\ 0 & 0 & 0 & \cdots & a_{nn} \end{bmatrix} \tag{1.8}$$

は**対角行列** (diagonal matrix) と呼ばれ，$\mathbf{diag}\,[\, a_{11} \quad a_{22} \quad \cdots \quad a_{nn} \,]$ (または，簡単に $\mathbf{diag}\,[a_{ii}]$) のように表記される．とくに，対角要素がすべて1であるような対角行列

$$\boldsymbol{A} = \begin{bmatrix} 1 & 0 & 0 & \cdots & 0 \\ 0 & 1 & 0 & \cdots & 0 \\ & \cdots & \cdots & \cdots & \\ 0 & 0 & 0 & \cdots & 1 \end{bmatrix} \tag{1.9}$$

は**単位行列** (unit matrix または identity matrix) と呼ばれ，$\boldsymbol{I}$ (または，大きさを明記して，$\boldsymbol{I}_{n \times n}$) と表記される．また，すべての要素が0であるような行列は**零行**

列 (null matrix) と呼ばれ，$\boldsymbol{O}$ と表記される (すべての要素が 0 であるようなベクトルは零ベクトル (null vector) と呼ばれ，$\boldsymbol{0}$ と表記される).

式 (1.1) の $n \times m$ の行列 $\boldsymbol{A} = [a_{ij}]$ の行と列を入れ替えた $m \times n$ の行列 $[a_{ji}]$ は $\boldsymbol{A}$ の**転置行列** (transpose matrix) と呼ばれ，$\boldsymbol{A}^{\mathrm{T}}$(または $\boldsymbol{A}'$) のように表記される．ベクトルは 1 列または 1 行の行列なので，$n \times 1$ の列ベクトル $\boldsymbol{a}$ の転置 $\boldsymbol{a}^{\mathrm{T}}$ は $1 \times n$ の行ベクトルである．

$\boldsymbol{A} = \boldsymbol{A}^{\mathrm{T}}$ であるような正方行列は**対称行列** (symmetric matrix) と呼ばれる．したがって，$\boldsymbol{A}$ が対称行列ならば，$a_{ij} = a_{ji}$ $(i, j = 1, 2, \cdots, n)$ である．また，$\boldsymbol{A} = -\boldsymbol{A}^{\mathrm{T}}$ であるような正方行列は**歪対称行列** (skew-symmetric matrix) と呼ばれる．$\boldsymbol{A}$ が歪対称行列の場合には，$a_{ij} = -a_{ji}$ $(i, j = 1, 2, \cdots, n)$ なので，対角要素 a_{ii} はすべて 0 である．

1.1.2 行列とベクトルの演算

行列の和と差の演算は行と列の数がそれぞれ等しい行列に対してなされる．$n \times m$ の二つの行列を $\boldsymbol{A} = [a_{ij}]$，$\boldsymbol{B} = [b_{ij}]$ とすると，これらの行列の和 (または差) $\boldsymbol{C} = [c_{ij}]$ は

$$\boldsymbol{C} = \boldsymbol{A} \pm \boldsymbol{B} \tag{1.10}$$

と表記され，その要素 c_{ij} は次式を意味する．

$$c_{ij} = a_{ij} \pm b_{ij} \ ; i = 1, 2, \cdots, n, \quad j = 1, 2, \cdots, m \tag{1.11}$$

行列 $\boldsymbol{A} = [a_{ij}]$ とスカラー α との積 $\boldsymbol{C} = [c_{ij}]$ は

$$\boldsymbol{C} = \alpha \boldsymbol{A} \tag{1.12}$$

と表記され，その要素 c_{ij} は次式を意味する．

$$c_{ij} = \alpha a_{ij} \ ; i = 1, 2, \cdots, n, \quad j = 1, 2, \cdots, m \tag{1.13}$$

すなわち，行列 $\boldsymbol{C}$ の要素は $\boldsymbol{A}$ の要素を一律に α 倍したものである．

行列と行列の積の演算は $n_A \times m$ の行列 $\boldsymbol{A} = [a_{ij}]$ と $m \times n_B$ の行列 $\boldsymbol{B} = [b_{ij}]$ に対してなされる．$\boldsymbol{A}$ と $\boldsymbol{B}$ の積 $\boldsymbol{C} = [c_{ij}]$ は

$$\boldsymbol{C} = \boldsymbol{A}\boldsymbol{B} \tag{1.14}$$

と表記され，その要素 c_{ij} は次式で与えられる．

$$c_{ij} = \sum_{k=1}^{m} a_{ik} b_{kj} \ ; i = 1, 2, \cdots, n_A, \quad j = 1, 2, \cdots, n_B \tag{1.15}$$

すなわち，行列 $\boldsymbol{A}$ と行列 $\boldsymbol{B}$ の積の演算ができるためには，$\boldsymbol{A}$ の列の数と $\boldsymbol{B}$ の行の数が同じでなければならない．また，積 $\boldsymbol{C}$ の大きさは $\boldsymbol{A}$ の行の数 n_A と $\boldsymbol{B}$ の列

の数 n_B で決まり，その大きさは $n_A \times n_B$ である．したがって，$n_A = n_B$ の場合には，積 $\boldsymbol{C}$ は正方行列となる (図 1.1 参照).

行列 $\boldsymbol{A}$ と $\boldsymbol{B}$ の積に対しては，$n_A = n_B$ の場合であっても，一般には

$$\boldsymbol{AB} \neq \boldsymbol{BA} \tag{1.16}$$

であり，交換の法則は成り立たない.

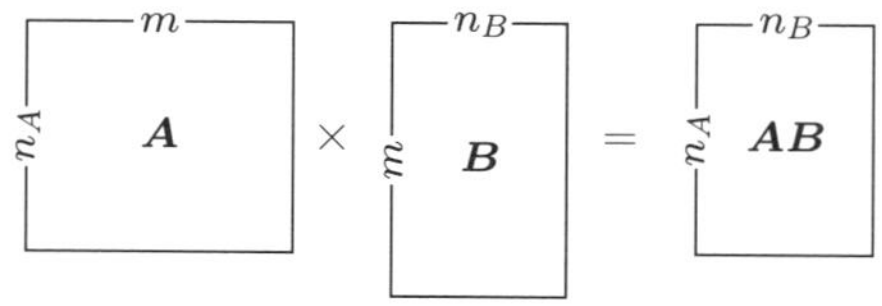

図 1.1　行列と行列の積

例題 1.1　行列 $\boldsymbol{A}, \boldsymbol{B}$ が

$$\boldsymbol{A} = \begin{bmatrix} a_{11} & a_{12} \\ a_{21} & a_{22} \end{bmatrix}, \quad \boldsymbol{B} = \begin{bmatrix} b_{11} & b_{12} \\ b_{21} & b_{22} \end{bmatrix} \quad ①$$

のような 2×2 の場合について，一般には $\boldsymbol{AB} \neq \boldsymbol{BA}$ であることを示せ.

解　この場合には，積 AB と BA はそれぞれ

$$\boldsymbol{AB} = \begin{bmatrix} a_{11}b_{11} + a_{12}b_{21} & a_{11}b_{12} + a_{12}b_{22} \\ a_{21}b_{11} + a_{22}b_{21} & a_{21}b_{12} + a_{22}b_{22} \end{bmatrix} \quad ②$$

$$\boldsymbol{BA} = \begin{bmatrix} b_{11}a_{11} + b_{12}a_{21} & b_{11}a_{12} + b_{12}a_{22} \\ b_{21}a_{11} + b_{22}a_{21} & b_{21}a_{12} + b_{22}a_{22} \end{bmatrix} \quad ③$$

となる．したがって，特殊な a_{ij}, b_{ij} でないかぎり，一般には $\boldsymbol{AB} \neq \boldsymbol{BA}$ であることがわかる.

しかし，特殊な行列 $\boldsymbol{A}, \boldsymbol{B}$ に対しては $\boldsymbol{AB} = \boldsymbol{BA}$ が成り立つ場合がある．このような行列 $\boldsymbol{A}, \boldsymbol{B}$ は**可換** (commutative) であると呼ばれる．可換な行列の例としては，$\boldsymbol{A}, \boldsymbol{B}$ が共に対角行列である場合，任意の正方行列 $\boldsymbol{A}$ に対して $\boldsymbol{B}$ が $\boldsymbol{A}^i$; $i = 1, 2, \cdots, n$ である場合などが挙げられる.

行列の演算に関しては，上の説明からも容易にわかるように，以下の性質が成り立つ.

(i)　積の結合法則　：$\boldsymbol{A}(\boldsymbol{BC}) = (\boldsymbol{AB})\boldsymbol{C}$　　(1.17)

(ii)　積の分配法則　：$\boldsymbol{A}(\boldsymbol{B} + \boldsymbol{C}) = \boldsymbol{AB} + \boldsymbol{AC}$, $(\boldsymbol{A} + \boldsymbol{B})\boldsymbol{C} = \boldsymbol{AC} + \boldsymbol{BC}$　　(1.18)

(iii)　行列の積の転置：$(\boldsymbol{AB})^{\mathrm{T}} = \boldsymbol{B}^{\mathrm{T}}\boldsymbol{A}^{\mathrm{T}}$　　(1.19)

例題 1.2 行列 $\boldsymbol{A}, \boldsymbol{B}$ が上の例題 1.1 のように与えられる場合について，$(\boldsymbol{AB})^{\mathrm{T}} = \boldsymbol{B}^{\mathrm{T}}\boldsymbol{A}^{\mathrm{T}}$ が成り立つことを示せ．

解 まず，$(\boldsymbol{AB})^{\mathrm{T}}$ は，前例題の解から明らかなように，

$$(\boldsymbol{AB})^{\mathrm{T}} = \begin{bmatrix} a_{11}b_{11} + a_{12}b_{21} & a_{21}b_{11} + a_{22}b_{21} \\ a_{11}b_{12} + a_{12}b_{22} & a_{21}b_{12} + a_{22}b_{22} \end{bmatrix} \quad ①$$

また，$\boldsymbol{B}^{\mathrm{T}}\boldsymbol{A}^{\mathrm{T}}$ は，

$$\boldsymbol{B}^{\mathrm{T}}\boldsymbol{A}^{\mathrm{T}} = \begin{bmatrix} b_{11} & b_{21} \\ b_{12} & b_{22} \end{bmatrix} \begin{bmatrix} a_{11} & a_{21} \\ a_{12} & a_{22} \end{bmatrix}$$
$$= \begin{bmatrix} b_{11}a_{11} + b_{21}a_{12} & b_{11}a_{21} + b_{21}a_{22} \\ b_{12}a_{11} + b_{22}a_{12} & b_{12}a_{21} + b_{22}a_{22} \end{bmatrix} \quad ②$$

これより，$(\boldsymbol{AB})^{\mathrm{T}} = \boldsymbol{B}^{\mathrm{T}}\boldsymbol{A}^{\mathrm{T}}$ が成り立つことがわかる．

ベクトルは列または行の数が 1 という行列の特別の場合に属するので，上述の行列の演算法則はそのまま適用される．以下では，行列とベクトルの積，ベクトルとベクトルの内積について簡単に述べておく．

n 次元の列ベクトル ($n \times 1$ の行列)

$$\boldsymbol{x} = [\, x_1 \;\; x_2 \;\; \cdots \;\; x_n \,]^{\mathrm{T}} \tag{1.20}$$

に式 (1.1) の $m \times n$ の行列 $\boldsymbol{A}$ を左から掛けると，積 $\boldsymbol{y} = \boldsymbol{Ax}$ は

$$\boldsymbol{y} = [\, y_1 \;\; y_2 \;\; \cdots \;\; y_m \,]^{\mathrm{T}}; \quad y_i = a_{i1}x_1 + a_{i2}x_2 + \cdots + a_{in}x_n, \quad i = 1 \sim m \tag{1.21}$$

のような m 次元の列ベクトルとなる．

n 次元の列ベクトル

$$\boldsymbol{y} = [\, y_1 \;\; y_2 \;\; \cdots \;\; y_n \,]^{\mathrm{T}} \tag{1.22}$$

に n 次元の行ベクトル

$$\boldsymbol{x}^{\mathrm{T}} = [\, x_1 \;\; x_2 \;\; \cdots \;\; x_n \,] \tag{1.23}$$

を左から掛けると，積 $\boldsymbol{x}^{\mathrm{T}}\boldsymbol{y}$ は

$$\boldsymbol{x}^{\mathrm{T}}\boldsymbol{y} = x_1y_1 + x_2y_2 + \cdots + x_ny_n \quad \left(= \sum_{i=1}^{n} x_iy_i \right) \tag{1.24}$$

となる．この積 $\boldsymbol{x}^{\mathrm{T}}\boldsymbol{y}$ はスカラー量で，ベクトル $\boldsymbol{x}$ と $\boldsymbol{y}$ の**内積** (inner product) と呼ばれる．内積は $\boldsymbol{x} \cdot \boldsymbol{y}$, $(\boldsymbol{x}, \boldsymbol{y})$ のように表記されることもある．ベクトル $\boldsymbol{x}$ と $\boldsymbol{y}$ の内積の値は $\boldsymbol{y}^{\mathrm{T}}\boldsymbol{x}$ としても変わらない．すなわち，$\boldsymbol{x}^{\mathrm{T}}\boldsymbol{y} = \boldsymbol{y}^{\mathrm{T}}\boldsymbol{x}$ である．

第 2 章以降では，ベクトルや行列の時間微分や積分が登場する．時間 t の関数 $a_{ij}(t)$ を要素とする行列 $\boldsymbol{A}(t)$ (ベクトルを含む) の t に関する微分および積分は次式により定義される．

$$\frac{d}{dt}\boldsymbol{A}(t) = \left[\frac{d}{dt}a_{ij}(t)\right] \tag{1.25}$$

$$\int \boldsymbol{A}(t)\,dt = \left[\int a_{ij}(t)\,dt\right] \tag{1.26}$$

すなわち，微分演算子 d/dt や積分演算子 $\int dt$ は，式 (1.12) におけるスカラー α と同様，各要素に作用させればよいわけである．

1.1.3　ベクトルのノルム

式 (1.24) の内積の定義によれば，ベクトル $\boldsymbol{x}$ と $\boldsymbol{x}$ の内積は

$$\boldsymbol{x}^{\mathrm{T}}\boldsymbol{x} = x_1^2 + x_2^2 + \cdots + x_n^2 \tag{1.27}$$

となる．これはベクトル $\boldsymbol{x}$ の長さ (大きさ) の 2 乗を意味する．ベクトル $\boldsymbol{x}$ の長さは $\|\boldsymbol{x}\|$ のように表記される．すなわち，

$$\|\boldsymbol{x}\| = \sqrt{\boldsymbol{x}^{\mathrm{T}}\boldsymbol{x}} \tag{1.28}$$

である．ベクトルの長さ $\|\boldsymbol{x}\|$ は**ノルム** (norm) とも呼ばれ，つぎの性質 (i)〜(iii) を有する．

(i) すべての $\boldsymbol{x}$ に対して，$\|\boldsymbol{x}\| \geq 0$ ($\|\boldsymbol{x}\| = 0$ は $\boldsymbol{x} = \boldsymbol{0}$ のときのみ)．

(ii) $\|\alpha\boldsymbol{x}\| = |\alpha|\cdot\|\boldsymbol{x}\|$；$|\alpha|$ はスカラー α の絶対値

(iii) すべての $\boldsymbol{x}, \boldsymbol{y}$ に対して，つぎの関係 (**三角不等式**) が成り立つ．

$$\|\boldsymbol{x} + \boldsymbol{y}\| \leq \|\boldsymbol{x}\| + \|\boldsymbol{y}\| \tag{1.29}$$

式 (1.28) のように定義されるベクトル $\boldsymbol{x}, \boldsymbol{y}$ のノルムに関しては，つぎの関係 (**シュワルツ** (Schwalz) **の不等式**) が成り立つ．

$$|\boldsymbol{x}^{\mathrm{T}}\boldsymbol{y}| \leq \|\boldsymbol{x}\|\cdot\|\boldsymbol{y}\| \tag{1.30}$$

例題 1.3　ベクトル $\boldsymbol{x}$ と $\boldsymbol{y}$ の次元を 2 次元とし，$\boldsymbol{x}$ と $\boldsymbol{y}$ のなす角を θ とする．このとき次式が成り立つことを示せ．

$$\boldsymbol{x}^{\mathrm{T}}\boldsymbol{y} = \|\boldsymbol{x}\|\cdot\|\boldsymbol{y}\|\cos\theta$$

解　$\boldsymbol{x}$ と $\boldsymbol{y}$ をそれぞれ

$$\boldsymbol{x} = [\,x_1 \quad x_2\,]^{\mathrm{T}}, \quad \boldsymbol{y} = [\,y_1 \quad y_2\,]^{\mathrm{T}} \qquad ①$$

とすると，内積 $x^{\mathrm{T}}y$ は次式で与えられる．

$$\boldsymbol{x}^{\mathrm{T}}\boldsymbol{y} = x_1y_1 + x_2y_2 \qquad ②$$

図 1.2 に示すように，$\boldsymbol{x}$，$\boldsymbol{y}$ の長さと偏角をそれぞれ $\|\boldsymbol{x}\|$，θ_x，$\|\boldsymbol{y}\|$，θ_y とすると，

$$\begin{aligned} x_1 &= \|\boldsymbol{x}\|\cos\theta_x,\ x_2 = \|\boldsymbol{x}\|\sin\theta_x \\ y_1 &= \|\boldsymbol{y}\|\cos\theta_y,\ y_2 = \|\boldsymbol{y}\|\sin\theta_y \end{aligned} \qquad ③$$

式 ③ を式 ② に代入すると，

$$\begin{aligned} \boldsymbol{x}^{\mathrm{T}}\boldsymbol{y} &= \|\boldsymbol{x}\|\cdot\|\boldsymbol{y}\|\cos\theta_x\cos\theta_y + \|\boldsymbol{x}\|\cdot\|\boldsymbol{y}\|\sin\theta_x\sin\theta_y \\ &= \|\boldsymbol{x}\|\cdot\|\boldsymbol{y}\|\cos\theta\ ;\ \theta = \theta_x - \theta_y \end{aligned} \qquad ④$$

上式より，$\cos\theta \le 1$ なので，$\boldsymbol{x}^{\mathrm{T}}\boldsymbol{y} \le \|\boldsymbol{x}\|\cdot\|\boldsymbol{y}\|$ なる関係が成り立つ．また，x と y が直交する $(\theta = 90^\circ)$ の場合には，$\boldsymbol{x}^{\mathrm{T}}\boldsymbol{y} = 0$ となることがわかる．

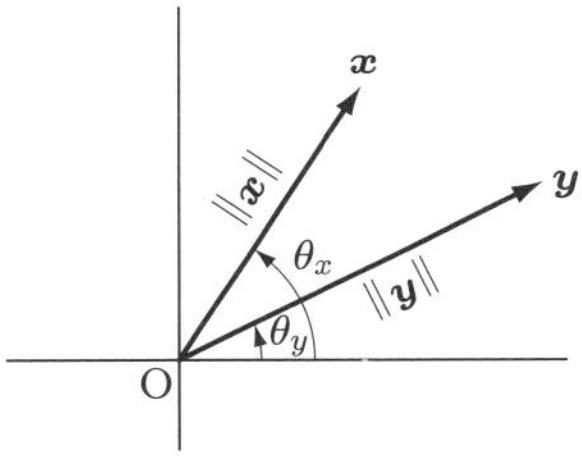

図 1.2 ベクトル $\boldsymbol{x}$ と $\boldsymbol{y}$ の内積

例題 1.4 $\boldsymbol{x}$，$\boldsymbol{y}$ を n 次元のベクトルとする．式 (1.30) の関係が成り立つことを示せ．また，この関係は式 (1.29) の三角不等式を満足することを示せ．

解 まず，式 (1.30) の不等式が成り立つことを示す．$\boldsymbol{z} = \lambda\boldsymbol{x} + \boldsymbol{y}$ (λ はスカラー) なるベクトルのノルム $\|\boldsymbol{z}\|$ の 2 乗はつぎのように表わされる．

$$\begin{aligned} \boldsymbol{z}^{\mathrm{T}}\boldsymbol{z} &= (\lambda\boldsymbol{x} + \boldsymbol{y})^{\mathrm{T}}(\lambda\boldsymbol{x} + \boldsymbol{y}) = (\boldsymbol{x}^{\mathrm{T}}\boldsymbol{x})\lambda^2 + 2(\boldsymbol{x}^{\mathrm{T}}\boldsymbol{y})\lambda + (\boldsymbol{y}^{\mathrm{T}}\boldsymbol{y}) \\ &= \|\boldsymbol{x}\|^2\lambda^2 + 2(\boldsymbol{x}^{\mathrm{T}}\boldsymbol{y})\lambda + \|\boldsymbol{y}\|^2 \ge 0 \end{aligned} \qquad ①$$

上式は，λ の値のいかんにかかわらず，つねに非負，したがって，判別式 D は非正である．すなわち，

$$D = (\boldsymbol{x}^{\mathrm{T}}\boldsymbol{y})^2 - \|\boldsymbol{x}\|^2\|\boldsymbol{y}\|^2 \le 0 \qquad ②$$

したがって，つぎの関係が成り立つ．

$$(\boldsymbol{x}^{\mathrm{T}}\boldsymbol{y})^2 = \left|\boldsymbol{x}^{\mathrm{T}}\boldsymbol{y}\right|^2 \le \|\boldsymbol{x}\|^2\|\boldsymbol{y}\|^2 \qquad ③$$

上式より，式 (1.30) の関係は明らか．また，式 (1.29) の両辺は，それぞれ

$$\|\boldsymbol{x} + \boldsymbol{y}\|^2 = \|\boldsymbol{x}\|^2 + \|\boldsymbol{y}\|^2 + 2\boldsymbol{x}^{\mathrm{T}}\boldsymbol{y} \qquad ④$$

$$\left(\|\boldsymbol{x}\| + \|\boldsymbol{y}\|\right)^2 = \|\boldsymbol{x}\|^2 + \|\boldsymbol{y}\|^2 + 2\|\boldsymbol{x}\|\cdot\|\boldsymbol{y}\| \qquad ⑤$$

のように変形できる，これより式 (1.29) が成り立つことがわかる．

1.2 行列式と逆行列

1.2.1 行列式

$n \times n$ の正方行列 $\boldsymbol{A}$ $(= [a_{ij}]\ ;\ i, j = 1, 2, \cdots, n)$ に対して，

$$\sum_{(i_1, i_2, \cdots, i_n)} \mathrm{sgn}(i_1, i_2, \cdots, i_n) a_{1i_1} a_{2i_2} \cdots a_{ni_n} \tag{1.31}$$

により定義される式を $\boldsymbol{A}$ の n 次の**行列式** (determinant) といい，$|\boldsymbol{A}|$ または $\det \boldsymbol{A}$ と記す．ただし，記号 $\sum_{(i_1, i_2, \cdots, i_n)}$ は n 個の文字 $1, 2, \cdots, n$ の $n!$ 個の順列についての総和を表わし，記号 $\mathrm{sgn}(i_1, i_2, \cdots, i_n)$ は次式を意味する．

$$\begin{aligned} \mathrm{sgn}(i_1, i_2, \cdots, i_n) &= +1\ ;\ (i_1, i_2, \cdots, i_n) \text{ が偶順列} \\ &= -1\ ;\ (i_1, i_2, \cdots, i_n) \text{ が奇順列} \end{aligned} \tag{1.32}$$

ここに，$i_k\ ;\ k = 1, 2, \cdots, n$ は要素 a_{ij} の後の添字であることに注意されたい．

ノート n 個の文字 $1, 2, \cdots, n$ の $n!$ 個の順列の一つを $(i_1, i_2, \cdots, i_n)$ とする．この中からとり出した二つの文字 i_p, i_q について，$p < q$ のとき $i_p > i_q$ ならば，順序が逆転しているという．順列 $(i_1, i_2, \cdots, i_n)$ から二つの文字 i_p, i_q をとり出す方法は $n(n-1)/2$ 通りあるが，その中で逆転の数が偶数であるような順列は**偶順列**，奇数であるような順列は**奇順列**という．

例題 1.5 つぎの行列 A の行列式を求めよ．

$$\text{(a)}\quad \boldsymbol{A} = \begin{bmatrix} a_{11} & a_{12} \\ a_{21} & a_{22} \end{bmatrix} \qquad \text{(b)}\quad \boldsymbol{A} = \begin{bmatrix} a_{11} & a_{12} & a_{13} \\ a_{21} & a_{22} & a_{23} \\ a_{31} & a_{32} & a_{33} \end{bmatrix}$$

解

$$\text{(a)}\quad |\boldsymbol{A}| = \begin{vmatrix} a_{11} & a_{12} \\ a_{21} & a_{22} \end{vmatrix} = a_{11}a_{22} - a_{12}a_{21} \tag*{①}$$

この場合には，$a_{11}a_{22}$ の後の添字についての逆転の数は 0 回，$a_{12}a_{21}$ に対しては 1 回である．

$$\text{(b)}\quad |\boldsymbol{A}| = \begin{vmatrix} a_{11} & a_{12} & a_{13} \\ a_{21} & a_{22} & a_{23} \\ a_{31} & a_{32} & a_{33} \end{vmatrix} = a_{11}a_{22}a_{33} + a_{12}a_{23}a_{31} + a_{13}a_{21}a_{32} - a_{13}a_{22}a_{31} - a_{12}a_{21}a_{33} - a_{11}a_{23}a_{32} \tag*{②}$$

この場合には，$a_{11}a_{22}a_{33}$，$a_{12}a_{23}a_{31}$，$a_{13}a_{21}a_{32}$ の後の添字の逆転の数はそれぞれ 0，2，2 回，$a_{13}a_{22}a_{31}$，$a_{12}a_{21}a_{33}$，$a_{11}a_{23}a_{32}$ に対しては 3，1，1 回である．

上の定義に基づいた行列式の計算は次数が大きくなると相当に煩雑となる．行列式の計算には，以下に示すラプラスの展開定理による方法が有用である．n 次の行列式 $|\boldsymbol{A}|$ の第 i 行と第 j 列を除いて作られる行列式は Δ_{ij} と表記され，$|\boldsymbol{A}|$ の $(n-1)$ 次の**小行列式**と呼ばれる (一般の小行列式については後述の 1.3.2 項を参照)．この Δ_{ij} に $(-1)^{i+j}$ を乗じたもの，すなわち，

$$\tilde{a}_{ij} = (-1)^{i+j}\Delta_{ij}; \quad i, j = 1, 2, \cdots, n \tag{1.33}$$

は a_{ij} の**余因子** (cofactor) と呼ばれる．ラプラスの展開定理は，行列式 $|\boldsymbol{A}|$ を余因子 $\tilde{a}_{ij}$ を用いて表現したもので，つぎのように記述される．

ラプラスの展開定理　n 次の行列式 $|\boldsymbol{A}|$ は，第 i 行の要素について，つぎのように展開できる．

$$|\boldsymbol{A}| = \begin{vmatrix} a_{11} & a_{12} & \cdots & a_{1n} \\ a_{21} & a_{22} & \cdots & a_{2n} \\ \multicolumn{4}{c}{\cdots\cdots\cdots\cdots} \\ a_{n1} & a_{n2} & \cdots & a_{nn} \end{vmatrix} = \sum_{j=1}^{n} a_{ij}\tilde{a}_{ij} \ ; i = 1, 2, \cdots, n \tag{1.34}$$

上の展開定理の適用に当たっては，i の値はどのように選んでもよいが，その行の中に 0 のものがあるなどの理由で計算が容易になるように選ぶのが得策であろう．上式の $\tilde{a}_{ij}$ の中の小行列式 Δ_{ij} の計算に再び展開定理を用いれば，小行列式の次数を逐次下げていくことができる．

式 (1.34) では行について展開したが，列について展開し，$|\boldsymbol{A}|$ を

$$|\boldsymbol{A}| = \begin{vmatrix} a_{11} & a_{12} & \cdots & a_{1n} \\ a_{21} & a_{22} & \cdots & a_{2n} \\ \multicolumn{4}{c}{\cdots\cdots\cdots\cdots} \\ a_{n1} & a_{n2} & \cdots & a_{nn} \end{vmatrix} = \sum_{i=1}^{n} a_{ij}\tilde{a}_{ij} \ ; j = 1, 2, \cdots, n \tag{1.35}$$

のように計算してもよい．

例題 1.6　行列式 $|\boldsymbol{A}|$ が式 (1.34) のように展開できることを，$n = 3$ の場合について示せ．

解　$n = 3$ の場合には，行の選び方としては $i = 1, 2, 3$ の 3 通りがある．以下では $i = 2$ とした場合について考える．$n = 3$ の場合には，$|\boldsymbol{A}|$ は例題 1.5 の式 ② のように表わされる．同式はつぎのように書き直すことができる．

$$|\boldsymbol{A}| = -a_{21}(a_{12}a_{33} - a_{13}a_{32}) + a_{22}(a_{11}a_{33} - a_{13}a_{31}) - a_{23}(a_{11}a_{32} - a_{12}a_{31}) \quad ①$$

上式右辺の (　) 内はそれぞれ $\Delta_{21}, \Delta_{22}, \Delta_{23}$ を意味する．したがって，

$$|\boldsymbol{A}| = -a_{21}\Delta_{21} + a_{22}\Delta_{22} - a_{23}\Delta_{23} \quad ②$$

上式に式 (1.33) の関係を用いると，式 (1.34) が得られる．

例題 1.7 例題 1.5 に示した行列 $\boldsymbol{A}$ の行列式をラプラスの展開定理を用いて計算せよ．

解 (a) 第 1 行の要素について展開すると，この場合の余因子は，

$$\tilde{a}_{11} = (-1)^{1+1} a_{22} = +a_{22}, \quad \tilde{a}_{12} = (-1)^{1+2} a_{21} = -a_{21} \qquad ①$$

したがって，行列式 $|\boldsymbol{A}|$ は，

$$|\boldsymbol{A}| = a_{11}a_{22} - a_{12}a_{21} \qquad ②$$

(b) 第 1 行の要素について展開すると，この場合の余因子は，

$$\tilde{a}_{11} = (-1)^{1+1} \begin{vmatrix} a_{22} & a_{23} \\ a_{32} & a_{33} \end{vmatrix} = + \begin{vmatrix} a_{22} & a_{23} \\ a_{32} & a_{33} \end{vmatrix}$$

$$\tilde{a}_{12} = (-1)^{1+2} \begin{vmatrix} a_{21} & a_{23} \\ a_{31} & a_{33} \end{vmatrix} = - \begin{vmatrix} a_{21} & a_{23} \\ a_{31} & a_{33} \end{vmatrix}$$

$$\tilde{a}_{13} = (-1)^{1+3} \begin{vmatrix} a_{21} & a_{22} \\ a_{31} & a_{32} \end{vmatrix} = + \begin{vmatrix} a_{21} & a_{22} \\ a_{31} & a_{32} \end{vmatrix}$$

上の 2 次の行列式に上述の (a) の計算方法を適用すると，

$$\tilde{a}_{11} = a_{22}a_{33} - a_{23}a_{32}, \ \tilde{a}_{12} = -(a_{21}a_{33} - a_{23}a_{31}),$$
$$\tilde{a}_{13} = a_{21}a_{32} - a_{22}a_{31} \qquad ③$$

したがって，行列式 $|\boldsymbol{A}|$ は，

$$\begin{aligned} |\boldsymbol{A}| &= a_{11}\tilde{a}_{11} + a_{12}\tilde{a}_{12} + a_{13}\tilde{a}_{13} \\ &= a_{11}(a_{22}a_{33} - a_{23}a_{32}) - a_{12}(a_{21}a_{33} - a_{23}a_{31}) \\ &\quad + a_{13}(a_{21}a_{32} - a_{22}a_{31}) \end{aligned}$$

行列式には以下に示すような性質がある．

(i) 行列 $\boldsymbol{A}$ とその転置行列 $\boldsymbol{A}^{\mathrm{T}}$ の行列式は同じである．すなわち，

$$|\boldsymbol{A}| = |\boldsymbol{A}^{\mathrm{T}}| \qquad (1.36)$$

(ii) 二つの行 (または列) を入れ替えた行列式の値は，元の行列式の値の (−1) 倍となる．したがって，二つの行 (または列) が同じであれば，行列式の値は 0 である．

(iii) ある行 (または列) を α 倍した行列式の値は，元の行列式の値の α 倍となる．

(iv) ある行 (または列) を c 倍し，これを他の行 (または列) に加えても，行列式の値は変わらない．

(v) 正方行列の積の行列式は，それぞれの行列式の積に等しい．すなわち，

$$|\boldsymbol{AB}| = |\boldsymbol{A}| \cdot |\boldsymbol{B}| \qquad (1.37)$$

例題 1.8 式 (1.37) が成り立つことを $n=2$ の場合について示せ.

解 正方行列 $\boldsymbol{A}, \boldsymbol{B}$ が

$$\boldsymbol{A} = \begin{bmatrix} a_{11} & a_{12} \\ a_{21} & a_{22} \end{bmatrix}, \quad \boldsymbol{B} = \begin{bmatrix} b_{11} & b_{12} \\ b_{21} & b_{22} \end{bmatrix} \qquad ①$$

のように与えられるとすると，行列式 $|\boldsymbol{A}|, |\boldsymbol{B}|$ は，

$$|\boldsymbol{A}| = a_{11}a_{22} - a_{12}a_{21}, \quad |\boldsymbol{B}| = b_{11}b_{22} - b_{12}b_{21} \qquad ②$$

また，$\boldsymbol{AB}$ は，

$$\boldsymbol{AB} = \begin{bmatrix} a_{11}b_{11} + a_{12}b_{21} & a_{11}b_{12} + a_{12}b_{22} \\ a_{21}b_{11} + a_{22}b_{21} & a_{21}b_{12} + a_{22}b_{22} \end{bmatrix} \qquad ③$$

したがって，$|\boldsymbol{AB}|$ は，

$$\begin{aligned} |\boldsymbol{AB}| &= (a_{11}b_{11} + a_{12}b_{21})(a_{21}b_{12} + a_{22}b_{22}) \\ &\quad - (a_{11}b_{12} + a_{12}b_{22})(a_{21}b_{11} + a_{22}b_{21}) \\ &= (a_{11}a_{22} - a_{12}a_{21})(b_{11}b_{22} - b_{12}b_{21}) \end{aligned} \qquad ④$$

上式と式 ② より，式 (1.37) が成り立つことがわかる.

1.2.2 逆行列

行列 $\boldsymbol{A}$ と $\boldsymbol{B}$ の積が単位行列 $\boldsymbol{I}$，すなわち，$\boldsymbol{AB} = \boldsymbol{I}$ となるような行列 $\boldsymbol{B}$ を $\boldsymbol{A}$ の**逆行列** (または，$\boldsymbol{A}$ を $\boldsymbol{B}$ の**逆行列**) といい，

$$\boldsymbol{B} = \boldsymbol{A}^{-1} \quad (\text{または，} \boldsymbol{A} = \boldsymbol{B}^{-1}) \qquad (1.38)$$

のように表わす．$\boldsymbol{A}$ の逆行列 $\boldsymbol{A}^{-1}$ は次式により計算される.

$$\boldsymbol{A}^{-1} = \frac{\mathrm{adj}\boldsymbol{A}}{|\boldsymbol{A}|} \qquad (1.39)$$

ここに，$|\boldsymbol{A}|$ は $\boldsymbol{A}$ の行列式，$\mathrm{adj}\boldsymbol{A}$ は a_{ij} の余因子 $\tilde{a}_{ij}$ を j 行 i 列の要素とする行列 (**余因子行列**と呼ばれる) である．すなわち，

$$\mathrm{adj}\boldsymbol{A} = \begin{bmatrix} \tilde{a}_{11} & \tilde{a}_{21} & \cdots & \tilde{a}_{n1} \\ \tilde{a}_{12} & \tilde{a}_{22} & \cdots & \tilde{a}_{n2} \\ & \cdots\cdots\cdots\cdots & & \\ \tilde{a}_{1n} & \tilde{a}_{2n} & \cdots & \tilde{a}_{nn} \end{bmatrix} \qquad (1.40)$$

上式において，i 行 j 列の要素が，$\tilde{a}_{ij}$ ではなく，$\tilde{a}_{ji}$ となっていることに注意されたい．余因子行列 $\mathrm{adj}\boldsymbol{A}$ は $\tilde{\boldsymbol{A}}$ と表記されることもある.

式 (1.39) より明らかなように，逆行列 $\boldsymbol{A}^{-1}$ が存在するためには，$|\boldsymbol{A}| \neq 0$ でなければならない．$|\boldsymbol{A}| \neq 0$ であるような行列 $\boldsymbol{A}$ は**正則** (non-singular) と呼ばれる.

なお，積 $\boldsymbol{AB}$ の逆行列に関しては，次式が成り立つ.

$$(\boldsymbol{AB})^{-1} = \boldsymbol{B}^{-1}\boldsymbol{A}^{-1} \tag{1.41}$$

この関係は，$(\boldsymbol{AB})\boldsymbol{B}^{-1}\boldsymbol{A}^{-1} = \boldsymbol{AA}^{-1} = \boldsymbol{I}$ より，容易に理解できよう．

例題 1.9　逆行列 $\boldsymbol{A}^{-1}$ が式 (1.39) により計算できることを示せ．

解　式 (1.39) はつぎのように書き直すことができる．

$$\boldsymbol{A}\mathrm{adj}\boldsymbol{A} = |\boldsymbol{A}|\boldsymbol{I} \qquad ①$$

$\boldsymbol{A}^{-1}$ が式 (1.39) で与えられることを示すには，上の式 ① が成り立つことを示せばよい．以下では，簡単のため，$n = 2$ の場合についてこれを示す．この場合には，式 ① はつぎのようになる．

$$\begin{bmatrix} a_{11} & a_{12} \\ a_{21} & a_{22} \end{bmatrix}\begin{bmatrix} \tilde{a}_{11} & \tilde{a}_{21} \\ \tilde{a}_{12} & \tilde{a}_{22} \end{bmatrix} = |\boldsymbol{A}|\begin{bmatrix} 1 & 0 \\ 0 & 1 \end{bmatrix} \ ; \ |\boldsymbol{A}| = a_{11}a_{22} - a_{12}a_{21} \qquad ②$$

上式における余因子 $\tilde{a}_{ij}$ はつぎのように求められる．

$$\tilde{a}_{11} = a_{22}, \quad \tilde{a}_{21} = -a_{21}, \quad \tilde{a}_{12} = -a_{12}, \quad \tilde{a}_{22} = a_{11} \qquad ③$$

上式を用いると，式 ② の左辺はつぎのようになる．

$$\begin{aligned}
\begin{bmatrix} a_{11} & a_{12} \\ a_{21} & a_{22} \end{bmatrix}\begin{bmatrix} \tilde{a}_{11} & \tilde{a}_{21} \\ \tilde{a}_{12} & \tilde{a}_{22} \end{bmatrix} &= \begin{bmatrix} a_{11} & a_{12} \\ a_{21} & a_{22} \end{bmatrix}\begin{bmatrix} a_{22} & -a_{12} \\ -a_{21} & a_{11} \end{bmatrix} \\
&= \begin{bmatrix} a_{11}a_{22} - a_{12}a_{21} & 0 \\ 0 & a_{11}a_{22} - a_{12}a_{21} \end{bmatrix} \\
&= (a_{11}a_{22} - a_{12}a_{21})\begin{bmatrix} 1 & 0 \\ 0 & 1 \end{bmatrix} \qquad ④
\end{aligned}$$

これより，式 ① の関係が成り立つことがわかる．$n \geq 3$ の場合も同様である．

例題 1.10　つぎの行列 $\boldsymbol{A}$ の逆行列を求めよ．

(a)　$\boldsymbol{A} = \begin{bmatrix} 1 & 2 \\ 2 & -1 \end{bmatrix}$　　(b)　$\boldsymbol{A} = \begin{bmatrix} 1 & 2 & -3 \\ 2 & -1 & 4 \\ 3 & -2 & 2 \end{bmatrix}$

解　(a)　この場合には，行列式 $|\boldsymbol{A}|$ は

$$|\boldsymbol{A}| = 1 \times (-1) - 2 \times 2 = -5 \qquad ①$$

で，$\boldsymbol{A}$ は正則なので，逆行列は存在する．この場合の余因子行列 $\mathrm{adj}\boldsymbol{A}$ は，

$$\mathrm{adj}\boldsymbol{A} = \begin{bmatrix} \tilde{a}_{11} & \tilde{a}_{21} \\ \tilde{a}_{12} & \tilde{a}_{22} \end{bmatrix} = \begin{bmatrix} -1 & -2 \\ -2 & 1 \end{bmatrix} \qquad ②$$

したがって，逆行列 $\boldsymbol{A}^{-1}$ は次式で与えられる．

$$\boldsymbol{A}^{-1}=\frac{1}{-5}\begin{bmatrix}-1 & -2\\ -2 & 1\end{bmatrix}=\begin{bmatrix}1/5 & 2/5\\ 2/5 & -1/5\end{bmatrix} \quad ③$$

(b) この場合の行列式 $|\boldsymbol{A}|$ は

$$|\boldsymbol{A}|=1\begin{vmatrix}-1 & 4\\ -2 & 2\end{vmatrix}-2\begin{vmatrix}2 & 4\\ 3 & 2\end{vmatrix}+(-3)\begin{vmatrix}2 & -1\\ 3 & -2\end{vmatrix}=25 \quad ④$$

なので，逆行列は存在する．この場合の余因子行列 $\mathrm{adj}\boldsymbol{A}$ は，

$$\mathrm{adj}\boldsymbol{A}=\begin{bmatrix}\tilde{a}_{11} & \tilde{a}_{21} & \tilde{a}_{31}\\ \tilde{a}_{12} & \tilde{a}_{22} & \tilde{a}_{32}\\ \tilde{a}_{13} & \tilde{a}_{23} & \tilde{a}_{33}\end{bmatrix}=\begin{bmatrix}6 & 2 & 5\\ 8 & 11 & -10\\ -1 & 8 & -5\end{bmatrix} \quad ⑤$$

したがって，逆行列 $\boldsymbol{A}^{-1}$ は，

$$\boldsymbol{A}^{-1}=\frac{1}{25}\begin{bmatrix}6 & 2 & 5\\ 8 & 11 & -10\\ -1 & 8 & -5\end{bmatrix}=\begin{bmatrix}6/25 & 2/25 & 1/5\\ 8/25 & 11/25 & -2/5\\ -1/25 & 8/25 & -1/5\end{bmatrix} \quad ⑥$$

1.3 ベクトルの独立性と行列のランク

1.3.1 ベクトルの独立性

m 個の m 次元ベクトル $\boldsymbol{x}_i$; $i=1,2,\cdots,m$ を考える．このとき，

$$c_1\boldsymbol{x}_1+c_2\boldsymbol{x}_2+\cdots+c_m\boldsymbol{x}_m=0 \tag{1.42}$$

なる関係が係数 $c_1,c_2,\cdots,c_m$ がすべて 0 のときにのみ満足されるならば，ベクトル $\boldsymbol{x}_i$; $i=1,2,\cdots,m$ は互いに**独立** (**線形独立**；linearly independent) であるという．また，すべてが 0 ではない $c_1,c_2,\cdots,c_m$ に対して式 (1.42) の関係が成り立つならば，$\boldsymbol{x}_i$; $i=1,2,\cdots,m$ は互いに**従属** (**線形従属**；linearly dependent) という．この場合には，$c_k\neq 0$ ならば，ベクトル $\boldsymbol{x}_k$ は他のベクトルの線形結合として

$$\boldsymbol{x}_k=-\frac{1}{c_k}(c_1\boldsymbol{x}_1+\cdots+c_{k-1}\boldsymbol{x}_{k-1}+c_{k+1}\boldsymbol{x}_{k+1}+\cdots+c_m\boldsymbol{x}_m) \tag{1.43}$$

のように表わすことができる．

式 (1.42) はつぎのように表わすことができる．

$$\boldsymbol{X}\boldsymbol{c}=\boldsymbol{0} \tag{1.44}$$

ただし，

$$\boldsymbol{X} = [\,\boldsymbol{x}_1 \quad \boldsymbol{x}_2 \quad \cdots \quad \boldsymbol{x}_m\,] = \begin{bmatrix} x_{11} & x_{12} & \cdots & x_{1m} \\ x_{21} & x_{22} & \cdots & x_{2m} \\ & \cdots\cdots\cdots & & \\ x_{m1} & x_{m2} & \cdots & x_{mm} \end{bmatrix} \tag{1.45}$$

$$\boldsymbol{c} = [\,c_1 \quad c_2 \quad \cdots \quad c_m\,]^{\mathrm{T}} \tag{1.46}$$

式 (1.44) が $\boldsymbol{c} = \boldsymbol{0}$ なる解をもつためには，式 (1.45) の行列 $\boldsymbol{X}$ は正則でなければならない．すなわち，ベクトル x_i ; $i = 1, 2, \cdots, m$ が互いに独立であるためには，

$$|\boldsymbol{X}| \neq 0 \tag{1.47}$$

でなければならないわけである．

1.3.2　行列のランク

$n \times m$ の行列 $\boldsymbol{A}$ から適当な行と列を除いて作られる $(r \times r)$ の正方行列の行列式を $\boldsymbol{A}$ の r 次の**小行列式** (minor determinant) という．小行列式は一般に複数個存在する．$\boldsymbol{A}$ の r 次の小行列式の中に 0 でないものが存在し，$(r+1)$ 次以上の小行列式はすべて 0 であるとき，r を行列 $\boldsymbol{A}$ の**ランク** (**階数**；rank) といい，$\mathrm{rank}(\boldsymbol{A}) = r$ のように表記する．すでに述べたように，$n \times m$ の行列 $\boldsymbol{A}$ は m 個の列ベクトル a_i ; $i = 1, 2, \cdots, m$ (または，n 個の行ベクトル a_j ; $j = 1, 2, \cdots, n$) からなる．これらのベクトルに関していえば，行列のランクとは 1 次独立なベクトルの個数の最大値を意味する．

行列のランクについては，行列式の性質に準じて，つぎの性質が成り立つ．

(i) 二つの行 (または列) を入れ替えても，ランクは変わらない．

(ii) ある行 (または列) を定数倍しても，ランクは変わらない．

(iii) ある行 (または列) に他の行 (または列) の定数倍を加えても，ランクは変わらない．

(iv) 転置行列のランクは，元の行列のランクに等しい．

(v) $n \times m$ の行列 $\boldsymbol{A}$ のランクについては，$\mathrm{rank}(\boldsymbol{A}) \leq \min(n, m)$ が成り立つ．

(vi) $n \times n$ の正方行列 $\boldsymbol{A}$ のランクが n ならば，$\boldsymbol{A}$ は正則 (すなわち，$|\boldsymbol{A}| \neq 0$) である．また，その逆も成り立つ．

例題 1.11　つぎの行列 $\boldsymbol{A}$ のランクを求めよ．

$$\boldsymbol{A} = \begin{bmatrix} 1 & 3 & 2 \\ 0 & -3 & -3 \\ 2 & 1 & -1 \end{bmatrix}$$

解　1 次の小行列式は上の行列の各要素で全部で 9 個存在する．そのうちの一つ

a_{11} は 1 で，0 ではない．2 次の小行列式も全部で 9 個存在し，そのうちの一つ Δ_{11} (1 行 1 列を除いた小行列式) は

$$\Delta_{11} = \begin{vmatrix} -3 & -3 \\ 1 & -1 \end{vmatrix} = 6 \qquad ①$$

で，0 ではない．3 次の小行列式は 1 個だけ ($|\boldsymbol{A}|$ そのもの) で，

$$|\boldsymbol{A}| = \begin{vmatrix} 1 & 3 & 2 \\ 0 & -3 & -3 \\ 2 & 1 & -1 \end{vmatrix} = \begin{vmatrix} 1 & 3 & 2 \\ 0 & -3 & -3 \\ 0 & -5 & -5 \end{vmatrix} = \begin{vmatrix} -3 & -3 \\ -5 & -5 \end{vmatrix} = 0 \qquad ②$$

である．したがって，上の行列 $\boldsymbol{A}$ のランクは 2 である．

1.4 固有値と固有ベクトル

1.4.1 連立 1 次方程式の解

n 個の変数からなる n 個の連立 1 次方程式

$$\begin{aligned} a_{11}x_1 + a_{12}x_2 + \cdots + a_{1n}x_n &= b_1 \\ a_{21}x_1 + a_{22}x_2 + \cdots + a_{2n}x_n &= b_2 \\ \cdots\cdots \\ a_{n1}x_1 + a_{n2}x_2 + \cdots + a_{nn}x_n &= b_n \end{aligned} \qquad (1.48)$$

を考える．上式は，

$$\boldsymbol{A} = \begin{bmatrix} a_{11} & a_{12} & \cdots & a_{1n} \\ a_{21} & a_{22} & \cdots & a_{2n} \\ \cdots & \cdots & \cdots & \cdots \\ a_{n1} & a_{n2} & \cdots & a_{nn} \end{bmatrix}, \quad \boldsymbol{x} = \begin{bmatrix} x_1 \\ x_2 \\ \vdots \\ x_n \end{bmatrix}, \quad \boldsymbol{b} = \begin{bmatrix} b_1 \\ b_2 \\ \vdots \\ b_n \end{bmatrix} \qquad (1.49)$$

とおくと，つぎのような簡潔な形に表わされる．

$$\boldsymbol{A}\boldsymbol{x} = \boldsymbol{b} \qquad (1.50)$$

上式は，行列 $\boldsymbol{A}$ が正則 (すなわち，$|\boldsymbol{A}| \neq 0$) ならば，

$$\boldsymbol{x} = \boldsymbol{A}^{-1}\boldsymbol{b} \qquad (1.51)$$

なる解を有する．ここに，$\boldsymbol{A}^{-1}$ は $\boldsymbol{A}$ の逆行列を意味する．

つぎに，$\boldsymbol{b} = \boldsymbol{0}$ とした斉次方程式

$$\boldsymbol{A}\boldsymbol{x} = \boldsymbol{0} \qquad (1.52)$$

の解について考える．行列 $\boldsymbol{A}$ が正則ならば，上式の解は，式 (1.51) より明らかなように，$\boldsymbol{x} = \boldsymbol{0}$ である．

行列 $\boldsymbol{A}$ が正則でない ($|\boldsymbol{A}| = 0$) 場合はどうであろうか．この場合には，式 (1.52) は $\boldsymbol{0}$ でない解をもつが，その解は一意には定まらない．$|\boldsymbol{A}| = 0$ の場合の式 (1.52) の形の連立 1 次方程式の解は，正方行列の固有ベクトルの計算に関連して重要である．これについては，以下で詳しく述べる．

1.4.2　固有値と固有ベクトルの計算

n 次元のベクトル $\boldsymbol{x}$ に $n \times n$ の正方行列 $\boldsymbol{A}$ を左から作用させると，n 次元の新しいベクトル $\boldsymbol{y}$ ができる．すなわち，

$$\boldsymbol{y} = \boldsymbol{A}\boldsymbol{x} \tag{1.53}$$

上の関係はベクトル $\boldsymbol{x}$ を行列 $\boldsymbol{A}$ によりベクトル $\boldsymbol{y}$ に変換することを意味し，行列 $\boldsymbol{A}$ は変換の役割を果たしているわけである．ベクトル $\boldsymbol{y}$ の中には，$\boldsymbol{A}$ による変換の後でも元のベクトル $\boldsymbol{x}$ と同じ方向をもつものが存在する．このようなベクトル $\boldsymbol{y}$ は $\boldsymbol{x}$ に比例する．したがって，比例係数を λ とすれば，

$$\boldsymbol{y} = \boldsymbol{A}\boldsymbol{x} = \lambda\boldsymbol{x} \tag{1.54}$$

なる関係が成り立つ．この関係はつぎのように表わされる．

$$(\boldsymbol{A} - \lambda\boldsymbol{I})\boldsymbol{x} = \boldsymbol{0} \quad (\text{または，}(\lambda\boldsymbol{I} - \boldsymbol{A})\boldsymbol{x} = \boldsymbol{0}) \tag{1.55}$$

上式が非零の解 $\boldsymbol{x}(\neq \boldsymbol{0})$ をもつためには，

$$|\lambda\boldsymbol{I} - \boldsymbol{A}| = 0 \tag{1.56}$$

でなければならない．上式は，行列 $\boldsymbol{A}$ が $[a_{ij}]$; $i, j = 1, 2, \cdots, n$ として与えられる場合には，つぎのように表わされる．

$$\begin{vmatrix} \lambda - a_{11} & -a_{12} & \cdots & -a_{1n} \\ -a_{21} & \lambda - a_{22} & \cdots & -a_{2n} \\ \cdots & \cdots & \cdots & \cdots \\ -a_{n1} & -a_{n2} & \cdots & \lambda - a_{nn} \end{vmatrix} = 0 \tag{1.57}$$

上の行列式は λ に関するつぎの代数方程式を意味する．

$$P(\lambda) = \lambda^n + \alpha_1\lambda^{n-1} + \alpha_2\lambda^{n-2} + \cdots + \alpha_{n-1}\lambda + \alpha_n = 0 \tag{1.58}$$

ここに，$P(\lambda)$ は行列 $\boldsymbol{A}$ の**特性多項式** (characteristic polynomial)，式 (1.58) は行列 $\boldsymbol{A}$ の**特性方程式** (characteristic equation) と呼ばれる．多項式の係数 α_i ; $i = 1, 2, \cdots, n$ は行列 $\boldsymbol{A}$ の要素 a_{ij} の関数として定まる．また，式 (1.58) の根は行列 $\boldsymbol{A}$ の**固有値** (eigen value) と呼ばれる (**特性根** (characteristic root) と呼ばれることもある)．式 (1.58) は λ に関して n 次なので，固有値は n 個存在する．その値は実数または共役な複素数である．

式 (1.55) の関係を満足するベクトル $\boldsymbol{x}(\neq \boldsymbol{0})$ は**固有ベクトル** (eigen vector) と呼ばれる．固有ベクトルは固有値 λ_i $(i = 1, 2, \cdots, n)$ に対応して n 個存在する．固有値が複素数の場合には，固有ベクトルも複素数となる．固有ベクトルの求め方は，固有値 λ_i が単根か重根かにより異なる．

(a)　固有値が単根の場合

固有値 λ_i がすべて相異なる単根の場合には，λ_i に対応した固有ベクトル $\boldsymbol{v}^i$ は次式により求められる．

$$(\boldsymbol{A} - \lambda_i \boldsymbol{I})\boldsymbol{v}^i = \boldsymbol{0} \ ; \ i = 1, 2, \cdots, n \tag{1.59}$$

以下に，簡単な例題で固有ベクトルの求め方を説明する．

例題 1.12　つぎの行列 $\boldsymbol{A}$ の固有値と固有ベクトルを求めよ．

$$\boldsymbol{A} = \begin{bmatrix} -2 & 1 \\ 2 & -3 \end{bmatrix}$$

解　この場合の特性方程式は，

$$|\lambda \boldsymbol{I} - \boldsymbol{A}| = \begin{vmatrix} \lambda + 2 & -1 \\ -2 & \lambda + 3 \end{vmatrix}$$

$$= (\lambda + 2)(\lambda + 3) - 2 = (\lambda + 1)(\lambda + 4) = 0 \qquad ①$$

したがって，固有値は $\lambda_1 = -1, \lambda_2 = -4$ で，相異なる単根である．$\lambda_1 = -1$ に対する固有ベクトル $\boldsymbol{v}^1(= [\, v_1^1 \quad v_2^1 \,]^{\mathrm{T}})$ は，

$$(\boldsymbol{A} - \lambda_1 \boldsymbol{I})\,\boldsymbol{v}^1 = \boldsymbol{0}$$

$$\therefore \begin{bmatrix} -1 & 1 \\ 2 & -2 \end{bmatrix} \begin{bmatrix} v_1^1 \\ v_2^1 \end{bmatrix} = \begin{bmatrix} 0 \\ 0 \end{bmatrix} \qquad ②$$

より，$v_1^1 = 1$，$v_2^1 = 1$ のように求められる．

また，$\lambda_2 = -4$ に対する固有ベクトル $\boldsymbol{v}^2(= [\, v_1^2 \quad v_2^2 \,]^{\mathrm{T}})$ は，

$$(\boldsymbol{A} - \lambda_2 \boldsymbol{I})\boldsymbol{v}^2 = \boldsymbol{0}$$

$$\therefore \begin{bmatrix} 2 & 1 \\ 2 & 1 \end{bmatrix} \begin{bmatrix} v_1^2 \\ v_2^2 \end{bmatrix} = \begin{bmatrix} 0 \\ 0 \end{bmatrix} \qquad ③$$

より，$v_1^2 = 1$，$v_2^2 = -2$ のように求められる．すなわち，この場合の $\boldsymbol{v}^1$，$\boldsymbol{v}^2$ は

$$\boldsymbol{v}^1 = \begin{bmatrix} 1 \\ 1 \end{bmatrix}, \ \boldsymbol{v}^2 = \begin{bmatrix} 1 \\ -2 \end{bmatrix} \qquad ④$$

である．この固有ベクトルは図 1.3 のように示される．

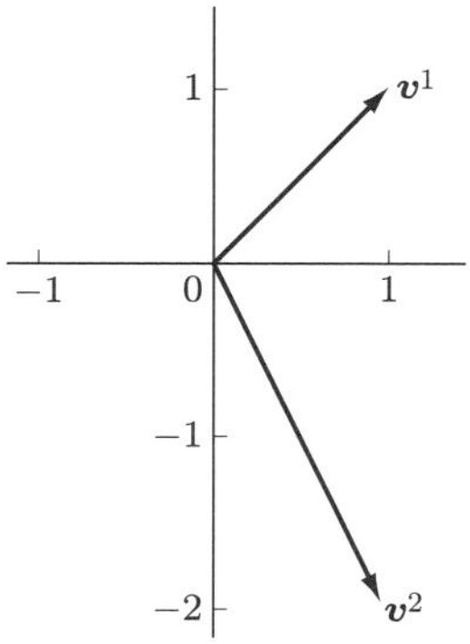

図 1.3

(b) 固有値が重根をもつ場合

固有値に重根がある場合には，一般には固有ベクトルを単根の場合のように決めることはできない．固有ベクトルの決め方は，固有値 λ_i の重複度と行列 $(\boldsymbol{A}-\lambda_i\boldsymbol{I})$ のランクに依存する．

$n\times n$ の行列 $\boldsymbol{A}$ の特性方程式における固有値 λ_i の重複度 (**代数的重複度**という) を m とする．また，固有値 λ_i に対する行列 $(\boldsymbol{A}-\lambda_i\boldsymbol{I})$ のランクを $r(<n)$ とし，$n-r=p$ とする．この p は**幾何的重複度**と呼ばれ，固有値 λ_i に対する独立な固有ベクトルの個数を意味する．$p=m$ の場合には，単根の場合と同様，固有ベクトルは式 (1.62) により求めることができる．しかし，$p<m$ の場合には，式 (1.59) だけではすべての固有ベクトルを決めることはできない．このような場合には，まず p 個の独立な固有ベクトルを式 (1.59) により決定し，それぞれの固有ベクトルを基にして残りの固有ベクトルを決めなければならない．$j(=1\sim p)$ 番目の独立な固有ベクトルを $\boldsymbol{v}^{j1}$ と表記すると，これに対応した残りの固有ベクトル $\boldsymbol{v}^{jk}$ は次式により決められる．

$$(\boldsymbol{A}-\lambda_i\boldsymbol{I})\boldsymbol{v}^{j1}=\boldsymbol{0} \tag{1.60a}$$

$$(\boldsymbol{A}-\lambda_i\boldsymbol{I})\boldsymbol{v}^{jk}=\boldsymbol{v}^{j(k-1)}\ ;\ k=2,3,\cdots,p_j \tag{1.60b}$$

上の $\boldsymbol{v}^{jk}$ は階数 k の**一般化固有ベクトル**と呼ばれる．p_j は j 番目の独立な固有ベクトル $\boldsymbol{v}^{j1}$ を基にした一般化固有ベクトルの個数 (階数1の固有ベクトル $\boldsymbol{v}^{j1}$ を含む) を意味し，$\sum p_j=m$ である．

例題 1.13　つぎの行列 $\boldsymbol{A}$ の固有値と固有ベクトルを求めよ．

(a) $\boldsymbol{A} = \begin{bmatrix} -2 & 0 \\ 0 & -2 \end{bmatrix}$ (b) $\boldsymbol{A} = \begin{bmatrix} 0 & 1 \\ -4 & -4 \end{bmatrix}$

解 (a) この場合の行列 $\boldsymbol{A}$ の特性方程式は,

$$|\lambda \boldsymbol{I} - \boldsymbol{A}| = \begin{bmatrix} \lambda+2 & 0 \\ 0 & \lambda+2 \end{bmatrix} = (\lambda+2)^2 = 0 \quad ①$$

で，固有値は $\lambda_1 (= \lambda_2) = -2$ なる二重根である (すなわち，$m = 2$). この場合の行列 $\boldsymbol{A} - \lambda_1 \boldsymbol{I}$ は

$$\boldsymbol{A} - \lambda_1 \boldsymbol{I} = \begin{bmatrix} 0 & 0 \\ 0 & 0 \end{bmatrix} \quad ②$$

で，ランク r は 0 である．したがって，$p = 2 - 0 = 2$ で，式 (1.59) を満足する独立な固有ベクトルは 2 個存在する．これらの固有ベクトル $\boldsymbol{v}^{1i} (i = 1, 2)$ は,

$$(\boldsymbol{A} - \lambda_1 \boldsymbol{I})\boldsymbol{v}^{1i} = 0 \quad \therefore \begin{bmatrix} 0 & 0 \\ 0 & 0 \end{bmatrix} \begin{bmatrix} v_1^{1i} \\ v_2^{1i} \end{bmatrix} = \begin{bmatrix} 0 \\ 0 \end{bmatrix} \quad ③$$

より，$\boldsymbol{v}^{11}$ は $\boldsymbol{v}_1^{11} = 1, v_2^{11} = 0$，$\boldsymbol{v}^{12}$ は $v_1^{12} = 0, v_2^{12} = 1$ のように決めることができる．すなわち，この場合の固有ベクトル $\boldsymbol{v}^{11}, \boldsymbol{v}^{12}$ は,

$$\boldsymbol{v}^{11} = \begin{bmatrix} 1 \\ 0 \end{bmatrix}, \quad \boldsymbol{v}^{12} = \begin{bmatrix} 0 \\ 1 \end{bmatrix} \quad ④$$

(b) この場合の行列 $\boldsymbol{A}$ の特性方程式は

$$|\lambda \boldsymbol{I} - \boldsymbol{A}| = \begin{bmatrix} \lambda & -1 \\ 4 & \lambda+4 \end{bmatrix} = \lambda^2 + 4\lambda + 4 = (\lambda+2)^2 = 0 \quad ⑤$$

で，固有値は $\lambda_1 (= \lambda_2) = -2$ なる二重根である (すなわち，$m = 2$). この場合の $\boldsymbol{A} - \lambda_1 \boldsymbol{I}$ は

$$\boldsymbol{A} - \lambda_1 \boldsymbol{I} = \begin{bmatrix} 2 & 1 \\ -4 & -2 \end{bmatrix} \quad ⑥$$

で，ランク r は 1，したがって，$p = 2 - 1 = 1$ である．すなわち，式 (1.59) を満足する固有ベクトルは 1 個存在する．このベクトル $\boldsymbol{v}^{11}$ は，階数 1 の固有ベクトルとして，次式により決められる．

$$(\boldsymbol{A} - \lambda_1 \boldsymbol{I})\boldsymbol{v}^{11} = 0 \quad \therefore \begin{bmatrix} 2 & 1 \\ -4 & -2 \end{bmatrix} \begin{bmatrix} v_1^{11} \\ v_2^{11} \end{bmatrix} = \begin{bmatrix} 0 \\ 0 \end{bmatrix} \quad ⑦$$

上式より，$\boldsymbol{v}^{11}$ は $v_1^{11} = 1, v_2^{11} = -2$ として求められる．他の固有ベクトル $\boldsymbol{v}^{12}$ は，階数 2 の一般化固有ベクトルとして，上に求めたベクトル $\boldsymbol{v}^{11}$ を用いて次式により求められる．

$$(\boldsymbol{A} - \lambda_1 \boldsymbol{I})\boldsymbol{v}^{12} = \boldsymbol{v}^{11} \quad \therefore \begin{bmatrix} 2 & 1 \\ -4 & -2 \end{bmatrix} \begin{bmatrix} v_1^{12} \\ v_2^{12} \end{bmatrix} = \begin{bmatrix} 1 \\ -2 \end{bmatrix} \quad ⑧$$

上式より，$2v_1^{12} + v_2^{12} = 1$，したがって，$v_1^{12} = 0, v_2^{12} = 1$ が得られる．すなわち,

この場合の固有ベクトル $\boldsymbol{v}^{11}, \boldsymbol{v}^{12}$ は,

$$\boldsymbol{v}^{11} = \begin{bmatrix} 1 \\ -2 \end{bmatrix}, \quad \boldsymbol{v}^{12} = \begin{bmatrix} 0 \\ 1 \end{bmatrix} \tag{⑨}$$

図 1.4 はこれを図示したものである.

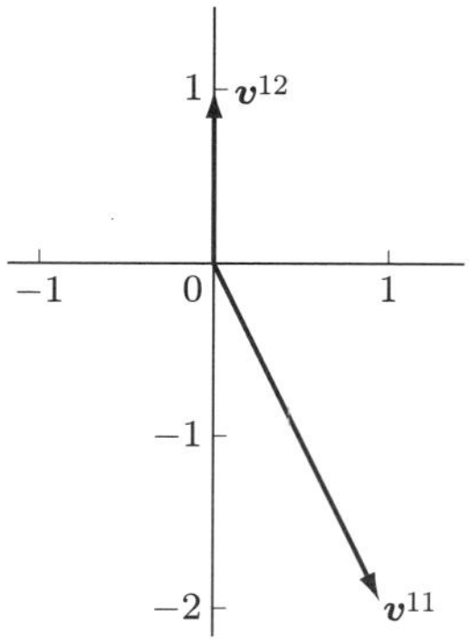

図 1.4

(c) 対称行列の場合

実数の要素からなる行列 $\boldsymbol{A}$ の特性方程式の係数は実数であり, したがって, 特性方程式の根 (固有値) は一般には複素数 (ただし, 共役) である. しかし, $\boldsymbol{A}$ が対称行列の場合には, 固有値はすべて実数で, 固有ベクトルは互いに直交する. 以下に, これを定理として示しておく.

定理 1.1　実数の要素からなる対称行列 $\boldsymbol{A}(= \boldsymbol{A}^{\mathrm{T}})$ の固有値は実数である. この場合には, 固有ベクトルは互いに直交する.

証明　はじめに, 対称行列 $\boldsymbol{A}$ の固有値が実数であることを示す. 特性方程式の係数は実数であるから, 複素数の固有値があるとすれば, これに共役な固有値も存在する. これらの固有値に対応した固有ベクトルもまた共役である. したがって, これらの固有値と固有ベクトルを

$$\begin{aligned} \lambda &= \lambda_R + j\lambda_I, \ \boldsymbol{v} = \boldsymbol{v}_R + j\boldsymbol{v}_I \\ \bar{\lambda} &= \lambda_R - j\lambda_I, \ \bar{\boldsymbol{v}} = \boldsymbol{v}_R - j\boldsymbol{v}_I \end{aligned} \tag{1.61}$$

とすれば, 次式が成り立つ.

$$\boldsymbol{A}\boldsymbol{v} = \lambda\boldsymbol{v} \tag{1.62a}$$

$$\boldsymbol{A}\bar{\boldsymbol{v}} = \bar{\lambda}\bar{\boldsymbol{v}} \tag{1.62b}$$

式 (1.62a) に左から $\bar{\boldsymbol{v}}^{\mathrm{T}}$ を乗ずると，

$$\bar{\boldsymbol{v}}^{\mathrm{T}}\boldsymbol{A}\boldsymbol{v} = \lambda\bar{\boldsymbol{v}}^{\mathrm{T}}\boldsymbol{v}\ ;\ \bar{\boldsymbol{v}}^{\mathrm{T}}\boldsymbol{v} = v_R^{\mathrm{T}}v_R + v_I^{\mathrm{T}}v_I \tag{1.63a}$$

また，式 (1.62b) を転置し，右から $\boldsymbol{v}$ を乗ずると，

$$(\boldsymbol{A}\bar{\boldsymbol{v}})^{\mathrm{T}}\boldsymbol{v} = \bar{\boldsymbol{v}}^{\mathrm{T}}\boldsymbol{A}^{\mathrm{T}}\boldsymbol{v} = \bar{\boldsymbol{v}}^{\mathrm{T}}\boldsymbol{A}\boldsymbol{v} = \bar{\lambda}\bar{\boldsymbol{v}}^{\mathrm{T}}\boldsymbol{v} \tag{1.63b}$$

したがって，$\lambda\bar{\boldsymbol{v}}^{\mathrm{T}}\boldsymbol{v} = \bar{\lambda}\bar{\boldsymbol{v}}^{\mathrm{T}}\boldsymbol{v}$ が成り立ち，$\lambda = \bar{\lambda}$ であることがわかる．これは，固有値が実数であることを意味する．この場合には，固有ベクトル $\boldsymbol{v}$ もまた実数である．

つぎに，対称行列 $\boldsymbol{A}$ の固有ベクトルが互いに直交することを示す．対称行列 $\boldsymbol{A}$ の固有値を λ_i $(i = 1, 2, \cdots, n)$ とし，簡単のため，これらはすべて相異なる単根とする．λ_i に対応した固有ベクトルを $\boldsymbol{v}^i$ とすると，次式が成り立つ．

$$\boldsymbol{A}\boldsymbol{v}^i = \lambda_i\boldsymbol{v}^i\ ;\ i = 1, 2, \cdots, n \tag{1.64}$$

上式に左から $(\boldsymbol{v}^j)^{\mathrm{T}}(j \neq i)$ を乗じ，$\boldsymbol{x}^{\mathrm{T}}\boldsymbol{y} = \boldsymbol{y}^{\mathrm{T}}\boldsymbol{x}, \boldsymbol{A} = \boldsymbol{A}^{\mathrm{T}}$ なる関係に留意しつつ，上の関係を用いると，

$$\begin{aligned}(\boldsymbol{v}^j)^{\mathrm{T}}\boldsymbol{A}\boldsymbol{v}^i &= (\boldsymbol{v}^j)^{\mathrm{T}}\lambda_i\boldsymbol{v}^i = \lambda_i\big((\boldsymbol{v}^j)^{\mathrm{T}}\boldsymbol{v}^i\big)\\ &= (\boldsymbol{A}\boldsymbol{v}^i)^{\mathrm{T}}\boldsymbol{v}^j = (\boldsymbol{v}^i)^{\mathrm{T}}\boldsymbol{A}\boldsymbol{v}^j = (\boldsymbol{v}^i)^{\mathrm{T}}\lambda_j\boldsymbol{v}^j = \lambda_j\big((\boldsymbol{v}^j)^{\mathrm{T}}\boldsymbol{v}^i\big)\end{aligned} \tag{1.65}$$

これより，つぎの関係が得られる．

$$(\lambda_i - \lambda_j)\big((\boldsymbol{v}^j)^{\mathrm{T}}\boldsymbol{v}^i\big) = 0 \tag{1.66}$$

上式は，$\lambda_i \neq \lambda_j$ ならば，$(\boldsymbol{v}^j)^{\mathrm{T}}\boldsymbol{v}^i = 0$ を意味する．したがって，$\boldsymbol{v}^i$ は $\boldsymbol{v}^j(j \neq i)$ と直交する．

対称行列 $\boldsymbol{A}$ に対する固有ベクトルを $\boldsymbol{v}^i\ ;\ i = 1, 2, \cdots, n$ とし，行列 $\boldsymbol{M}$ をつぎのように作る．

$$\boldsymbol{M} = [\,\boldsymbol{v}^1\quad \boldsymbol{v}^2\quad \cdots\quad \boldsymbol{v}^n\,] \tag{1.67}$$

すでに述べたように，対称行列の固有ベクトル $\boldsymbol{v}^i\ ;\ i = 1, 2, \cdots, n$ については，$(\boldsymbol{v}^i)^{\mathrm{T}}\boldsymbol{v}^j = 0\ ;\ i \neq j$ なる関係が成り立つ．また，$\boldsymbol{v}^i$ の大きさは $(\boldsymbol{v}^i)^{\mathrm{T}}\boldsymbol{v}^i = 1$ となるように正規化しておくものとする．

このとき，$\boldsymbol{M}^{\mathrm{T}}\boldsymbol{M}$ を計算すると，つぎのようになる．

$$\boldsymbol{M}^{\mathrm{T}}\boldsymbol{M} = \begin{bmatrix}(\boldsymbol{v}^1)^{\mathrm{T}}\\(\boldsymbol{v}^2)^{\mathrm{T}}\\ \vdots\\(\boldsymbol{v}^n)^{\mathrm{T}}\end{bmatrix}[\,\boldsymbol{v}^1\quad \boldsymbol{v}^2\quad \cdots\quad \boldsymbol{v}^n\,] = \begin{bmatrix}1 & 0 & \cdots & 0\\ 0 & 1 & \cdots & 0\\ & \cdots\cdots\cdots & & \\ 0 & 0 & \cdots & 1\end{bmatrix} = \boldsymbol{I} \tag{1.68}$$

上の関係 $\boldsymbol{M}^{\mathrm{T}}\boldsymbol{M} = \boldsymbol{I}$ (したがって，$\boldsymbol{M}^{\mathrm{T}} = \boldsymbol{M}^{-1}$) を満足する行列は**直交行列** (orthogonal matrix) と呼ばれる．すなわち，対称行列の固有ベクトルから作られる式 (1.67) の行列 $\boldsymbol{M}$ は直交行列である．

1.4.3　ジョルダン標準形

式 (1.53) のベクトル $\boldsymbol{x}, \boldsymbol{y}$ を，正則な行列 $\boldsymbol{P}$ を用いて，

$$\boldsymbol{x}^* = \boldsymbol{P}\boldsymbol{x}, \quad \boldsymbol{y}^* = \boldsymbol{P}\boldsymbol{y} \tag{1.69}$$

により座標変換すると，つぎの関係が得られる．

$$\boldsymbol{y}^* = \boldsymbol{A}^*\boldsymbol{x}^* \ ; \ \boldsymbol{A}^* = \boldsymbol{P}\boldsymbol{A}\boldsymbol{P}^{-1} \tag{1.70}$$

上の新しい行列 $\boldsymbol{A}^*$ は元の行列 $\boldsymbol{A}$ と**相似** (similar) であるという．相似行列 $\boldsymbol{A}^*$ の特性多項式はつぎのようになる．

$$\begin{aligned}|\lambda\boldsymbol{I} - \boldsymbol{A}^*| &= |\lambda\boldsymbol{I} - \boldsymbol{P}\boldsymbol{A}\boldsymbol{P}^{-1}| = |\boldsymbol{P}\lambda\boldsymbol{P}^{-1}\boldsymbol{I} - \boldsymbol{P}\boldsymbol{A}\boldsymbol{P}^{-1}| \\ &= |\boldsymbol{P}| \cdot |\lambda\boldsymbol{I} - \boldsymbol{A}| \cdot |\boldsymbol{P}^{-1}| = |\boldsymbol{P}| \cdot |\lambda\boldsymbol{I} - \boldsymbol{A}| \cdot |\boldsymbol{P}|^{-1} \\ &= |\lambda\boldsymbol{I} - \boldsymbol{A}|\end{aligned} \tag{1.71}$$

すなわち，相似行列 $\boldsymbol{A}^*$ の特性多項式は元の行列 $\boldsymbol{A}$ の特性多項式と同じである．これは特性方程式が同じであり，固有値も同じであることを意味する．

次式に示す $n \times n$ の正方行列 $\boldsymbol{J}$ は**ジョルダン標準形** (Jordan canonical form) と呼ばれる．

$$\boldsymbol{J} = \begin{bmatrix} \boldsymbol{J}_1 & \mathbf{O} & \cdots & \mathbf{O} \\ \mathbf{O} & \boldsymbol{J}_2 & \cdots & \mathbf{O} \\ \cdots & \cdots & \cdots & \cdots \\ \mathbf{O} & \mathbf{O} & \cdots & \boldsymbol{J}_k \end{bmatrix} \quad (n \times n \text{ 行列}) \tag{1.72a}$$

ただし，

$$\boldsymbol{J}_i = \begin{bmatrix} \boldsymbol{J}_{i1} & \mathbf{O} & \cdots & \mathbf{O} \\ \mathbf{O} & \boldsymbol{J}_{i2} & \cdots & \mathbf{O} \\ \cdots & \cdots & \cdots & \cdots \\ \mathbf{O} & \mathbf{O} & \cdots & \boldsymbol{J}_{ir_i} \end{bmatrix} ; i = 1, 2, \cdots, k \quad (n_i \times n_i \text{ 行列}) \tag{1.72b}$$

$$\boldsymbol{J}_{ij} = \begin{bmatrix} \lambda_i & 1 & 0 & \cdots & 0 \\ 0 & \lambda_i & 1 & \cdots & 0 \\ \cdots & \cdots & \cdots & \cdots & \cdots \\ 0 & 0 & 0 & \cdots & \lambda_i \end{bmatrix} ; j = 1, 2, \cdots, r_i \quad (n_{ij} \times n_{ij} \text{ 行列}) \tag{1.72c}$$

$$n = \sum_{i=1}^{k} n_i, \quad n_i = \sum_{j=1}^{r_i} n_{ij} \tag{1.72d}$$

任意の正方行列 $\boldsymbol{A}$ は適当な変換行列 $\boldsymbol{P}$ によりジョルダン標準形に変換できる．すなわち，$\boldsymbol{P}$ の逆行列 $\boldsymbol{P}^{-1}$ を $\boldsymbol{M}$ と表記すると，次式が成り立つ．

$$\boldsymbol{M}^{-1}\boldsymbol{A}\boldsymbol{M} = \boldsymbol{J} \tag{1.73}$$

ジョルダン標準形の最も簡単な形は対角行列である．対角行列になるかどうかは固有値の性質による．

(a) 固有値が単根の場合

固有値がすべて相異なる単根の場合には，上のジョルダン標準形は固有値を対角要素とする対角行列となる．この場合の行列 $\boldsymbol{M}$ は，固有ベクトルを列としたつぎの行列

$$\boldsymbol{M} = [\,\boldsymbol{v}^1 \quad \boldsymbol{v}^2 \quad \cdots \quad \boldsymbol{v}^n\,] \tag{1.74}$$

として与えられる．上の行列 $\boldsymbol{M}$ は，各列が固有値に対応したもので，**モード行列** (mode matrix) と呼ばれる．

(b) 固有値が重根をもつ場合

固有値が重根をもつ場合には，固有値の性質により，対角行列になる場合と対角要素の上に 1 がつくような場合に分かれる．

固有値 λ_i に対して，式 (1.55) を満足する独立な固有ベクトルの個数 p が固有値の代数的重複度 m と同じ場合には，ジョルダン標準形は固有値を要素とする対角行列となる (重根の固有値に対しては，その固有値を重複度の数だけ対角線上に並べる)．この場合の変換行列 $\boldsymbol{M}$ は，前と同様，固有ベクトルを列として順番に n 個並べた形で与えられる．

固有値 λ_i に対して，式 (1.55) を満足する独立な固有ベクトルの個数 p が固有値の代数的重複度 m と異なる場合には，ジョルダン標準形は対角要素 (重根の固有値) の上に 1 がつくような形となる．この場合の変換行列 $\boldsymbol{M}$ は，一般化固有ベクトルを含めて，固有ベクトルを列として n 個並べた形で与えられる．

例題 1.14 つぎの行列 $\boldsymbol{A}$ をジョルダン標準形に変換せよ．

(a) $\boldsymbol{A} = \begin{bmatrix} -2 & 1 \\ 2 & -3 \end{bmatrix}$ (b) $\boldsymbol{A} = \begin{bmatrix} 0 & 1 \\ -4 & -4 \end{bmatrix}$

解 (a) 例題 1.12 で示したように，この場合の固有値は $\lambda_1 = -1, \lambda_2 = -4$ であり，これに対応した固有ベクトルは

$$\boldsymbol{v}^1 = \begin{bmatrix} 1 \\ 1 \end{bmatrix}, \quad \boldsymbol{v}^2 = \begin{bmatrix} 1 \\ -2 \end{bmatrix} \tag{①}$$

として求められた．これらの固有ベクトルを列とする行列 $\boldsymbol{M}$ を

$$\boldsymbol{M} = [\,\boldsymbol{v}^1 \quad \boldsymbol{v}^2\,] = \begin{bmatrix} 1 & 1 \\ 1 & -2 \end{bmatrix} \tag{②}$$

のように作ると，その逆行列はつぎのようになる．

$$\boldsymbol{M}^{-1} = -\frac{1}{3}\begin{bmatrix} -2 & -1 \\ -1 & 1 \end{bmatrix} = \frac{1}{3}\begin{bmatrix} 2 & 1 \\ 1 & -1 \end{bmatrix} \qquad ③$$

したがって，$\boldsymbol{M}^{-1}\boldsymbol{AM}$ は

$$\boldsymbol{M}^{-1}\boldsymbol{AM} = \frac{1}{3}\begin{bmatrix} 2 & 1 \\ 1 & -1 \end{bmatrix}\begin{bmatrix} -2 & 1 \\ 2 & -3 \end{bmatrix}\begin{bmatrix} 1 & 1 \\ 1 & -2 \end{bmatrix}$$

$$= \begin{bmatrix} -1 & 0 \\ 0 & -4 \end{bmatrix} \qquad ④$$

となる．すなわち，この場合のジョルダン標準形は対角線上に固有値が並んだ対角行列である．

(b)　例題 1.13 で示したように，この場合の固有値は $\lambda_1(=\lambda_2) = -2$ の重根であり，固有ベクトルは

$$\boldsymbol{v}^{11} = \begin{bmatrix} 1 \\ -2 \end{bmatrix}, \quad \boldsymbol{v}^{12} = \begin{bmatrix} 1 \\ -1 \end{bmatrix} \qquad ⑤$$

として求められた．これらの固有ベクトルを列とする行列 $\boldsymbol{M}$ を

$$\boldsymbol{M} = [\,\boldsymbol{v}^{11} \quad \boldsymbol{v}^{12}\,] = \begin{bmatrix} 1 & 1 \\ -2 & -1 \end{bmatrix} \qquad ⑥$$

のように作ると，その逆行列はつぎのようになる．

$$\boldsymbol{M}^{-1} = \begin{bmatrix} -1 & -1 \\ 2 & 1 \end{bmatrix} \qquad ⑦$$

したがって，$\boldsymbol{M}^{-1}\boldsymbol{AM}$ は

$$\boldsymbol{M}^{-1}\boldsymbol{AM} = \begin{bmatrix} -1 & -1 \\ 2 & 1 \end{bmatrix}\begin{bmatrix} 0 & 1 \\ -4 & -4 \end{bmatrix}\begin{bmatrix} 1 & 1 \\ -2 & -1 \end{bmatrix}$$

$$= \begin{bmatrix} -2 & 1 \\ 0 & -2 \end{bmatrix} \qquad ⑧$$

となる．すなわち，この場合のジョルダン標準形は対角線上に重根の固有値 -2 が並び，対角要素の上に 1 がつくような形である．

ノート　上の式 ⑧ はつぎのように表現できる．

$$\boldsymbol{A}[\,\boldsymbol{v}^{11} \quad \boldsymbol{v}^{12}\,] = [\,\boldsymbol{v}^{11} \quad \boldsymbol{v}^{12}\,]\begin{bmatrix} \lambda_1 & 1 \\ 0 & \lambda_1 \end{bmatrix} \qquad ⑨$$

上式より，つぎの関係が導かれる．

$$\boldsymbol{Av}^{11} = \lambda_1\boldsymbol{v}^{11}, \quad \boldsymbol{Av}^{12} = \lambda_1\boldsymbol{v}^{12} + \boldsymbol{v}^{11} \qquad ⑩$$

前節で式 (1.60) として定義された一般化固有ベクトルとはこのような関係を満たすものである．

1.4.4 ケーリー・ハミルトンの定理

$n \times n$ の正方行列 $\boldsymbol{A}$ の特性方程式が次式で表わされるものとする.

$$|s\boldsymbol{I} - \boldsymbol{A}| = s^n + \alpha_1 s^{n-1} + \cdots + \alpha_{n-1}s + \alpha_n = 0 \tag{1.75}$$

このとき, 行列 $\boldsymbol{A}$ は次式を満足する.

$$\boldsymbol{A}^n + \alpha_1\boldsymbol{A}^{n-1} + \cdots + \alpha_{n-1}\boldsymbol{A} + \alpha_n\boldsymbol{I} = \boldsymbol{0} \tag{1.76}$$

上の事実は**ケーリー・ハミルトン** (Caley-Hamilton) **の定理**として知られている. この定理は行列 $\boldsymbol{A}$ が自身の特性方程式を満足することを意味する. 以下に, この定理の証明を示す.

証明 一般に正則な正方行列 $\boldsymbol{H}$ に対しては, 次式が成り立つ.

$$\boldsymbol{H}^{-1} = \frac{\mathrm{adj}\boldsymbol{H}}{|\boldsymbol{H}|} \quad \therefore \quad \boldsymbol{H}\mathrm{adj}\boldsymbol{H} = |\boldsymbol{H}|\boldsymbol{I} \tag{1.77}$$

したがって, 行列 $\boldsymbol{H}$ として $s\boldsymbol{I} - \boldsymbol{A}$ を考えると,

$$\begin{aligned}(s\boldsymbol{I} - \boldsymbol{A})\mathrm{adj}(s\boldsymbol{I} - \boldsymbol{A}) &= |s\boldsymbol{I} - \boldsymbol{A}|\boldsymbol{I} \\ &= (s^n + \alpha_1 s^{n-1} + \cdots + \alpha_{n-1}s + \alpha_n)\boldsymbol{I}\end{aligned} \tag{1.78}$$

行列 $\mathrm{adj}(s\boldsymbol{I} - \boldsymbol{A})$ は, その計算法からすると, 対角要素は s の $(n-1)$ 次のモニック多項式, 非対角要素はたかだか $(n-2)$ 次の多項式である. したがって, $\mathrm{adj}(s\boldsymbol{I} - \boldsymbol{A})$ は, $n \times n$ の適当な行列 $\boldsymbol{B}_i$; $i = 1, 2, \cdots, n-1$ を用いると, つぎのように表わされる.

$$\mathrm{adj}(s\boldsymbol{I} - \boldsymbol{A}) = s^{n-1}\boldsymbol{I} + s^{n-2}\boldsymbol{B}_1 + \cdots + s\boldsymbol{B}_{n-2} + \boldsymbol{B}_{n-1} \tag{1.79}$$

上式を式 (1.78) に代入すると, つぎの関係が得られる.

$$\begin{aligned}\boldsymbol{I}s^n &+ (-\boldsymbol{A} + \boldsymbol{B}_1)s^{n-1} + (-\boldsymbol{A}\boldsymbol{B}_1 + \boldsymbol{B}_2)s^{n-2} + \cdots \\ &+ (-\boldsymbol{A}\boldsymbol{B}_{n-2} + \boldsymbol{B}_{n-1})s + (-\boldsymbol{A}\boldsymbol{B}_{n-1}) \\ &= \boldsymbol{I}s^n + \alpha_1\boldsymbol{I}s^{n-1} + \cdots + \alpha_{n-1}\boldsymbol{I}s + \alpha_n\boldsymbol{I}\end{aligned} \tag{1.80}$$

上式の s の同べきの項を等置すると,

$$\begin{aligned} -\boldsymbol{A} \quad &+ \boldsymbol{B}_1 = \alpha_1\boldsymbol{I} \\ -\boldsymbol{A}\boldsymbol{B}_1 \quad &+ \boldsymbol{B}_2 = \alpha_2\boldsymbol{I} \\ &\cdots\cdots\cdots \\ -\boldsymbol{A}\boldsymbol{B}_{n-2} &+ \boldsymbol{B}_{n-1} = \alpha_{n-1}\boldsymbol{I} \\ -\boldsymbol{A}\boldsymbol{B}_{n-1} &\qquad = \alpha_n\boldsymbol{I} \end{aligned} \tag{1.81}$$

上式の $i\ (= 1, 2, \cdots, n)$ 行目の式に $\boldsymbol{A}^{n-i}$ を掛けたのち, 辺々相加えると, 次式が得られる.

$$-\boldsymbol{A}^n = \alpha_1\boldsymbol{A}^{n-1} + \alpha_2\boldsymbol{A}^{n-2} + \cdots + \alpha_{n-1}\boldsymbol{A} + \alpha_n\boldsymbol{I} \tag{1.82}$$

すなわち, 式 (1.76) の関係が成り立つ. なお, 式 (1.79) の行列 $\boldsymbol{B}_i$ は, 式 (1.81) より, つぎのように求められる.

$$\begin{aligned}&\boldsymbol{B}_i = \boldsymbol{A}\boldsymbol{B}_{i-1} + \alpha_i\boldsymbol{I} = \boldsymbol{A}^i + \alpha_1\boldsymbol{A}^{i-1} + \cdots + \alpha_i\boldsymbol{I} \\ &\boldsymbol{B}_0 = \boldsymbol{I}, \quad i = 1, 2, \cdots, n\end{aligned} \tag{1.83}$$

1.5 ▶ 2次形式

1.5.1　2次形式と正定性

行列 $\boldsymbol{A}$ をベクトル $\boldsymbol{x}$ で挟んだ関数

$$y = \boldsymbol{x}^{\mathrm{T}}\boldsymbol{A}\boldsymbol{x} \tag{1.84}$$

は $\boldsymbol{x}$ の2次関数であり，**2次形式** (quadratic form) と呼ばれる．ここに，$\boldsymbol{A}$ は対称行列，すなわち，$\boldsymbol{A} = \boldsymbol{A}^{\mathrm{T}}$ である．2次形式はベクトル $\boldsymbol{Ax}$ とベクトル $\boldsymbol{x}$ との内積であり，スカラー量である．当然のことながら，$\boldsymbol{x} = \boldsymbol{0}$ に対しては，$y = 0$ である．

2次形式 y の値は行列 $\boldsymbol{A}$ とベクトル $\boldsymbol{x}$ の値に応じて正にも負にもなりうる．$\boldsymbol{x} \neq \boldsymbol{0}$ なるすべての $\boldsymbol{x}$ に対して，y の値がつねに正 ($\boldsymbol{x}^{\mathrm{T}}\boldsymbol{Ax} > 0$) ならば，2次形式は**正定** (positive definite) と呼ばれる．また，$\boldsymbol{x} \neq \boldsymbol{0}$ なるすべての $\boldsymbol{x}$ に対して，

$\boldsymbol{x}^{\mathrm{T}}\boldsymbol{Ax} \geq 0$ ならば，準正定 (positive semi-definite)

$\boldsymbol{x}^{\mathrm{T}}\boldsymbol{Ax} < 0$ ならば，負定 (negative definite)

$\boldsymbol{x}^{\mathrm{T}}\boldsymbol{Ax} \leq 0$ ならば，準負定 (negative semi-definite)

と呼ばれる．なお，$\boldsymbol{x}$ の値に応じて正にも負にもなるような2次形式は**不定** (indefinite) という．

2次形式の正定性は行列 $\boldsymbol{A}$ の要素 a_{ij} の値により定まる．正定性の判定には，以下に示すシルベスター (Sylvester) の判別法が有用である．

シルベスターの判別法　2次形式 $\boldsymbol{x}^{\mathrm{T}}\boldsymbol{Ax}$ が正定であるための条件は，行列 $\boldsymbol{A}$ の対角要素をその対角要素としてもつ小行列式 (**主小行列式** (principal minor determinant) という) がすべて正になることである．すなわち，

$$a_{11} > 0, \quad \begin{vmatrix} a_{11} & a_{12} \\ a_{12} & a_{22} \end{vmatrix} > 0, \quad \cdots, \quad \begin{vmatrix} a_{11} & a_{12} & \cdots & a_{1n} \\ a_{12} & a_{22} & \cdots & a_{2n} \\ & \cdots\cdots\cdots & & \\ a_{1n} & a_{2n} & \cdots & a_{nn} \end{vmatrix} > 0 \tag{1.85}$$

上の主小行列式の中に非負のものがある (0となるものがあっても負となるものがない) 場合には，2次形式 $\boldsymbol{x}^{\mathrm{T}}\boldsymbol{Ax}$ が準正定である．2次形式 $\boldsymbol{x}^{\mathrm{T}}\boldsymbol{Ax}$ が正定または準正定となるような対称行列 $\boldsymbol{A}$ は

$$\boldsymbol{A} = \boldsymbol{A}^{\mathrm{T}} > 0 \quad \text{または} \quad \boldsymbol{A} = \boldsymbol{A}^{\mathrm{T}} \geq 0$$

のように記され，正定行列または準正定行列と呼ばれる．なお，2次形式の負定性を調べるには，$-\boldsymbol{A}$ についてシルベスターの判別法を適用すればよい．

例題 1.15　2×2 の対称行列

$$A = \begin{bmatrix} a_{11} & a_{12} \\ a_{12} & a_{22} \end{bmatrix} \qquad ①$$

の正定条件が

$$a_{11} > 0, \quad \begin{vmatrix} a_{11} & a_{12} \\ a_{12} & a_{22} \end{vmatrix} > 0 \qquad ②$$

として与えられることを示せ.

解　この場合の 2 次形式はつぎのようになる.

$$y = \boldsymbol{x}^{\mathrm{T}} \boldsymbol{A} \boldsymbol{x} = a_{11}x_1^2 + 2a_{12}x_1x_2 + a_{22}x_2^2 \qquad ③$$

上式はつぎのように書き改められる.

$$y = a_{11}\left(x_1 + \frac{a_{12}}{a_{11}}x_2\right)^2 + \left(a_{22} - \frac{a_{12}^2}{a_{11}}\right)x_2^2 \qquad ④$$

$\boldsymbol{x} \neq \boldsymbol{0}$ なるすべての $\boldsymbol{x}$ $(= [\,x_1 \;\; x_2\,]^{\mathrm{T}})$ に対して $y > 0$ となるためには,

$$a_{11} > 0, \quad a_{22} - \frac{a_{12}^2}{a_{11}} > 0 \qquad ⑤$$

でなければならない. 上式は, $a_{11} > 0$ であることを考えると, つぎのように書き改められる.

$$a_{11} > 0, \; a_{11}a_{22} - a_{12}^2 > 0 \qquad ⑥$$

上の式 ⑤ は式 ② と同じである. したがって, 式② が成り立つならば, この場合の 2 次形式 y の正定性がいえる.

1.5.2　2 次形式と固有値の関係

すでに述べたように, 対称行列 $\boldsymbol{A}$ の固有ベクトル (大きさは 1 に正規化) から作られる行列 $\boldsymbol{M} = [\,\boldsymbol{v}^1 \;\; \boldsymbol{v}^2 \;\; \cdots \;\; \boldsymbol{v}^n\,]$ は直交行列であり, $\boldsymbol{M}^{\mathrm{T}}\boldsymbol{A}\boldsymbol{M} = \mathrm{diag}[\lambda_i](= \boldsymbol{\Lambda})$ なる関係を満足する. したがって, 式 (1.84) の 2 次形式は, この行列 $\boldsymbol{M}$ を用いて

$$\boldsymbol{x} = \boldsymbol{M}\boldsymbol{z} \qquad (1.86)$$

により変数変換すると, つぎのように表わされる.

$$\begin{aligned} y &= \boldsymbol{x}^{\mathrm{T}}\boldsymbol{A}\boldsymbol{x} = \boldsymbol{z}^{\mathrm{T}}\boldsymbol{M}^{\mathrm{T}}\boldsymbol{A}\boldsymbol{M}\boldsymbol{z} = \boldsymbol{z}^{\mathrm{T}}\boldsymbol{\Lambda}\boldsymbol{z} \\ &= \lambda_1 z_1^2 + \lambda_2 z_2^2 + \cdots + \lambda_n z_n^2 \end{aligned} \qquad (1.87)$$

ここに, λ_i $(i = 1, 2, \cdots, n)$ は対称行列 $\boldsymbol{A}$ の固有値 (実数) であり, 2 次形式が正定ならば, これらの固有値はすべて正である. 式 (1.87) より明らかなように, 2 次形式 y は, 新しい座標系 z_i $(i = 1, 2, \cdots, n)$ で見ると, $n = 2$ の場合は楕円, $n = 3$ の場合は楕円体, $n \geq 4$ の場合は超楕円体を表わす.

固有値 λ_i $(i=1,2,\cdots,n)$ の最小値を $\lambda_{\min}$，最大値を $\lambda_{\max}$ とすると，式 (1.87) より，つぎの関係が得られる．

$$\lambda_{\min}\boldsymbol{z}^{\mathrm{T}}\boldsymbol{z} \leq \boldsymbol{x}^{\mathrm{T}}\boldsymbol{A}\boldsymbol{x} \leq \lambda_{\max}\boldsymbol{z}^{\mathrm{T}}\boldsymbol{z} \tag{1.88}$$

行列 $\boldsymbol{M}$ は直交行列なので $\boldsymbol{M}^{\mathrm{T}} = \boldsymbol{M}^{-1}$，したがって，式 (1.86) より，

$$\boldsymbol{z}^{\mathrm{T}}\boldsymbol{z} = \boldsymbol{x}^{\mathrm{T}}(\boldsymbol{M}^{-1})^{\mathrm{T}}\boldsymbol{M}^{-1}\boldsymbol{x} = \boldsymbol{x}^{\mathrm{T}}\boldsymbol{M}\boldsymbol{M}^{-1}\boldsymbol{x} = \boldsymbol{x}^{\mathrm{T}}\boldsymbol{x} \equiv \|\boldsymbol{x}\|^2$$

この結果を式 (1.87) に用いると，つぎの関係が得られる．

$$\lambda_{\min}\|\boldsymbol{x}\|^2 \leq \boldsymbol{x}^{\mathrm{T}}\boldsymbol{A}\boldsymbol{x} \leq \lambda_{\max}\|\boldsymbol{x}\|^2$$

上式は，2 次形式 $\boldsymbol{x}^{\mathrm{T}}\boldsymbol{A}\boldsymbol{x}$ の値がベクトル $\boldsymbol{x}$ のノルムの 2 乗 $(\|\boldsymbol{x}\|^2)$ の $\lambda_{\min}$ 倍から $\lambda_{\max}$ 倍の間にあることを意味する．

例題 1.16　2×2 の正定行列

$$\boldsymbol{A} = \begin{bmatrix} 2 & 1 \\ 1 & 2 \end{bmatrix}$$

から作られる 2 次形式を図示せよ．

解　上の行列 $\boldsymbol{A}$ から作られる 2 次形式は

$$y = [\,x_1 \quad x_2\,]\begin{bmatrix} 2 & 1 \\ 1 & 2 \end{bmatrix}\begin{bmatrix} x_1 \\ x_2 \end{bmatrix} = 2x_1^2 + 2x_1x_2 + 2x_2^2 \qquad ①$$

行列 $\boldsymbol{A}$ の固有値 λ_1，λ_2 と固有ベクトル $\boldsymbol{v}_1$，$\boldsymbol{v}_2$ は，それぞれ，

$$\lambda_1 = 1,\ \lambda_2 = 3 \qquad ②$$

$$\boldsymbol{v}_1 = \begin{bmatrix} 1 \\ -1 \end{bmatrix},\quad \boldsymbol{v}_2 = \begin{bmatrix} 1 \\ 1 \end{bmatrix} \qquad ③$$

したがって，行列 (直交) $\boldsymbol{M}$ は次式で与えられる．

$$\boldsymbol{M} = [\,\boldsymbol{v}_1 \quad \boldsymbol{v}_2\,] = \begin{bmatrix} 1 & 1 \\ -1 & 1 \end{bmatrix} \qquad ④$$

式①の 2 次形式 y は，この $\boldsymbol{M}$ を用いると，

$$y = \boldsymbol{z}^{\mathrm{T}}\boldsymbol{\Lambda}\boldsymbol{z} = \lambda_1 z_1^2 + \lambda_2 z_2^2 = z_1^2 + 3z_2^2 \qquad ⑤$$

したがって，$y=3$ とした場合，上の 2 次形式は図 1.5 に示すような楕円となる (y の値は z_1-z_2 平面上の高さと考えてよい)．

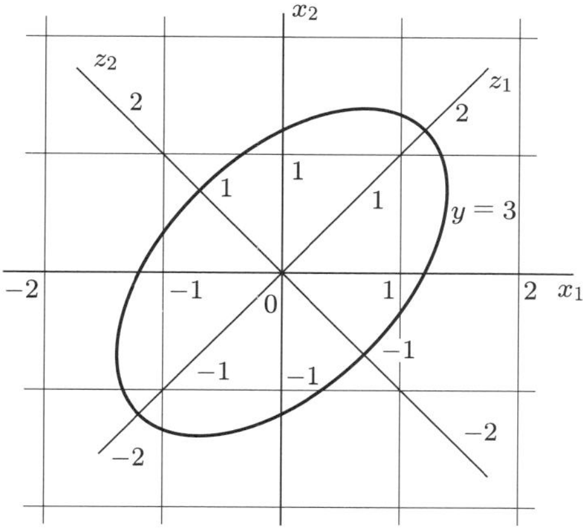

図 1.5

1.6 演習問題

1. つぎの行列 $\boldsymbol{A}$ の固有値と固有ベクトルを求めよ．

 (a) $\boldsymbol{A}=\begin{bmatrix} 0 & 1 \\ -1 & -2.5 \end{bmatrix}$ (b) $\boldsymbol{A}=\begin{bmatrix} 0 & 1 \\ -1 & -2 \end{bmatrix}$

2. 問 1 の行列 $\boldsymbol{A}$ をジョルダン標準形に変換せよ．

3. つぎの行列 $\boldsymbol{A}$ の固有値と固有ベクトルを求めよ．

 (a) $\boldsymbol{A}=\begin{bmatrix} 2 & -2 & 3 \\ 1 & 1 & 1 \\ 1 & 3 & -1 \end{bmatrix}$ (b) $\boldsymbol{A}=\begin{bmatrix} 0 & 1 & 0 \\ 0 & 0 & 1 \\ 3 & -7 & 5 \end{bmatrix}$

4. 問 3 の行列 $\boldsymbol{A}$ をジョルダン標準形に変換せよ．

5. つぎの行列 $\boldsymbol{A}$ を対角行列に変換するような直交行列を求めよ．

 (a) $\boldsymbol{A}=\begin{bmatrix} 2 & 1 \\ 1 & 2 \end{bmatrix}$ (b) $\boldsymbol{A}=\begin{bmatrix} \sqrt{2} & 1 & 1 \\ 1 & \sqrt{2} & 0 \\ 1 & 0 & \sqrt{2} \end{bmatrix}$

第 2 章

システムの状態表現

動的なシステムは状態方程式と出力方程式により記述される．状態方程式はシステムの内部状態の変化を表わすものであり，出力方程式は内部状態や入力信号との関係を表わすものである．本章では，システムの状態方程式による表現例を示すと共に，状態方程式表現と入出力伝達関数との関係について述べる．また，ブロック線図によるシステムの表現法を説明すると共に，伝達関数からの状態方程式表現として 2 次系を対象としたジョルダン標準形や可制御標準形，可観測標準形などの標準形表現について紹介する．さらに，閉ループ制御系の状態方程式表現と伝達関数との関係についても述べる．

2.1 状態方程式によるシステムの表現

2.1.1 状態方程式と出力方程式

制御の対象となるシステムは制御対象 (プラント) と呼ばれる．プラントには操作量を加える入力端と制御量を監視する出力端とがある．入力端と出力端は一般には複数個存在する．入力端，出力端の信号はそれぞれ**入力信号** (input signal)，**出力信号** (output signal) と呼ばれ，それぞれ複数個存在する (入力信号は m 個，出力信号は r 個とする)．古典制御理論ではプラントの出力信号は伝達関数を介して入力信号と結びつけられるが，現代制御理論では，システムの内部状態をも考慮に入れて，内部状態を表す**状態変数** (state variable) を介して入力信号と結びつけられる．状態変数は一般には複数個存在する (n 個とする)．したがって，入力信号 $\boldsymbol{u}(t)$，出力信号 $\boldsymbol{y}(t)$，状態変数 $\boldsymbol{x}(t)$ はそれぞれ m 次元，r 次元，n 次元のベクトル量として，つぎのように表わされる．

$$\boldsymbol{u}(t) = [\,u_1(t), u_2(t), \cdots, u_m(t)\,]^{\mathrm{T}}$$
$$\boldsymbol{y}(t) = [\,y_1(t), y_2(t), \cdots, y_r(t)\,]^{\mathrm{T}}$$

$$\boldsymbol{x}(t) = [\,x_1(t), x_2(t), \cdots, x_n(t)\,]^{\mathrm{T}}$$

入力信号はまずプラントの内部状態に影響を与え，状態変数が変化する．この変化には一般に動的な遅れが伴なうので，状態変数と入力信号との関係は微分方程式としてつぎの形で記述される．

$$\frac{d\boldsymbol{x}(t)}{dt} = \boldsymbol{f}(\boldsymbol{x}(t), \boldsymbol{u}(t), t) \tag{2.1a}$$

ここに，$d\boldsymbol{x}(t)/dt$ は状態変数 $\boldsymbol{x}(t)$ の時間 t に関する微分を表わす ($\boldsymbol{x}(t)$ の時間微分はしばしば $\dot{\boldsymbol{x}}(t)$ のように表記される)．また，$\boldsymbol{f}$ は $\boldsymbol{x}, \boldsymbol{u}, t$ を変数とする関数で，一般には非線形である．$\boldsymbol{x}, \boldsymbol{u}, t$ の最後の変数 t は関数 $\boldsymbol{f}$ が時間 t に陽に依存することを意味する．上の式 (2.1a) は**状態方程式**と呼ばれる．また，出力信号 $\boldsymbol{y}(t)$ は状態変数と入力信号の動的な遅れを伴なわない関数として，次式で表わされる．

$$\boldsymbol{y}(t) = \boldsymbol{g}(\boldsymbol{x}(t), \boldsymbol{u}(t), t) \tag{2.1b}$$

上式の $\boldsymbol{g}$ も，$\boldsymbol{f}$ と同様，変数 $\boldsymbol{x}, \boldsymbol{u}, t$ の関数で，一般には非線形である．上の式 (2.1b) は**出力方程式**と呼ばれる．式 (2.1a) と式 (2.1b) を合わせて，式 (2.1) は**システム方程式**と呼ばれる (上の状態方程式と出力方程式を一括して，状態方程式と呼ぶこともある)．

入力と出力の個数がそれぞれ複数個のシステムは**多入力多出力系** (multi-input multi-output (MIMO) system) と呼ばれる．これに対し，入力と出力の個数がそれぞれ 1 個のシステムは **1 入力 1 出力系** (single-input single-output (SISO) system) と呼ばれる．状態変数の個数は，1 入力 1 出力系の場合でも，一般には複数個である．

式 (2.1) の関数 $\boldsymbol{f}, \boldsymbol{g}$ がそれぞれ

$$\begin{aligned} \boldsymbol{f}(\boldsymbol{x}(t), \boldsymbol{u}(t), t) &= \boldsymbol{A}(t)\boldsymbol{x}(t) + \boldsymbol{B}(t)\boldsymbol{u}(t) \\ \boldsymbol{g}(\boldsymbol{x}(t), \boldsymbol{u}(t), t) &= \boldsymbol{C}(t)\boldsymbol{x}(t) + \boldsymbol{D}(t)\boldsymbol{u}(t) \end{aligned} \tag{2.2}$$

のように表わされるシステムは**線形系**と呼ばれる．多くのシステムは厳密には非線形系であり，式 (2.1) のように記述される．しかし，非線形系を統一された理論の下で扱うことは一般には困難である．したがって，非線形系を近似的にでも線形系として表現することが望ましい．非線形表現を近似的に線形表現することを**線形化** (linearization) という．式 (2.2) では係数行列 $\boldsymbol{A}, \boldsymbol{B}, \boldsymbol{C}, \boldsymbol{D}$ は時間 t の関数となっているので，このようなシステムは**線形時変系** (time-varying system) と呼ばれる．これに対し，係数行列 $\boldsymbol{A}, \boldsymbol{B}, \boldsymbol{C}, \boldsymbol{D}$ が時間 t の関数でないシステム，すなわち，関数 $\boldsymbol{f}, \boldsymbol{g}$ が

$$\begin{aligned} \boldsymbol{f}(\boldsymbol{x}(t), \boldsymbol{u}(t), t) &= \boldsymbol{A}\boldsymbol{x}(t) + \boldsymbol{B}\boldsymbol{u}(t) \\ \boldsymbol{g}(\boldsymbol{x}(t), \boldsymbol{u}(t), t) &= \boldsymbol{C}\boldsymbol{x}(t) + \boldsymbol{D}\boldsymbol{u}(t) \end{aligned} \tag{2.3}$$

のように表わされるシステムは**線形時不変系** (time-invariant system) と呼ばれる．多入力多出力系では $\boldsymbol{B}, \boldsymbol{C}, \boldsymbol{D}$ は行列となるが，1 入力 1 出力系では $\boldsymbol{B}, \boldsymbol{C}$ はベクトル，$\boldsymbol{D}$ はスカラーとなる．すなわち，1 入力 1 出力の線形時不変系のシステム方程式は次式で与えられる．

$$\frac{d\boldsymbol{x}(t)}{dt} = \boldsymbol{A}\boldsymbol{x}(t) + \boldsymbol{b}u(t) \tag{2.4a}$$

$$y(t) = \boldsymbol{c}^{\mathrm{T}}\boldsymbol{x}(t) + du(t) \tag{2.4b}$$

ここに，$\boldsymbol{x}(t)$ は n 次元の状態ベクトル，$u(t), y(t)$ は共にスカラーの入力，出力である．また，$\boldsymbol{A}$ は $n \times n$ の定数行列，$\boldsymbol{b}, \boldsymbol{c}$ は共に n 次元の定数ベクトル，d はスカラー定数である．

本書では，現代制御理論の基礎を学ぶため，原則として式 (2.4) の形で記述される 1 入力 1 出力の線形時不変系を扱う．上の説明では制御の対象となるプラントが式 (2.4) の形で記述できるとしたが，プラントだけでなく，制御装置も式 (2.4) の形で表現することができる．したがって，プラントと制御装置を一体とした制御系自体も式 (2.4) の形で表現できるわけである．

2.1.2　状態方程式による表現例

以下では，簡単な線形時不変系を対象として，状態方程式によるシステムの表現例を紹介する．

例題 2.1　図 2.1 の電気回路について，コンデンサ C_1, C_2 の端子電圧 $v_1(t), v_2(t)$ を状態変数 $x_1(t), x_2(t)$，電流源からの電流 $i(t)$ を入力 $u(t)$，電圧 $v_2(t)$ を出力 $y(t)$ とした場合のシステム方程式を求めよ．

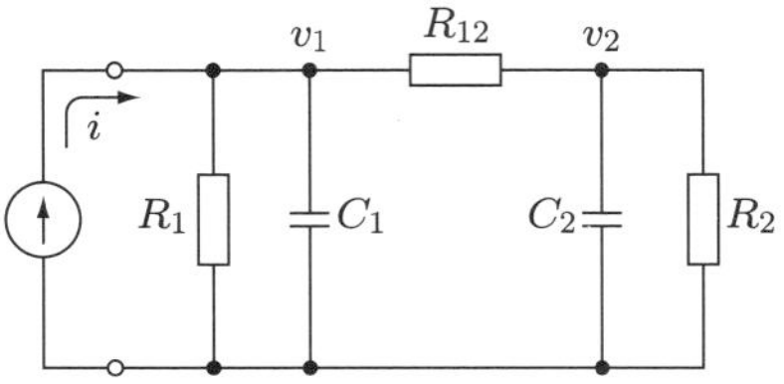

図 2.1　RC 電気回路 (2 次系)

解　抵抗 R_1, R_2 を上から下に流れる電流はそれぞれ $v_1/R_1, v_2/R_2$ である．コンデンサ C_1, C_2 には電荷が $q_1 = C_1v_1, q_2 = C_2v_2$ だけ貯まっている．電流は単位時間当たりの電荷の変化率 (電荷の時間微分) に等しいから，コンデンサ C_1, C_2 を上から下に流れる電流はそれぞれ $C_1dv_1/dt, C_2dv_2/dt$ である．また，抵抗 R_{12} を右から左

に流れる電流は $(v_1 - v_2)/R_{12}$ である．したがって，節点に流れ込む電流の総和は 0 というキルヒホッフの法則より，次式が成り立つ．

$$\begin{aligned} &i(t) - C_1\frac{dv_1(t)}{dt} - \frac{1}{R_1}v_1(t) - \frac{1}{R_{12}}(v_1(t) - v_2(t)) = 0 \\ &\frac{1}{R_{12}}(v_1(t) - v_2(t)) - C_2\frac{dv_2(t)}{dt} - \frac{1}{R_2}v_2(t) = 0 \end{aligned} \qquad ①$$

上の式 ① より，

$$v_1(t) = x_1(t),\ v_2(t) = x_2(t),\ i(t) = u(t),\ v_2(t) = y(t) \qquad ②$$

とおくと，つぎのシステム方程式が得られる．

$$\begin{aligned} &\begin{bmatrix} \dot{x}_1(t) \\ \dot{x}_2(t) \end{bmatrix} = \begin{bmatrix} a_{11} & a_{12} \\ a_{21} & a_{22} \end{bmatrix} \begin{bmatrix} x_1(t) \\ x_2(t) \end{bmatrix} + \begin{bmatrix} b_1 \\ 0 \end{bmatrix} u(t) \\ &y(t) = [0 \quad 1] \begin{bmatrix} x_1(t) \\ x_2(t) \end{bmatrix} \end{aligned} \qquad ③$$

ただし，

$$\begin{aligned} &a_{11} = -\left(\frac{1}{C_1R_1} + \frac{1}{C_1R_{12}}\right),\ a_{12} = \frac{1}{C_1R_{12}},\ a_{21} = \frac{1}{C_2R_{12}}, \\ &a_{22} = -\left(\frac{1}{C_2R_{12}} + \frac{1}{C_2R_2}\right),\ b_1 = \frac{1}{C_1} \end{aligned} \qquad ④$$

数値例として，$C_1 = R_1 = R_{12} = 1, C_2 = 0.5, R_2 = 2$ とすると，上のシステム方程式の $\boldsymbol{A}, \boldsymbol{b}, \boldsymbol{c}$ はつぎのようになる．

$$\boldsymbol{A} = \begin{bmatrix} -2 & 1 \\ 2 & -3 \end{bmatrix},\quad \boldsymbol{b} = \begin{bmatrix} 1 \\ 0 \end{bmatrix},\quad \boldsymbol{c} = \begin{bmatrix} 0 \\ 1 \end{bmatrix} \qquad ⑤$$

例題 2.2 図 2.2 に示される電機子制御形の直流モータを状態方程式の形で表現せよ．ただし，電機子端子に加えられる電圧 $e_a(t)$ を入力 $u(t)$，モータの回転角度 $\theta(t)$ を出力 $y(t)$ とする．

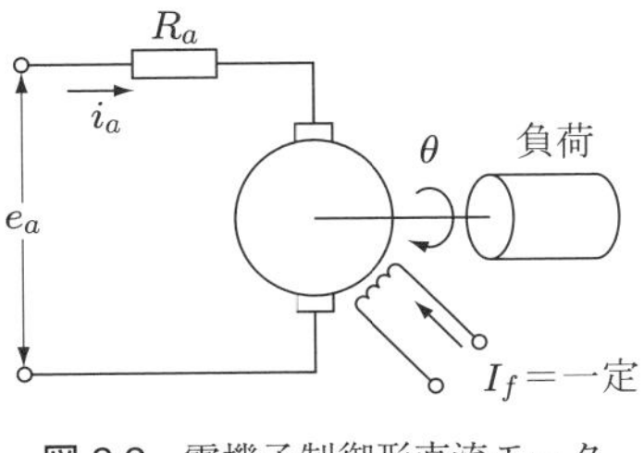

図 2.2 電機子制御形直流モータ

解　界磁電流 I_f (一定) による一定磁界の中に置かれた電機子に電流 $i_a(t)$ が流れると，フレミングの左手の法則により，$i_a(t)$ に比例したトルク $\tau(t)$ が生じ，モータは回転を始める．すると，電機子は磁界を切ることになるので，回転速度 $d\theta(t)/dt$ に比例した逆起電力 $e_c(t)$ が電機子に誘起される．したがって，電機子回路の抵抗を R_a とし，インダクタンスを無視すると，電機子回路には次式が成り立つ．

$$R_a i_a(t) = e_a(t) - e_c(t), \quad e_c(t) = K_c \frac{d\theta(t)}{dt} \qquad ①$$

また，モータの回転に関する方程式は，負荷の影響も含めた電機子の慣性モーメントを J，軸受けの摩擦係数を μ とすると，

$$J\frac{d^2\theta(t)}{dt^2} = \tau(t) - \mu\frac{d\theta(t)}{dt}, \quad \tau(t) = K_T i_a(t) \qquad ②$$

上の式 ①，② より次式が得られる．

$$\frac{d^2\theta(t)}{dt^2} + \frac{\mu R_a + K_T K_c}{JR_a}\frac{d\theta(t)}{dt} = \frac{K_T}{JR_a}e_a(t) \qquad ③$$

ここで，

$$e_a(t) = u(t), \quad \theta(t) = y(t) = x_1(t), \quad \dot{\theta}(t) = x_2(t) \qquad ④$$

とおくと，つぎのシステム方程式が得られる．

$$\begin{aligned} \begin{bmatrix} \dot{x}_1(t) \\ \dot{x}_2(t) \end{bmatrix} &= \begin{bmatrix} 0 & 1 \\ 0 & -\alpha \end{bmatrix} \begin{bmatrix} x_1(t) \\ x_2(t) \end{bmatrix} + \begin{bmatrix} 0 \\ \beta \end{bmatrix} u(t) \\ y(t) &= [1 \ \ 0] \begin{bmatrix} x_1(t) \\ x_2(t) \end{bmatrix} \end{aligned} \qquad ⑤$$

ここに，α, β は

$$\alpha = \frac{\mu R_a + K_T K_c}{JR_a}, \quad \beta = \frac{K_T}{JR_a} \qquad ⑥$$

のように与えられる．

2.1.3　状態方程式の線形化

システムの状態方程式は一般には非線形であることが多い．この非線形表現はしばしば近似的に線形系として表現される．以下では，非線形系の線形化の仕方を例題により簡単に説明する．

例題 2.3　図 2.3 は倒立振子を図示したものである．振子の先端には質量 m の球状のおもりがついている．長さ ℓ の棒の質量はおもりの質量に比べ無視できるものとする．また，振子の軸 A にはモータによりトルク τ が加えられるものとする．倒立振子の運動方程式を求め，これを状態方程式の形で表わせ．

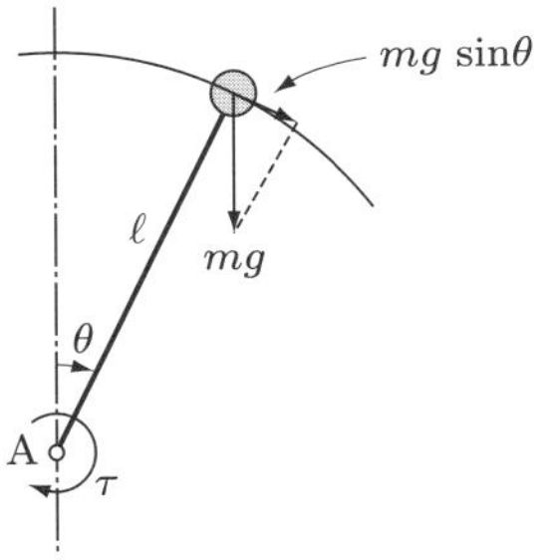

図 2.3　倒立振子

解 振子の長さは ℓ で，棒の質量は無視できるので，慣性モーメントは $J = m\ell^2$ である．振子の先端は軸 A を中心とした半径 ℓ の円周上を動く．垂直方向からの振れ角を θ とすると，おもりの重力 mg による円弧の正方向の成分は $mg\sin\theta$ であり，おもりに働くトルクは $mg\ell\sin\theta$ である．軸 A の粘性摩擦係数を μ とし，モータから加えられるトルクが τ であることを考えると，ニュートンの運動法則より，次式が成り立つ．

$$m\ell^2\frac{d^2\theta}{dt^2} = -\mu\frac{d\theta}{dt} + mg\ell\sin\theta + \tau$$

$$\therefore\quad \ddot{\theta} = -\frac{\mu}{m\ell^2}\dot{\theta} + \frac{g}{\ell}\sin\theta + \frac{1}{m\ell^2}\tau \qquad ①$$

したがって，状態変数を $\theta = x_1, \dot{\theta} = x_2$ のように選び，$\tau = u$ とすると，上式は，

$$\begin{aligned}\dot{x}_1 &= x_2\\ \dot{x}_2 &= \frac{g}{\ell}\sin x_1 - \frac{\mu}{m\ell^2}x_2 + \frac{1}{m\ell^2}u\end{aligned} \qquad ②$$

振れ角 θ が小さい場合には，$\sin x_1 \simeq x_1$ となるので，式 ② は線形化され，つぎのように表わされる．

$$\begin{bmatrix}\dot{x}_1(t)\\ \dot{x}_2(t)\end{bmatrix} = \begin{bmatrix}0 & 1\\ \dfrac{g}{\ell} & -\dfrac{\mu}{m\ell^2}\end{bmatrix}\begin{bmatrix}x_1(t)\\ x_2(t)\end{bmatrix} + \begin{bmatrix}0\\ \dfrac{1}{m\ell^2}\end{bmatrix}u(t) \qquad ③$$

例題 2.4 図 2.4 に示す水槽では，上部から流量 q_1 [m^3/s] で水が流入し，下部の出口から流量 q_2 [m^3/s] で流出し，水位は h [m] とする．$q_1 = q_2 = q_0$ のとき，$h = h_0$ で水槽は平衡状態にあるものとする．この状態で流入流量 q_1 が Δq_1 だけ微小変化したとすると，水位 h はどのように変化するか．水位の変化量を Δh として，Δh と Δq_1 の関係を導け．ただし，水槽の断面積は一様で C [m^2]，下部出口のオリフィス抵抗は R [1/m^2] とする．

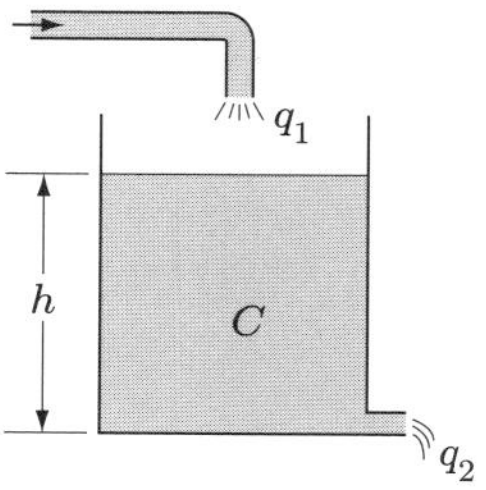

図 2.4　水槽系

解　流入流量 q_1 の変化により水位 h が変化すると，下部出口からの流出流量 q_2 も q_0 から $q_0 + \Delta q_2$ へと変化する．ベルヌーイの定理によれば，流出流量 q_2 は水位 h の平方根に比例する ($q_2 = k\sqrt{h}$，下記のノートを参照)．したがって，$q_2 = q_0 + \Delta q_2$，$h = h_0 + \Delta h$ に対しては，次式が成り立つ．

$$q_0 + \Delta q_2 = k\sqrt{h_0 + \Delta h} \qquad ①$$

上式の右辺の $\sqrt{h_0 + \Delta h}$ は，$\Delta h / h_0$ が微小とすると，次式で近似できる．

$$\sqrt{h_0 + \Delta h}\left(= \sqrt{h_0}\left(1 + \frac{\Delta h}{h_0}\right)^{1/2}\right) \simeq \sqrt{h_0}\left(1 + \frac{\Delta h}{2h_0}\right) \qquad ②$$

平衡状態では $q_0 = k\sqrt{h_0}$ であるから，上の式 ①，② より，

$$\Delta q_2 \simeq \frac{k}{2\sqrt{h_0}}\Delta h = \frac{1}{R}\Delta h \ ;\ R = \frac{2\sqrt{h_0}}{k} \qquad ③$$

すなわち，流出流量の変化分 Δq_2 は水位の変化分 Δh に比例すると考えてよいわけである．水位の時間変化率 ($dh/dt = d\Delta h/dt$) は流入流量と流出流量の差 ($q_1 - q_2 = \Delta q_1 - \Delta q_2$) に比例する．したがって，水槽の断面積が C であることを考えると，次式が成り立つ．

$$C\frac{d\Delta h}{dt} = \Delta q_1 - \Delta q_2 \qquad ④$$

上の式 ③ と式 ④ を組み合わせると，

$$C\frac{d\Delta h(t)}{dt} = \Delta q_1(t) - \frac{1}{R}\Delta h(t) \qquad ⑤$$

ここで，$\Delta h(t) = x(t), \Delta q_1(t) = u(t)$ とすると，次式が得られる．

$$\dot{x}(t) = ax(t) + bu(t)\ ;\ a = -\frac{1}{CR},\ b = \frac{1}{C} \qquad ⑥$$

ノート　水槽の水位を h [m]，下部出口の流出速度を v_2 [m/s] とし，上部水面の変化速度は無視できるものとすると，ベルヌーイの定理により，

$$\rho g h = \frac{1}{2}\rho v_2^2 \qquad \therefore\ v_2 = \sqrt{2gh} \qquad ⑦$$

なる関係が得られる．ここに，ρ は液体の密度，g は重力加速度を意味する．

出口の流出流量 q_2 [m^3/s] は，出口の断面積を S [m^2] とすると，$q_2 = Sv_2$ として与えられる．したがって，$q_2 = k\sqrt{h}$; $k = S\sqrt{2g}$ なる関係が成り立つ．

2.2 システムの伝達関数

式 (2.4) は，状態ベクトル $\boldsymbol{x}(t)$ の初期値 $\boldsymbol{x}(0)$ を $\boldsymbol{x}_0$ とすると，ラプラス変換の形でつぎのように表わされる．

$$s\boldsymbol{X}(s) - \boldsymbol{x}_0 = \boldsymbol{A}\boldsymbol{X}(s) + \boldsymbol{b}U(s) \tag{2.5a}$$

$$Y(s) = \boldsymbol{c}^{\mathrm{T}}\boldsymbol{X}(s) + dU(s) \tag{2.5b}$$

ここに，$\boldsymbol{X}(s), U(s), Y(s)$ はそれぞれ $\boldsymbol{x}(t), u(t), y(t)$ のラプラス変換を意味する．式 (2.5a) より，$\boldsymbol{X}(s)$ は

$$\boldsymbol{X}(s) = (s\boldsymbol{I} - \boldsymbol{A})^{-1}\boldsymbol{x}_0 + (s\boldsymbol{I} - \boldsymbol{A})^{-1}\boldsymbol{b}U(s) \tag{2.6}$$

したがって，$Y(s)$ は

$$Y(s) = \boldsymbol{c}^{\mathrm{T}}(s\boldsymbol{I} - \boldsymbol{A})^{-1}\boldsymbol{x}_0 + \boldsymbol{c}^{\mathrm{T}}(s\boldsymbol{I} - \boldsymbol{A})^{-1}\boldsymbol{b}U(s) + dU(s) \tag{2.7}$$

入力 $u(t)$ から出力 $y(t)$ への伝達関数 $G(s)$ は，$\boldsymbol{x}(t)$ の初期値 $\boldsymbol{x}_0$ を $\boldsymbol{0}$ として，$Y(s) = G(s)U(s)$ なる関係を満足する $G(s)$ として定義される．すなわち，

$$G(s) = \boldsymbol{c}^{\mathrm{T}}(s\boldsymbol{I} - \boldsymbol{A})^{-1}\boldsymbol{b} + d \tag{2.8}$$

上式はつぎのように表わされる．

$$\begin{aligned} G(s) &= \frac{\boldsymbol{c}^{\mathrm{T}}\mathrm{adj}(s\boldsymbol{I} - \boldsymbol{A})\,\boldsymbol{b}}{|s\boldsymbol{I} - \boldsymbol{A}|} + d \\ &= \frac{\beta_1 s^{n-1} + \beta_2 s^{n-2} + \cdots + \beta_n}{s^n + \alpha_1 s^{n-1} + \alpha_2 s^{n-2} + \cdots + \alpha_n} + d \end{aligned} \tag{2.9}$$

上式からもわかるように，伝達関数 $G(s)$ は一般に多項式の比として与えられる．分母の次数は n であるが，分子の次数は，$d \neq 0$ の場合は n，$d = 0$ の場合はたかだか $(n-1)$ である．分母と分子の多項式の次数が等しい場合には，$G(s)$ は**双プロパー** (biproper)，分母の次数が高い場合には，**厳密にプロパー** (strictly proper) と呼ばれる．また，分母多項式 $= 0$ の根は**極** (pole)，分子多項式 $= 0$ の根は**零点** (zero) と呼ばれる．したがって，極の個数は n，零点の個数は，双プロパーの場合には n，厳密にプロパーの場合にはたかだか $(n-1)$ である．一般に，制御対象の伝達関数 $G(s)$ は厳密にプロパー $(d = 0)$ である．したがって，この場合には，$G(s)$ は次式となる．

$$G(s) = \boldsymbol{c}^{\mathrm{T}}(s\boldsymbol{I} - \boldsymbol{A})^{-1}\boldsymbol{b} = \frac{\boldsymbol{c}^{\mathrm{T}}\mathrm{adj}(s\boldsymbol{I} - \boldsymbol{A})\,\boldsymbol{b}}{|s\boldsymbol{I} - \boldsymbol{A}|} \tag{2.10}$$

上式から明らかなように，極は $|s\boldsymbol{I} - \boldsymbol{A}| = 0$ (行列 $\boldsymbol{A}$ の特性方程式) の根である．また，分子 $\boldsymbol{c}^{\mathrm{T}}\mathrm{adj}(s\boldsymbol{I} - \boldsymbol{A})\,\boldsymbol{b}$ は，行列 $\boldsymbol{M}(s)$ を

$$\boldsymbol{M}(s) = \begin{bmatrix} s\boldsymbol{I} - \boldsymbol{A} & \boldsymbol{b} \\ -\boldsymbol{c}^{\mathrm{T}} & 0 \end{bmatrix} \tag{2.11}$$

と定義すると，$\boldsymbol{M}(s)$ の行列式 $|\boldsymbol{M}(s)|$ に等しい．すなわち，

$$\boldsymbol{c}^{\mathrm{T}}\mathrm{adj}(s\boldsymbol{I} - \boldsymbol{A})\,\boldsymbol{b} = |\boldsymbol{M}(s)| \tag{2.12}$$

上の関係はつぎのようにして証明される．まず，式 (2.11) の $\boldsymbol{M}(s)$ は

$$\boldsymbol{M}(s) = \begin{bmatrix} s\boldsymbol{I} - \boldsymbol{A} & 0 \\ -\boldsymbol{c}^{\mathrm{T}} & 1 \end{bmatrix}\begin{bmatrix} \boldsymbol{I} & (s\boldsymbol{I} - \boldsymbol{A})^{-1}\boldsymbol{b} \\ 0 & \boldsymbol{c}^{\mathrm{T}}(s\boldsymbol{I} - \boldsymbol{A})^{-1}\boldsymbol{b} \end{bmatrix} \tag{2.13}$$

のように分解できる．したがって，この $M(s)$ の行列式は次式で与えられる．

$$\begin{aligned} |\boldsymbol{M}(s)| &= \begin{vmatrix} s\boldsymbol{I} - \boldsymbol{A} & 0 \\ -\boldsymbol{c}^{\mathrm{T}} & 1 \end{vmatrix}\begin{vmatrix} \boldsymbol{I} & (s\boldsymbol{I} - \boldsymbol{A})^{-1}\boldsymbol{b} \\ 0 & \boldsymbol{c}^{\mathrm{T}}(s\boldsymbol{I} - \boldsymbol{A})^{-1}\boldsymbol{b} \end{vmatrix} \\ &= |s\boldsymbol{I} - \boldsymbol{A}|\boldsymbol{c}^{\mathrm{T}}(s\boldsymbol{I} - \boldsymbol{A})^{-1}\boldsymbol{b} \end{aligned} \tag{2.14}$$

上式と式 (2.10) を比べると，式 (2.12) の関係が成り立つことがわかる．

例題 2.5　例題 2.1 において，$u(t)(= i(t))$ から $y(t)(= v_2(t))$ に至る伝達関数 $G(s)$ を求めよ．

解　例題 2.1 において v_1, v_2 を x_1, x_2 とした場合には，$\boldsymbol{A}, \boldsymbol{b}, \boldsymbol{c}, d$ は，

$$\boldsymbol{A} = \begin{bmatrix} a_{11} & a_{12} \\ a_{21} & a_{22} \end{bmatrix}, \quad \boldsymbol{b} = \begin{bmatrix} b_1 \\ 0 \end{bmatrix}, \quad \boldsymbol{c} = \begin{bmatrix} 0 \\ 1 \end{bmatrix}, \quad d = 0 \qquad ①$$

これより，$(s\boldsymbol{I} - \boldsymbol{A})^{-1}$ は，

$$(s\boldsymbol{I} - \boldsymbol{A})^{-1} = \frac{1}{(s - a_{11})(s - a_{22}) - a_{12}a_{21}}\begin{bmatrix} s - a_{22} & a_{12} \\ a_{21} & s - a_{11} \end{bmatrix} \qquad ②$$

したがって，$u(t)$ から $y(t)$ に至る伝達関数 $G(s)$ は，例題 2.2 における式 ④ の関係を代入すると，

$$\begin{aligned} G(s) &= [0 \;\; 1](s\boldsymbol{I} - \boldsymbol{A})^{-1}\begin{bmatrix} b_1 \\ 0 \end{bmatrix} \\ &= \frac{a_{21}b_1}{(s - a_{11})(s - a_{22}) - a_{12}a_{21}} = \frac{\beta_2}{s^2 + \alpha_1 s + \alpha_2} \end{aligned} \qquad ③$$

ただし，

$$\alpha_1 = -(a_{11} + a_{22}) = \frac{1}{C_1}\left(\frac{1}{R_1} + \frac{1}{R_{12}}\right) + \frac{1}{C_2}\left(\frac{1}{R_{12}} + \frac{1}{R_2}\right)$$

$$\alpha_2 = a_{11}a_{22} - a_{12}a_{21} = \frac{1}{C_1C_2}\left(\frac{1}{R_1R_{12}} + \frac{1}{R_{12}R_2} + \frac{1}{R_1R_2}\right) \qquad ④$$

$$\beta_2 = a_{21}b_1 = \frac{1}{C_1C_2R_{12}}$$

上式は，$C_1 = R_1 = R_{12} = 1$，$C_2 = 0.5$，$R_2 = 2$ とすると，

$$G(s) = \frac{2}{s^2 + 5s + 4} = \frac{2}{(s+1)(s+4)} \qquad ⑤$$

例題 2.6　行列 $\boldsymbol{A}, \boldsymbol{b}, \boldsymbol{c}$ が次式で与えられる場合について，式 (2.12) の関係が成り立つことを示せ．

$$\boldsymbol{A} = \begin{bmatrix} 0 & 1 \\ -\alpha_2 & -\alpha_1 \end{bmatrix}, \quad \boldsymbol{b} = \begin{bmatrix} 0 \\ 1 \end{bmatrix}, \quad \boldsymbol{c} = \begin{bmatrix} \beta_2 \\ \beta_1 \end{bmatrix} \qquad ①$$

解　この場合には，$\mathrm{adj}(s\boldsymbol{I} - \boldsymbol{A})$ はつぎのようになる．

$$\mathrm{adj}(s\boldsymbol{I} - \boldsymbol{A}) = \mathrm{adj}\begin{bmatrix} s & -1 \\ \alpha_2 & s+\alpha_1 \end{bmatrix} = \begin{bmatrix} s+\alpha_1 & 1 \\ -\alpha_2 & s \end{bmatrix} \qquad ②$$

したがって，$\boldsymbol{c}^{\mathrm{T}}\mathrm{adj}(s\boldsymbol{I} - \boldsymbol{A})\,\boldsymbol{b}$ は

$$\boldsymbol{c}^{\mathrm{T}}\mathrm{adj}(s\boldsymbol{I} - \boldsymbol{A})\,\boldsymbol{b} = [\,\beta_2 \quad \beta_1\,]\begin{bmatrix} s+\alpha_1 & 1 \\ -\alpha_2 & s \end{bmatrix}\begin{bmatrix} 0 \\ 1 \end{bmatrix} = \beta_1 s + \beta_2 \qquad ③$$

また，この場合には，$\boldsymbol{M}(s)$ は次式で与えられる．

$$\boldsymbol{M}(s) = \begin{bmatrix} s\boldsymbol{I} - \boldsymbol{A} & \boldsymbol{b} \\ -\boldsymbol{c}^{\mathrm{T}} & 0 \end{bmatrix} = \begin{bmatrix} s & -1 & 0 \\ \alpha_2 & s+\alpha_1 & 1 \\ -\beta_2 & -\beta_1 & 0 \end{bmatrix} \qquad ④$$

したがって，$|\boldsymbol{M}(s)|$ は

$$|\boldsymbol{M}(s)| = \begin{vmatrix} s & -1 & 0 \\ \alpha_2 & s+\alpha_1 & 1 \\ -\beta_2 & -\beta_1 & 0 \end{vmatrix} = -\begin{vmatrix} s & -1 \\ -\beta_2 & -\beta_1 \end{vmatrix} = \beta_1 s + \beta_2 \qquad ⑤$$

式 ③ と ⑤ より，式 (2.12) の関係が成り立つことがわかる．

2.3 ブロック線図によるシステム表現

制御対象や制御系を図の形で表現する方法としては，ブロック線図と信号流れ線図の二つがあるが，よく用いられているのはブロック線図である．これについては

すでに周知のことと思われるが，以下に簡単に説明しておく．

ブロック線図 (block diagram) は，図 2.5 に示すような**伝達要素**，**加算**，**分岐**の三つの基本記号からなる．伝達要素は，入出力間の信号伝達の関係を表わすもので，図の (a) のように表わされる．ブロックの中には要素の伝達関数 $G(s)$ が書き込まれ，出力 $Y(s)$ が入力 $U(s)$ と

$$Y(s) = G(s)U(s) \tag{2.15}$$

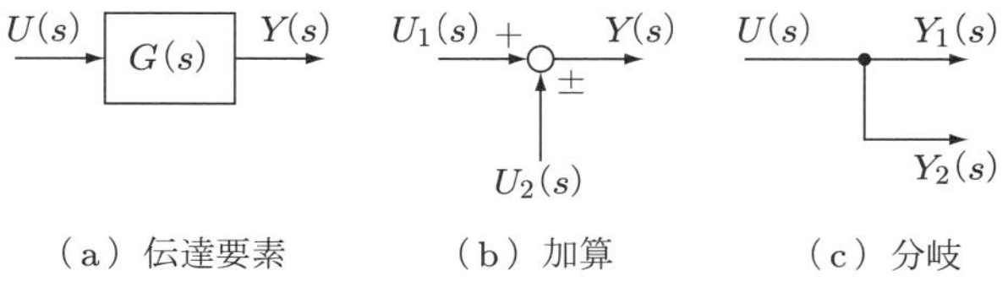

図 2.5　ブロック線図の基本記号

なる関係にあることを表わす ($G(s)$ は比例定数でもよい)．加算は二つ以上の信号の代数和を表わすもので，図の (b) のように表わされる．この図は

$$Y(s) = U_1(s) \pm U_2(s) \tag{2.16}$$

であることを意味する．また，分岐は信号が二つ以上に分岐されることを表わすもので，図の (c) のように表わされる．この図は

$$Y_1(s) = Y_2(s) = U(s) \tag{2.17}$$

であることを意味する．

上述のようにブロック線図では伝達関数表示が用いられるので，系内の信号は原則的にはラプラス変換の形で表わされる．しかし，実際には時間信号の形で表わされることも多い．制御系のブロック線図は上の三つの基本記号を用いて表現される．ブロック線図には図 2.6 に示すような結合法則が成り立つ．

(a)　直列結合

図の (a) のように二つの要素が直列に接続される結合を**直列結合**という．この場合には，

$$Z(s) = G_1(s)U(s), \quad Y(s) = G_2(s)Z(s)$$

なる関係より，次式が成り立つ．

$$Y(s) = G_1(s)G_2(s)U(s) \tag{2.18}$$

したがって，直列結合の場合には，全体の伝達関数 $G(s)(= Y(s)/U(s))$ は $G_1(s)$ と $G_2(s)$ の積となる．

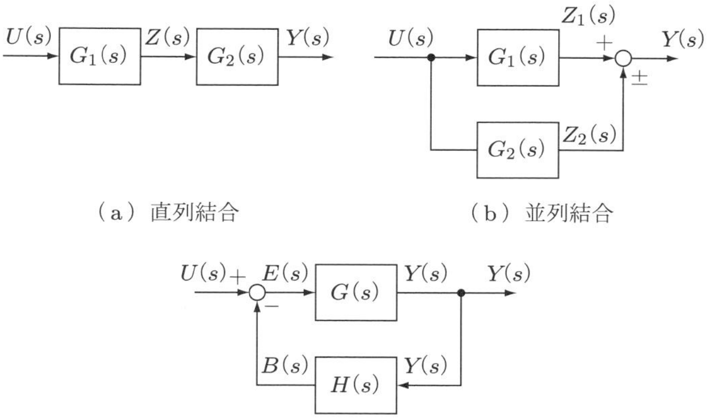

（a）直列結合　（b）並列結合

（c）フィードバック結合

図 2.6　ブロック線図の結合法則

(b) 並列結合

図の (b) のように二つの要素が並列に接続される結合を**並列結合**という．この場合には，

$$Z_1(s) = G_1(s)U(s), \quad Z_2(s) = G_2(s)U(s)$$

なる関係より，次式が成り立つ．

$$Y(s) = Z_1(s) \pm Z_2(s) = (G_1(s) \pm G_2(s))U(s) \tag{2.19}$$

したがって，並列結合の場合には，全体の伝達関数 $G(s)(= Y(s)/U(s))$ は個々の伝達関数の代数和となる．

(c) フィードバック結合

図の (c) のような結合は**フィードバック結合**という．$G(s)$ は前向き要素，$H(s)$ はフィードバック要素と呼ばれる．この場合には，

$$Y(s) = G(s)E(s), \quad E(s) = U(s) - B(s), \quad B(s) = H(s)Y(s)$$

なる関係より，次式が得られる．

$$Y(s) = \frac{G(s)}{1 + G(s)H(s)}U(s) \tag{2.20}$$

すなわち，全体の伝達関数 $W(s)(= Y(s)/U(s))$ は $G(s)/\{1 + G(s)H(s)\}$ となる．この $W(s)$ は**閉ループ伝達関数** (closed loop transfer function) または**フィードバック伝達関数** (feedback transfer function) と呼ばれる．信号 $B(s)$ を接続せずに開いた場合には，$U(s)$ から $B(s)$ に至る経路の伝達関数は $G(s)$ と $H(s)$ の直列結合であり，その積 $G(s)H(s)$ は**開ループ伝達関数** (open loop transfer function) と呼ばれる．

例題 2.7　次式で表わされるシステムをブロック線図として表現せよ．

$$\frac{d\boldsymbol{x}(t)}{dt} = \boldsymbol{A}\boldsymbol{x}(t) + \boldsymbol{b}u(t)$$
$$y(t) = \boldsymbol{c}^{\mathrm{T}}\boldsymbol{x}(t) + du(t) \quad ①$$

ただし，

$$\boldsymbol{x}(t) = \begin{bmatrix} x_1(t) \\ x_2(t) \end{bmatrix},\quad \boldsymbol{A} = \begin{bmatrix} a_{11} & a_{12} \\ a_{21} & a_{22} \end{bmatrix},\quad \boldsymbol{b} = \begin{bmatrix} b_1 \\ b_2 \end{bmatrix},\quad \boldsymbol{c} = \begin{bmatrix} c_1 \\ c_2 \end{bmatrix} \quad ②$$

解　$\boldsymbol{x}(t)$ の初期値 $\boldsymbol{x}_0$ を考慮して，式 ① をラプラス変換すると，

$$s\boldsymbol{X}(s) = \boldsymbol{A}\boldsymbol{X}(s) + \boldsymbol{b}U(s) + \boldsymbol{x}_0$$
$$Y(s) = \boldsymbol{c}^{\mathrm{T}}\boldsymbol{X}(s) + dU(s) \quad ③$$

上式を $X(s)$ の成分について表わすと，

$$sX_1(s) = a_{11}X_1(s) + a_{12}X_2(s) + b_1U(s) + x_{10}$$
$$sX_2(s) = a_{21}X_1(s) + a_{22}X_2(s) + b_2U(s) + x_{20} \quad ④$$
$$Y(s) = c_1X_1(s) + c_2X_2(s) + dU(s)$$

式 ④ を，初期値を無視して，ブロック線図として表わすと，図 2.7 が得られる．上のシステムは式 ③ の形のままで，図 2.8 のような形のブロック線図として表現されることもある．図における二重線は信号がベクトルであることを意味する．図 2.8 のような表現はシステムの単なる概念図で内部構造は表に出ないが，$x(t)$ の次元に関係なく使用できるという利点がある．

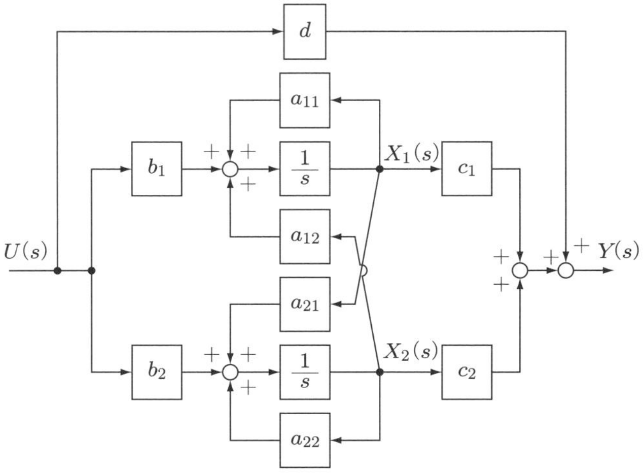

図 2.7　2次系のブロック線図

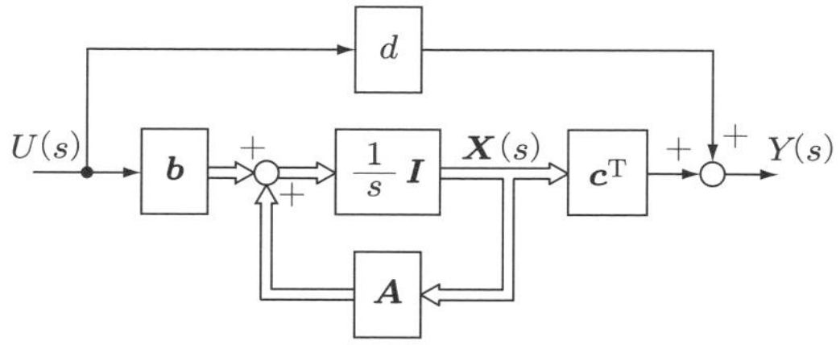

図 2.8　システム方程式のブロック線図

（注意）状態空間表現に対応するシステムのブロック線図表現では信号を時間領域で標記したり積分記号を用いる場合もあるが，本書では信号をラプラス変換したもので表し，積分器は伝達関数で表すこととする．

2.4 伝達関数からの状態方程式表現

伝達関数から状態方程式の表現を導くことは実現問題と呼ばれる．状態方程式から伝達関数は一意に定まるが，伝達関数から状態方程式は一意には定まらず，無数の状態方程式表現が考えられる．無数の状態方程式表現では困るので，通常は**標準形** (canonical form，正準形ともいう) が用いられる．以下では，よく用いられる標準形として，2 次系を例にとって，ジョルダン標準形，可制御標準形，可観測標準形の三つについて述べる．

システムの伝達関数 $G(s)$ が次式で与えられるような 2 次系を考える (一般の n 次系については第 4 章で述べる)．

$$G(s)\ \left(=\frac{Y(s)}{U(s)}\right)=\frac{\gamma_0 s^2+\gamma_1 s+\gamma_2}{s^2+\alpha_1 s+\alpha_2} \tag{2.21}$$

上式は分子の多項式を分母の多項式で割ると，つぎの形に書き改められる．

$$G(s)\ \left(=\frac{Y(s)}{U(s)}\right)=\frac{\beta_1 s+\beta_2}{s^2+\alpha_1 s+\alpha_2}+d\ ;\ d=\gamma_0 \tag{2.22}$$

上式の右辺第 2 項は入力から出力に至る直達成分であり，状態変数を用いて表わされるのは第 1 項である．

(a) ジョルダン標準形

式 (2.21) の $G(s)$ の極がすべて単極で

$$s^2+\alpha_1 s+\alpha_2=(s-\lambda_1)(s-\lambda_2)\ ;\ \lambda_1\neq\lambda_2 \tag{2.23}$$

となる場合には，$G(s)$ はつぎのように表わすことができる．

$$G(s)=\frac{c_1}{s-\lambda_1}+\frac{c_2}{s-\lambda_2}+d \tag{2.24}$$

ただし，$c_1 = \dfrac{\beta_1\lambda_1 + \beta_2}{\lambda_1 - \lambda_2}$，$c_2 = \dfrac{\beta_1\lambda_2 + \beta_2}{\lambda_2 - \lambda_1}$

ここで，

$$\frac{1}{s-\lambda_i}U(s) = X_i(s)\ ;\ i = 1, 2 \tag{2.25}$$

とすると，上式はつぎのような微分方程式として表わされる．

$$\dot{x}_i(t) = \lambda_i x_i(t) + u(t)\ ;\ i = 1, 2 \tag{2.26}$$

この場合には，$Y(s)$ は

$$Y(s) = c_1X_1(s) + c_2X_2(s) + dU(s) \tag{2.27}$$

となるので，状態方程式はつぎのようになる (図 2.9)．

$$\frac{d}{dt}\begin{bmatrix} x_1(t) \\ x_2(t) \end{bmatrix} = \begin{bmatrix} \lambda_1 & 0 \\ 0 & \lambda_2 \end{bmatrix}\begin{bmatrix} x_1(t) \\ x_2(t) \end{bmatrix} + \begin{bmatrix} 1 \\ 1 \end{bmatrix} u(t) \tag{2.28a}$$

$$y(t) = [\,c_1 \quad c_2\,]\begin{bmatrix} x_1(t) \\ x_2(t) \end{bmatrix} + du(t) \tag{2.28b}$$

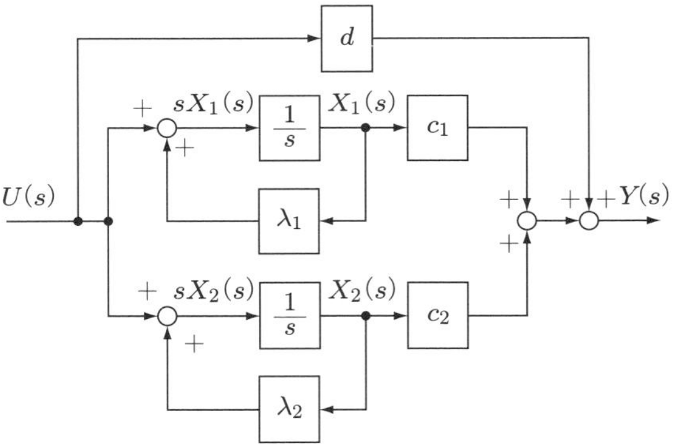

図 2.9　ジョルダン標準形 (単極の場合)

また，$X_i(s)$ を，式 (2.25) に代わって，

$$\frac{c_i}{s-\lambda_i}U(s) = X_i(s)\ ;\ i = 1, 2 \tag{2.29}$$

とした場合には，

$$Y(s) = X_1(s) + X_2(s) + dU(s) \tag{2.30}$$

となるので，状態方程式はつぎのようになる．

$$\begin{bmatrix} \dot{x}_1(t) \\ \dot{x}_2(t) \end{bmatrix} = \begin{bmatrix} \lambda_1 & 0 \\ 0 & \lambda_2 \end{bmatrix}\begin{bmatrix} x_1(t) \\ x_2(t) \end{bmatrix} + \begin{bmatrix} c_1 \\ c_2 \end{bmatrix} u(t) \tag{2.31a}$$

$$y(t) = [\,1 \quad 1\,]\begin{bmatrix} x_1(t) \\ x_2(t) \end{bmatrix} + du(t) \tag{2.31b}$$

なお，式 (2.21) の $G(s)$ の極が重極で

$$s^2 + \alpha_1 s + \alpha_2 = (s-\lambda)^2 \tag{2.32}$$

となる場合には，$G(s)$ はつぎのように表わされる．

$$G(s) = \frac{c_1}{(s-\lambda)^2} + \frac{c_2}{s-\lambda} + d\ ;\ c_1 = \beta_1\lambda + \beta_2,\ \ c_2 = \beta_1 \tag{2.33}$$

ここで，

$$X_1(s) = \frac{1}{(s-\lambda)^2}U(s), \quad X_2(s) = \frac{1}{s-\lambda}U(s) \tag{2.34}$$

とすると，この場合の状態方程式はつぎのようになる (図 2.10).

$$\begin{bmatrix} \dot{x}_1(t) \\ \dot{x}_2(t) \end{bmatrix} = \begin{bmatrix} \lambda & 1 \\ 0 & \lambda \end{bmatrix}\begin{bmatrix} x_1(t) \\ x_2(t) \end{bmatrix} + \begin{bmatrix} 0 \\ 1 \end{bmatrix} u(t) \tag{2.35a}$$

$$y(t) = [\,c_1 \quad c_2\,]\begin{bmatrix} x_1(t) \\ x_2(t) \end{bmatrix} + du(t) \tag{2.35b}$$

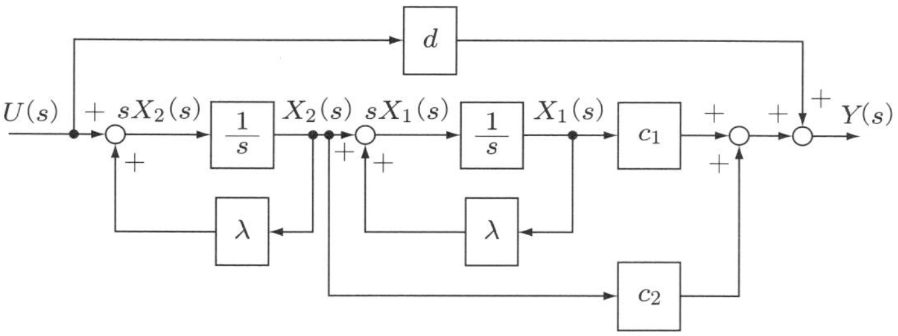

図 2.10　ジョルダン標準形 (重極の場合)

(b)　可制御標準形

この標準形はシステムの可制御性 (第 4 章参照) を前提としたもので，2 次系の標準形は次式で与えられる (図 2.11).

$$\begin{bmatrix} \dot{x}_1(t) \\ \dot{x}_2(t) \end{bmatrix} = \begin{bmatrix} 0 & 1 \\ -\alpha_2 & -\alpha_1 \end{bmatrix}\begin{bmatrix} x_1(t) \\ x_2(t) \end{bmatrix} + \begin{bmatrix} 0 \\ 1 \end{bmatrix} u(t) \tag{2.36a}$$

$$y(t) = [\,\beta_2 \quad \beta_1\,]\begin{bmatrix} x_1(t) \\ x_2(t) \end{bmatrix} + du(t) \tag{2.36b}$$

(c)　可観測標準形

この標準形はシステムの可観測性 (第 4 章参照) を前提としたもので，2 次系の標準形は次式で与えられる (図 2.12).

$$\begin{bmatrix} \dot{x}_1(t) \\ \dot{x}_2(t) \end{bmatrix} = \begin{bmatrix} 0 & -\alpha_2 \\ 1 & -\alpha_1 \end{bmatrix}\begin{bmatrix} x_1(t) \\ x_2(t) \end{bmatrix} + \begin{bmatrix} \beta_2 \\ \beta_1 \end{bmatrix} u(t) \tag{2.37a}$$

$$y(t) = [\,0 \quad 1\,]\begin{bmatrix} x_1(t) \\ x_2(t) \end{bmatrix} + du(t) \tag{2.37b}$$

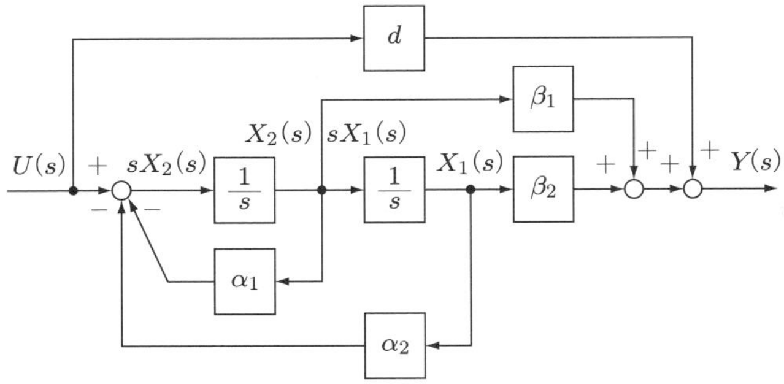

図 2.11　可制御標準形

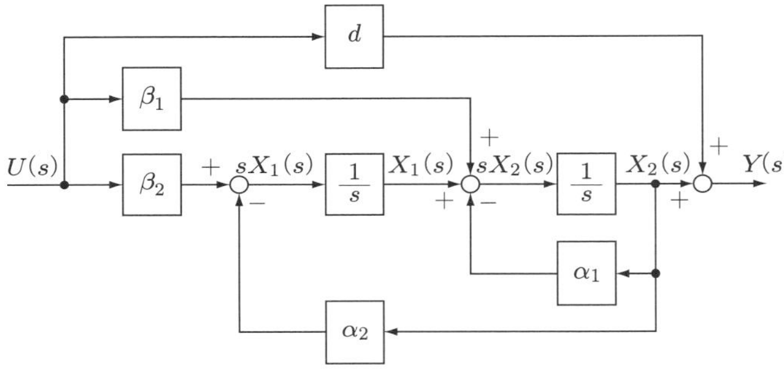

図 2.12　可観測標準形

2.5　閉ループ系の状態表現と伝達関数

これまでは制御対象の状態表現についてのみ述べてきたが，この状態表現は閉ループ制御系全体を対象にして考えることもできる．周知のように，制御系は制御対象と制御装置とからなる．制御装置の構成は制御目的により異なるが，制御対象と同様，その特性は伝達関数または状態方程式として記述される．制御対象は一般に直達成分をもたないが，制御装置は随意に構成できるので，直達成分が存在しうる．すなわち，制御対象の伝達関数は厳密にプロパーであるが，制御装置の伝達関数は厳密にプロパーであるとは限らない，むしろ，直達成分のある双プロパーの場合が多い．状態方程式の表現でいえば，制御対象は $d=0$，制御装置は必ずしも $d=0$ ではないわけである．

閉ループ制御系を構成する場合，制御装置にフィードバックされる信号は制御対象の出力以外に状態変数そのものも考えられる (例えば，後述の状態フィードバック系) が，ここでは，図 2.13 に示すように，制御対象の出力だけがフィードバックされるものとして，閉ループ系としての状態表現を考えることにする．図の制御系は，制御対象と制御装置の伝達関数がそれぞれ $G_p(s), G_c(s)$ の直結フィードバック系なので，指令入力 $y_r(t)$ から出力 $y(t)$ に至る閉ループ伝達関数 $W(s)$ は次式で与えられる．

$$W(s)\ \left(=\frac{Y(s)}{Y_r(s)}\right)=\frac{G_c(s)G_p(s)}{1+G_c(s)G_p(s)} \tag{2.38}$$

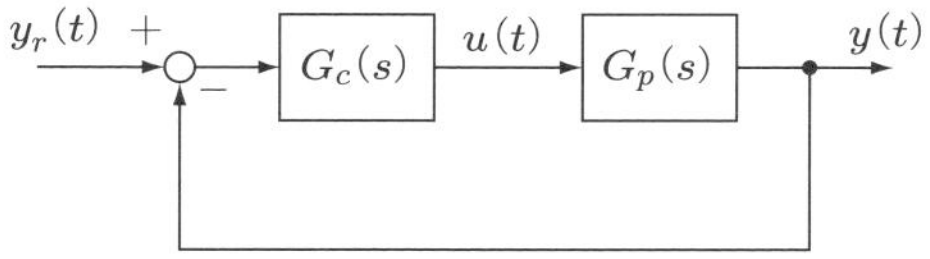

図 2.13 閉ループ制御系

この制御系の状態表現はつぎのようにして求められる．まず，制御対象は，入力が $u(t)$，出力が $y(t)$ である．伝達関数 $G_p(s)$ が厳密にプロパーとすると，制御対象はつぎの形の状態方程式として記述される．

$$\dot{\boldsymbol{x}}_p(t)=\boldsymbol{A}_p\boldsymbol{x}_p(t)+\boldsymbol{b}_p u(t) \tag{2.39a}$$

$$y(t)=\boldsymbol{c}_p^{\mathrm{T}}\boldsymbol{x}_p(t) \tag{2.39b}$$

ここに，$\boldsymbol{x}_p(t)$ は制御対象の状態変数である．つぎに，制御装置は，入力が $y_r(t)-y(t)$，出力が $u(t)$ である．伝達関数 $G_c(s)$ を双プロパーとすると，その状態方程式はつぎのように表わされる．

$$\dot{\boldsymbol{x}}_c(t)=\boldsymbol{A}_c\boldsymbol{x}_c(t)+\boldsymbol{b}_c(y_r(t)-y(t)) \tag{2.40a}$$

$$u(t)=\boldsymbol{c}_c^{\mathrm{T}}\boldsymbol{x}_c(t)+d_c(y_r(t)-y(t)) \tag{2.40b}$$

式 (2.39a) は，式 (2.40b)，(2.39b) を用いると，

$$\begin{aligned}\dot{\boldsymbol{x}}_p(t)&=\boldsymbol{A}_p\boldsymbol{x}_p(t)+\boldsymbol{b}_p\{\boldsymbol{c}_c^{\mathrm{T}}\boldsymbol{x}_c(t)+d_c(y_r(t)-\boldsymbol{c}_p^{\mathrm{T}}\boldsymbol{x}_p(t))\}\\&=(\boldsymbol{A}_p-\boldsymbol{b}_pd_c\boldsymbol{c}_p^{\mathrm{T}})\boldsymbol{x}_p(t)+\boldsymbol{b}_p\boldsymbol{c}_c^{\mathrm{T}}\boldsymbol{x}_c(t)+\boldsymbol{b}_pd_cy_r(t)\end{aligned}$$

また，式 (2.40a) は，式 (2.39b) を用いると，

$$\begin{aligned}\dot{\boldsymbol{x}}_c(t)&=\boldsymbol{A}_c\boldsymbol{x}_c(t)+\boldsymbol{b}_c(y_r(t)-\boldsymbol{c}_p^{\mathrm{T}}\boldsymbol{x}_p(t))\\&=-\boldsymbol{b}_c\boldsymbol{c}_p^{\mathrm{T}}\boldsymbol{x}_p(t)+\boldsymbol{A}_c\boldsymbol{x}_c(t)+\boldsymbol{b}_cy_r(t)\end{aligned}$$

したがって，閉ループ制御系全体はつぎのように表わされる．

$$\dot{\boldsymbol{x}}(t)=\boldsymbol{A}\boldsymbol{x}(t)+\boldsymbol{b}y_r(t) \tag{2.41a}$$

$$y(t)=\boldsymbol{c}^{\mathrm{T}}\boldsymbol{x}(t) \tag{2.41b}$$

ただし，

$$\boldsymbol{x}(t)=\begin{bmatrix}\boldsymbol{x}_p(t)\\ \boldsymbol{x}_c(t)\end{bmatrix},\quad \boldsymbol{A}=\begin{bmatrix}\boldsymbol{A}_p-\boldsymbol{b}_p d_c \boldsymbol{c}_p^{\mathrm{T}} & \boldsymbol{b}_p\boldsymbol{c}_c^{\mathrm{T}}\\ -\boldsymbol{b}_c\boldsymbol{c}_p^{\mathrm{T}} & \boldsymbol{A}_c\end{bmatrix},$$

$$\boldsymbol{b}=\begin{bmatrix}\boldsymbol{b}_p d_c\\ \boldsymbol{b}_c\end{bmatrix},\quad \boldsymbol{c}=\begin{bmatrix}\boldsymbol{c}_p\\ \boldsymbol{0}\end{bmatrix} \tag{2.42}$$

式 (2.41) の結果からも明らかなように，制御対象が厳密にプロパーなので，制御装置のいかんにかかわらず，制御系全体は厳密にプロパーである．式 (2.42) の $y_r(t)$ から $y(t)$ に至る閉ループ伝達関数 $W(s)$ は

$$W(s)=\boldsymbol{c}^{\mathrm{T}}(s\boldsymbol{I}-\boldsymbol{A})^{-1}\boldsymbol{b}=\frac{\boldsymbol{c}^{\mathrm{T}}\mathrm{adj}(s\boldsymbol{I}-\boldsymbol{A})\boldsymbol{b}}{|s\boldsymbol{I}-\boldsymbol{A}|} \tag{2.43}$$

で与えられる．この伝達関数は，当然のことながら，式 (2.38) の $W(s)$ に等しい．これは，式 (2.42) の行列 $\boldsymbol{A}$ の特性方程式 $|s\boldsymbol{I}-\boldsymbol{A}|=0$ の根が式 (2.38) の $W(s)$ の極 (すなわち，$1+G_c(s)G_p(s)=0$ の根) に等しいことを意味する．

ノート　上では制御対象と制御装置を個々に状態方程式の形で表現してから，その結果をまとめて全体の状態表現を考えたが，これだけが唯一の方法ではない．制御系全体の状態表現としては，入出力伝達関数が式 (2.38) に一致しさえすれば，どのようなものを考えてもよい．

例題 2.8　図 2.14 に示す閉ループ制御系を状態方程式の形で表わせ．

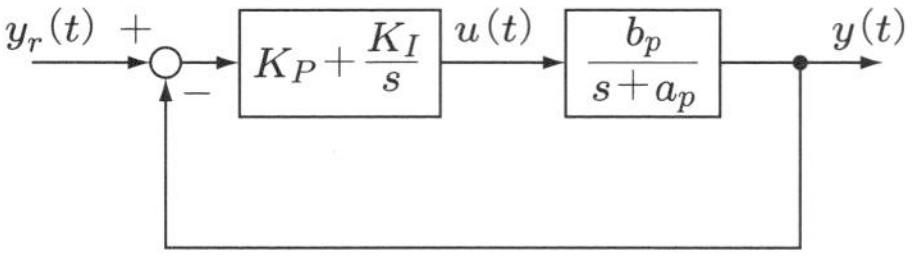

図 2.14　1 次系の閉ループ制御

解　この制御系では，制御対象と制御装置の伝達関数 $G_p(s), G_c(s)$ は，それぞれ

$$G_p(s)=\frac{b_p}{s+a_p},\quad G_c(s)=K_P+\frac{K_I}{s} \tag{①}$$

である．したがって，制御対象と制御装置の状態表現は，それぞれ

$$\begin{aligned}\dot{x}_p(t)&=-a_p x_p(t)+b_p u(t)\\ y(t)&=x_p(t)\end{aligned} \tag{②}$$

$$\begin{aligned}\dot{x}_c(t)&=y_r(t)-y(t)\\ u(t)&=K_I x_c(t)+K_P(y_r(t)-y(t))\end{aligned} \tag{③}$$

したがって，閉ループ制御系としての状態表現は次式で与えられる．

$$\begin{aligned}\dot{\boldsymbol{x}}(t)&=\boldsymbol{A}\boldsymbol{x}(t)+\boldsymbol{b}y_r(t)\\ y(t)&=\boldsymbol{c}^{\mathrm{T}}\boldsymbol{x}(t)\end{aligned} \tag{④}$$

ただし，

$$\boldsymbol{x}(t) = \begin{bmatrix} x_p(t) \\ x_c(t) \end{bmatrix}, \quad \boldsymbol{A} = \begin{bmatrix} -a_p - b_pK_P & b_pK_I \\ -1 & 0 \end{bmatrix}, \quad \boldsymbol{b} = \begin{bmatrix} b_pK_P \\ 1 \end{bmatrix},$$

$$\boldsymbol{c} = \begin{bmatrix} 1 \\ 0 \end{bmatrix} \qquad ⑤$$

これより，$y_r(t)$ から $y(t)$ に至る閉ループ伝達関数 $W(s)$ は，

$$W(s) = \boldsymbol{c}^{\mathrm{T}}(s\boldsymbol{I} - \boldsymbol{A})^{-1}\boldsymbol{b} = \frac{b_p(K_Ps + K_I)}{s^2 + (a_p + b_pK_P)s + b_pK_I} \qquad ⑥$$

この結果は，図 2.13 のブロック線図から式 (2.38) を用いて直接計算した結果と同じである．

2.6 演習問題

1. 図 2.15 に示す水槽系で，水槽 I と II の水位 $h_1(t), h_2(t)$ を状態変数 $x_1(t), x_2(t)$，水槽 I への流入流量 $q(t)$ を入力 $u(t)$，水槽 II の水位 $h_2(t)$ を出力 $y(t)$ とした場合の状態方程式を導け．ただし，水槽 I と II の断面積はそれぞれ C_1, C_2，下部出口の抵抗は R_1, R_2，I から II への管の抵抗は R_{12} とする．この水槽系の状態方程式は例題 2.1 の電気回路の方程式と同じ形であることを確かめよ．

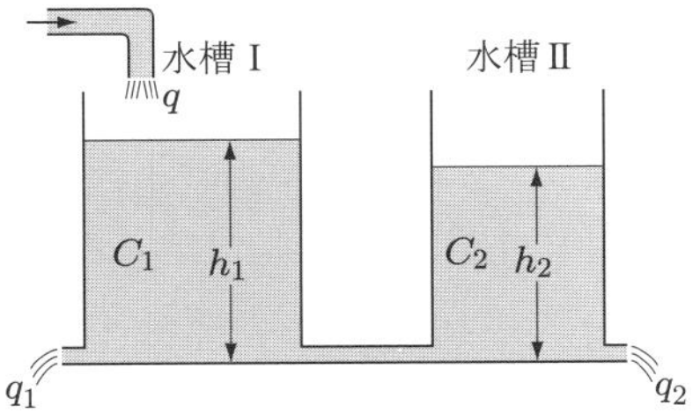

図 2.15　2 次の水槽系

2. 図 2.1 の電気回路でコンデンサ C_1 の端子電圧 v_1 を状態 x_1，抵抗 R_{12} に流れる電流 i_{12} を状態 x_2 とし，電流源からの電流 i を入力 u，コンデンサ C_1 の電圧 v_1 を出力 y とする．

   (a) $C_1 = R_2 = R_{12} = 1$，$C_2 = 0.5$，$R_2 = 2$ として，$\boldsymbol{A}, \boldsymbol{b}, \boldsymbol{c}$ を求めよ．

   (b) この場合の入出力伝達関数 $G(s)(= Y(s)/U(s))$ を求めよ．

3. 図 2.16 に示す界磁制御形の直流モータの動作を状態方程式の形で表わせ．

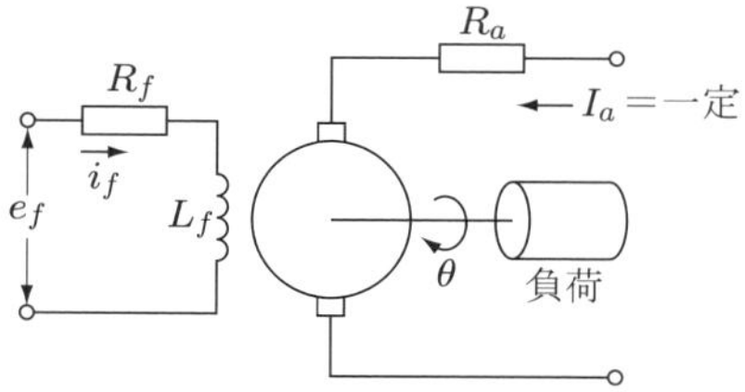

図 2.16　界磁制御形直流モータ

4. $\boldsymbol{A}, \boldsymbol{b}, \boldsymbol{c}, d$ が次式で与えられるシステムの入出力伝達関数 $G(s)$ を求めよ.

(a) $\boldsymbol{A} = \begin{bmatrix} -2 & 1 \\ 2 & -3 \end{bmatrix}, \quad \boldsymbol{b} = \begin{bmatrix} 1 \\ 0 \end{bmatrix}, \quad \boldsymbol{c} = \begin{bmatrix} 0 \\ 1 \end{bmatrix}, \quad d = 0$

(b) $\boldsymbol{A} = \begin{bmatrix} -1 & 1 & 0 \\ 1 & -2 & 1 \\ 0 & 1 & -3 \end{bmatrix}, \quad \boldsymbol{b} = \begin{bmatrix} 0 \\ 0 \\ 2 \end{bmatrix}, \quad \boldsymbol{c} = \begin{bmatrix} 1 \\ 0 \\ 0 \end{bmatrix}, \quad d = 0$

5. 図 2.17 の電気式サーボ機構のブロック線図を状態方程式の形で表現せよ.

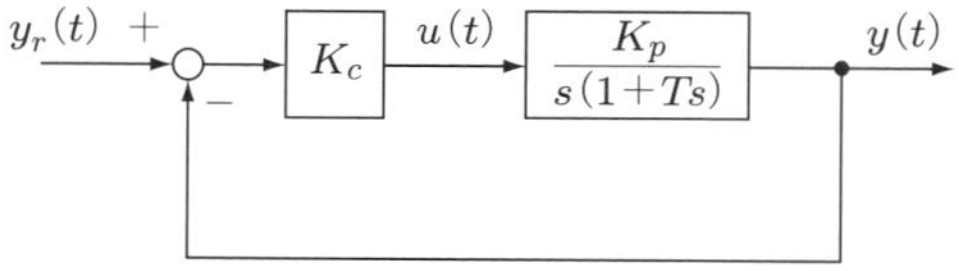

図 2.17　電気式サーボ機構

第 3 章

状態方程式の解と性質

状態方程式は一般に 1 次の連立微分方程式であり，その解法には行列の指数関数 $e^{\boldsymbol{A}t}$ の定義式に基づく方法とラプラス変換による方法の二つがある．本章ではまず，これら二つの解法について説明するが，一般にはラプラス変換による方法の方が計算が容易である．状態方程式の解の挙動は係数行列 $\boldsymbol{A}$ の固有値に依存する．3.4 節では，2 次系を対象として状態方程式の解の挙動について述べる．2 次系の場合には，状態変数は状態平面上に軌道 (位相面軌道) を描く．この軌道の模様も，当然のことながら，行列 $\boldsymbol{A}$ の固有値に依存する．3.5 節では，固有値の違いによる位相面軌道の模様を示す．

3.1 状態方程式の解

ベクトル形式の状態方程式の解を求める前に，次式で表わされるようなスカラー形式の 1 次の微分方程式の解を求めてみよう．

$$\frac{dx(t)}{dt} = ax(t) + bu(t)\ ;\ x(0) = x_0 \tag{3.1}$$

ここに，$u(t)$ はスカラーの外部入力，a, b は定数である．

上の微分方程式は以下に述べるような定数変化法により求められる．まず，式 (3.1) において $u(t) \equiv 0$ とした自由系

$$\frac{dx(t)}{dt} = ax(t) \tag{3.2}$$

の解を求める (上式は**補助方程式**とも呼ばれる)．この微分方程式は変数分離形であり，つぎのように表わされる．

$$\frac{dx}{x} = adt \tag{3.3}$$

上式は，両辺を積分し，積分定数を c とすると，

$$\ln x = at + c$$

したがって，式 (3.3) の解は次式で与えられる．

$$x(t) = c'e^{at}\ ;\ c' = e^{c} \tag{3.4}$$

ここで，上式における定数 c' を時間 t の関数 $c(t)$ で置き換えた次式を考える．

$$x(t) = c(t)e^{at} \tag{3.5}$$

上式を式 (3.1) に代入すると，

$$\frac{dc(t)}{dt}e^{at} + c(t)ae^{at} = ac(t)e^{at} + bu(t)$$

すなわち，

$$\frac{dc(t)}{dt} = e^{-at}bu(t) \tag{3.6}$$

これより，$c(t)$ は，積分定数を C とすると，

$$c(t) = \int_0^t e^{-a\tau}bu(\tau)d\tau + C$$

上式を式 (3.5) に代入すると，

$$x(t) = e^{at}\left(\int_0^t e^{-a\tau}bu(\tau)d\tau + C\right) = \int_0^t e^{a(t-\tau)}bu(\tau)\,d\tau + Ce^{at}$$

ここで，$t = 0$ とすると，積分定数 C は $C = x_0$ として与えられる．かくして，式 (3.1) の微分方程式の解はつぎのように求められる．

$$x(t) = e^{at}x_0 + \int_0^t e^{a(t-\tau)}bu(\tau)\,d\tau \tag{3.7}$$

以上，式 (3.1) の微分方程式の解を定数変化法により求めたが，式 (3.7) が式 (3.1) を満足することは，式 (3.7) を式 (3.1) に代入してみれば容易に確かめることができる．

つぎに，ベクトル形式の状態方程式

$$\frac{d\boldsymbol{x}(t)}{dt} = \boldsymbol{A}\boldsymbol{x}(t) + \boldsymbol{b}u(t)\ ;\ \boldsymbol{x}(0) = \boldsymbol{x}_0 \tag{3.8}$$

について考える．ここに，$\boldsymbol{x}(t)$ は n 次元の状態ベクトル，$u(t)$ はスカラーの入力，$\boldsymbol{A}, \boldsymbol{b}$ はそれぞれ $n \times n$，$n \times 1$ の定数行列である．

この場合の解は，形式的には，式 (3.7) のスカラー a を行列 $\boldsymbol{A}$ で，スカラー $bu(\tau)$ をベクトル $\boldsymbol{b}u(\tau)$ で置き換えることにより求められる．すなわち，状態ベクトル $\boldsymbol{x}(t)$ の初期値を $\boldsymbol{x}(0) = \boldsymbol{x}_0$ とすると，式 (3.8) の状態方程式の解は次式で与えられる．

$$\boldsymbol{x}(t) = e^{\boldsymbol{A}t}\boldsymbol{x}_0 + \int_0^t e^{\boldsymbol{A}(t-\tau)}\boldsymbol{b}u(\tau)\,d\tau \tag{3.9}$$

ここに，$e^{\boldsymbol{A}t}$ は e^{at} に対応する $n \times n$ の正方行列で，次式で定義される．

$$e^{\boldsymbol{A}t} = \boldsymbol{I} + \boldsymbol{A}t + \frac{1}{2!}\boldsymbol{A}^2t^2 + \frac{1}{3!}\boldsymbol{A}^3t^3 + \cdots + \frac{1}{n!}\boldsymbol{A}^nt^n + \cdots \tag{3.10}$$

式 (3.9) の右辺第 1 項は初期値 $\boldsymbol{x}_0$ に依存する項で**自由解**と呼ばれる．第 2 項は入力 $u(t)$ に依存する項で**強制解**と呼ばれる．

式 (3.10) の定義から，行列 $e^{\boldsymbol{A}t}$ に関してはつぎの性質が成り立つ．

(i) $\dfrac{d}{dt}e^{\boldsymbol{A}t} = \boldsymbol{A}e^{\boldsymbol{A}t}$ (3.11)

(ii) $\boldsymbol{A}e^{\boldsymbol{A}t} = e^{\boldsymbol{A}t}\boldsymbol{A}$ (3.12)

(iii) $e^{\boldsymbol{A}(t_1+t_2)} = e^{\boldsymbol{A}t_1}e^{\boldsymbol{A}t_2}$ (3.13)

(iv) $(e^{\boldsymbol{A}t})^{-1} = e^{-\boldsymbol{A}t}$ (3.14)

上の式 (3.14) の性質 (iv) は，行列 $e^{\boldsymbol{A}t}$ に対してはつねに逆行列が存在する (すなわち，$e^{\boldsymbol{A}t}$ は正則である) ことを意味する．

式 (3.9) が式 (3.8) の解であることは，つぎのようにして容易に示すことができる．まず，式 (3.9) を時間 t で微分すると，

$$\begin{aligned}\frac{d\boldsymbol{x}(t)}{dt} &= \frac{d}{dt}(e^{\boldsymbol{A}t})x_0 + \frac{d}{dt}\left\{e^{\boldsymbol{A}t}\int_0^t e^{-\boldsymbol{A}\tau}\boldsymbol{b}u(\tau)\,d\tau\right\} \\ &= \frac{d}{dt}(e^{\boldsymbol{A}t})\boldsymbol{x}_0 + \left(\frac{d}{dt}(e^{\boldsymbol{A}t})\right)\left(\int_0^t e^{-\boldsymbol{A}\tau}\boldsymbol{b}u(\tau)d\tau\right) + \boldsymbol{b}u(t)\end{aligned} \tag{3.15}$$

ここで，式 (3.11) の性質 (i) と式 (3.9) の関係に留意すると，式 (3.15) は

$$\begin{aligned}\frac{d\boldsymbol{x}(t)}{dt} &= \boldsymbol{A}\left(e^{\boldsymbol{A}t}\boldsymbol{x}_0 + e^{\boldsymbol{A}t}\int_0^t e^{-\boldsymbol{A}\tau}\boldsymbol{b}u(\tau)\,d\tau\right) + \boldsymbol{b}u(t) \\ &= \boldsymbol{A}\boldsymbol{x}(t) + \boldsymbol{b}u(t)\end{aligned} \tag{3.16}$$

上式は式 (3.8) そのものである．すなわち，式 (3.9) は式 (3.8) の解である．

例題 3.1 式 (3.10) の無限級数 $e^{\boldsymbol{A}t}$ は有限個の級数としてつぎのように表わすことができる．

$$e^{\boldsymbol{A}t} = r_0(t)\boldsymbol{I} + r_1(t)\boldsymbol{A} + r_2(t)\boldsymbol{A}^2 + \cdots + r_{n-1}(t)\boldsymbol{A}^{n-1} \tag{3.17}$$

ここに，$r_i(t)$; $i = 0, 1, \cdots, n-1$ は時間 t の適当なスカラー関数である．これを証明せよ．

解 式 (1.79) に示したケーリー・ハミルトンの定理によれば，$\boldsymbol{A}^n$ はつぎのように表わされる．

$$\boldsymbol{A}^n = -\alpha_1\boldsymbol{A}^{n-1} - \alpha_2\boldsymbol{A}^{n-2} - \cdots - \alpha_{n-1}\boldsymbol{A} - \alpha_n\boldsymbol{I} \qquad ①$$

上の関係を用いると，$\boldsymbol{A}^{n+1}$ は $\boldsymbol{A}^{n-1}$ 以下の項の和としてつぎのように表わすこと

ができる.

$$
\begin{aligned}
\boldsymbol{A}^{n+1} &= \boldsymbol{A}\cdot\boldsymbol{A}^{n-1} = \boldsymbol{A}(-\alpha_1\boldsymbol{A}^{n-1} - \alpha_2\boldsymbol{A}^{n-2} - \cdots - \alpha_{n-1}\boldsymbol{A} - \alpha_n\boldsymbol{I}) \\
&= -\alpha_1\boldsymbol{A}^{n} - \alpha_2\boldsymbol{A}^{n-1} - \alpha_3\boldsymbol{A}^{n-2} - \cdots - \alpha_{n-1}\boldsymbol{A}^2 - \alpha_n\boldsymbol{A} \\
&= -\alpha_1(-\alpha_1\boldsymbol{A}^{n-1} - \alpha_2\boldsymbol{A}^{n-2} - \cdots - \alpha_{n-1}\boldsymbol{A} - \alpha_n\boldsymbol{I}) \\
&\quad - \alpha_2\boldsymbol{A}^{n-1} - \alpha_3\boldsymbol{A}^{n-2} - \cdots - \alpha_{n-1}\boldsymbol{A}^2 - \alpha_n\boldsymbol{A} \\
&= (\alpha_1^2 - \alpha_2)\boldsymbol{A}^{n-1} + (\alpha_1\alpha_2 - \alpha_3)\boldsymbol{A}^{n-2} + \cdots + \alpha_1\alpha_n\boldsymbol{I} \qquad ②
\end{aligned}
$$

上と同様にすれば，$\boldsymbol{A}^{n+2}$ 以上の項も $\boldsymbol{A}^{n-1}$ 以下の項の和として表わされる．これらの関係を式 (3.10) の $\boldsymbol{A}^n$ 以上の項に代入すれば，$e^{\boldsymbol{A}t}$ が式 (3.17) のような $\boldsymbol{A}^{n-1}$ 以下の有限個の項の級数として表わされることがわかる．

3.2 状態方程式の解の計算 — 定義式に基づく方法

状態方程式の解を求めるためには，式 (3.9) より明らかなように，$e^{\boldsymbol{A}t}$ の計算が必要である．この計算法には，式 (3.10) の定義式に基づく方法とラプラス変換による方法とがある．本節では，まず前者の方法について説明する．

3.2.1 行列 A がジョルダン標準形の場合

行列 $\boldsymbol{A}$ がジョルダン標準形の場合には，つぎの例題に示すように，式 (3.10) の計算は極めて容易である．ここでは，$\boldsymbol{A}$ が 2×2 の簡単な例を示すが，$n\times n$ の一般の場合も同様である．

例題 3.2　つぎの行列 $\boldsymbol{A}$ に対する $e^{\boldsymbol{A}t}$ を式 (3.10) により計算せよ．

$$
\text{(a)}\quad \boldsymbol{A} = \begin{bmatrix} \lambda_1 & 0 \\ 0 & \lambda_2 \end{bmatrix}\ ;\ \lambda_1 \neq \lambda_2 \qquad\qquad \text{(b)}\quad \boldsymbol{A} = \begin{bmatrix} \lambda & 1 \\ 0 & \lambda \end{bmatrix}
$$

解　(a)　この場合は $\boldsymbol{A}$ の固有値は λ_1, λ_2 の相異なる単根であり，$\boldsymbol{A}^i$ はつぎのようになる．

$$
\boldsymbol{A} = \begin{bmatrix} \lambda_1 & 0 \\ 0 & \lambda_2 \end{bmatrix},\quad \boldsymbol{A}^2 = \begin{bmatrix} \lambda_1^2 & 0 \\ 0 & \lambda_2^2 \end{bmatrix},\quad \boldsymbol{A}^3 = \begin{bmatrix} \lambda_1^3 & 0 \\ 0 & \lambda_2^3 \end{bmatrix},\quad \cdots \qquad ①
$$

したがって，$e^{\boldsymbol{A}t}$ は，式 (3.10) より，

$$e^{\boldsymbol{A}t} = \begin{bmatrix} 1 + \frac{1}{1!}\lambda_1 t + \frac{1}{2!}\lambda_1^2 t^2 + \frac{1}{3!}\lambda_1^3 t^3 + \cdots & 0 \\ 0 & 1 + \frac{1}{1!}\lambda_2 t + \frac{1}{2!}\lambda_2^2 t^2 + \frac{1}{3!}\lambda_2^3 t^3 + \cdots \end{bmatrix}$$

$$= \begin{bmatrix} e^{\lambda_1 t} & 0 \\ 0 & e^{\lambda_2 t} \end{bmatrix} \qquad ②$$

(b) この場合は $\boldsymbol{A}$ の固有値は λ の二重根であり，$\boldsymbol{A}^i$ はつぎのようになる．

$$\boldsymbol{A} = \begin{bmatrix} \lambda & 1 \\ 0 & \lambda \end{bmatrix}, \quad \boldsymbol{A}^2 = \begin{bmatrix} \lambda^2 & 2\lambda \\ 0 & \lambda^2 \end{bmatrix}, \quad \boldsymbol{A}^3 = \begin{bmatrix} \lambda^3 & 3\lambda^2 \\ 0 & \lambda^3 \end{bmatrix}, \cdots \qquad ③$$

したがって，式 (3.10) より，

$$e^{\boldsymbol{A}t} = \begin{bmatrix} 1 + \frac{1}{1!}\lambda t + \frac{1}{2!}\lambda^2 t^2 + \frac{1}{3!}\lambda^3 t^3 + \cdots & t\left(1 + \frac{1}{1!}\lambda t + \frac{1}{2!}\lambda^2 t^2 + \cdots\right) \\ 0 & 1 + \frac{1}{1!}\lambda t + \frac{1}{2!}\lambda^2 t^2 + \frac{1}{3!}\lambda^3 t^3 + \cdots \end{bmatrix}$$

$$= \begin{bmatrix} e^{\lambda t} & te^{\lambda t} \\ 0 & e^{\lambda t} \end{bmatrix} \qquad ④$$

3.2.2 行列 A が一般形の場合

行列 $\boldsymbol{A}$ が一般の形の場合には，第 1 章で述べたように，適当な相似変換 $\boldsymbol{M}$ を用いて

$$\boldsymbol{M}^{-1}\boldsymbol{A}\boldsymbol{M} = \boldsymbol{J} \quad (\boldsymbol{A} = \boldsymbol{M}\boldsymbol{J}\boldsymbol{M}^{-1}) \tag{3.18}$$

なる関係により $\boldsymbol{A}$ をジョルダン標準形 $\boldsymbol{J}$ に変換し，この $\boldsymbol{J}$ について $e^{\boldsymbol{J}t}$ を計算した後で，次式により $e^{\boldsymbol{A}t}$ を計算すればよい．

$$e^{\boldsymbol{A}t} = \boldsymbol{M}e^{\boldsymbol{J}t}\boldsymbol{M}^{-1} \tag{3.19}$$

証明 式 (3.10) の $e^{\boldsymbol{A}t}$ はつぎのように表わされる．

$$e^{\boldsymbol{A}t} = \boldsymbol{M}\Big\{\boldsymbol{M}^{-1}\boldsymbol{I}\boldsymbol{M} + \frac{1}{1!}(\boldsymbol{M}^{-1}\boldsymbol{A}\boldsymbol{M})t + \frac{1}{2!}(\boldsymbol{M}^{-1}\boldsymbol{A}\boldsymbol{M})(\boldsymbol{M}^{-1}\boldsymbol{A}\boldsymbol{M})t^2 + \frac{1}{3!}(\boldsymbol{M}^{-1}\boldsymbol{A}\boldsymbol{M})(\boldsymbol{M}^{-1}\boldsymbol{A}\boldsymbol{M})(\boldsymbol{M}^{-1}\boldsymbol{A}\boldsymbol{M})t^3 + \cdots\Big\}\boldsymbol{M}^{-1} \tag{3.20}$$

上式は，$\boldsymbol{M}^{-1}\boldsymbol{I}\boldsymbol{M} = \boldsymbol{I}$ と式 (3.18) の関係を考えると，

$$e^{\boldsymbol{A}t} = \boldsymbol{M}\left(\boldsymbol{I} + \frac{1}{1!}\boldsymbol{J}t + \frac{1}{2!}\boldsymbol{J}^2 t^2 + \frac{1}{3!}\boldsymbol{J}^3 t^3 + \cdots\right)\boldsymbol{M}^{-1} = \boldsymbol{M}e^{\boldsymbol{J}t}\boldsymbol{M}^{-1} \tag{3.21}$$

すなわち，式 (3.19) の関係がいえる．

例題 3.3　つぎの行列 $\boldsymbol{A}$ に対する $e^{\boldsymbol{A}t}$ を式 (3.19) により計算せよ.

$$\text{(a)}\quad \boldsymbol{A} = \begin{bmatrix} -2 & 1 \\ 2 & -3 \end{bmatrix} \qquad\qquad \text{(b)}\quad \boldsymbol{A} = \begin{bmatrix} 0 & 1 \\ -4 & -4 \end{bmatrix}$$

解　(a)　この場合には，第 1 章の例題 1.14 で示したように，行列

$$\boldsymbol{M} = \begin{bmatrix} 1 & 1 \\ 1 & -2 \end{bmatrix} \quad \left(\boldsymbol{M}^{-1} = \frac{1}{3} \begin{bmatrix} 2 & 1 \\ 1 & -1 \end{bmatrix} \right) \qquad ①$$

により，つぎのようにジョルダン標準形 (対角行列) に変換できる.

$$\boldsymbol{M}^{-1}\boldsymbol{A}\boldsymbol{M} = \begin{bmatrix} -1 & 0 \\ 0 & -4 \end{bmatrix} \equiv \boldsymbol{J} \qquad ②$$

この $\boldsymbol{J}$ は前例題の (a) と同様の形で，$\lambda_1 = -1$, $\lambda_2 = -4$ である．したがって，この場合の $e^{\boldsymbol{J}t}$ は次式で与えられる.

$$e^{\boldsymbol{J}t} = \begin{bmatrix} e^{-t} & 0 \\ 0 & e^{-4t} \end{bmatrix} \qquad ③$$

これより，式 (3.19) の関係を用いて，$e^{\boldsymbol{A}t}$ はつぎのように求められる.

$$\begin{aligned} e^{\boldsymbol{A}t} &= \boldsymbol{M}e^{\boldsymbol{J}t}\boldsymbol{M}^{-1} = \frac{1}{3} \begin{bmatrix} 1 & 1 \\ 1 & -2 \end{bmatrix} \begin{bmatrix} e^{-t} & 0 \\ 0 & e^{-4t} \end{bmatrix} \begin{bmatrix} 2 & 1 \\ 1 & -1 \end{bmatrix} \\ &= \begin{bmatrix} \dfrac{2}{3}e^{-t} + \dfrac{1}{3}e^{-4t} & \dfrac{1}{3}e^{-t} - \dfrac{1}{3}e^{-4t} \\ \dfrac{2}{3}e^{-t} - \dfrac{2}{3}e^{-4t} & \dfrac{1}{3}e^{-t} + \dfrac{2}{3}e^{-4t} \end{bmatrix} \end{aligned} \qquad ④$$

(b)　この場合には，第 1 章の演習問題 2 の解答に示されているように，行列

$$\boldsymbol{M} = \begin{bmatrix} 1 & 1 \\ -2 & -1 \end{bmatrix} \quad \left(\boldsymbol{M}^{-1} = \begin{bmatrix} -1 & -1 \\ 2 & 1 \end{bmatrix} \right) \qquad ⑤$$

により，つぎのようにジョルダン標準形に変換できる.

$$\boldsymbol{M}^{-1}\boldsymbol{A}\boldsymbol{M} = \begin{bmatrix} -2 & 1 \\ 0 & -2 \end{bmatrix} \equiv \boldsymbol{J} \qquad ⑥$$

上の $\boldsymbol{J}$ は前例題 (b) の形で，$\lambda = -2$ である．したがって，この場合の $e^{\boldsymbol{J}t}$ は次式で与えられる.

$$e^{\boldsymbol{J}t} = \begin{bmatrix} e^{-2t} & te^{-2t} \\ 0 & e^{-2t} \end{bmatrix} \qquad ⑦$$

これより，式 (3.19) の関係を用いて，$e^{\boldsymbol{A}t}$ はつぎのように求められる.

$$\begin{aligned} e^{\boldsymbol{A}t} &= \boldsymbol{M}e^{\boldsymbol{J}t}\boldsymbol{M}^{-1} = \begin{bmatrix} 1 & 1 \\ -2 & -1 \end{bmatrix} \begin{bmatrix} e^{-2t} & te^{-2t} \\ 0 & e^{-2t} \end{bmatrix} \begin{bmatrix} -1 & -1 \\ 2 & 1 \end{bmatrix} \\ &= \begin{bmatrix} (1+2t)e^{-2t} & te^{-2t} \\ -4te^{-2t} & (1-2t)e^{-2t} \end{bmatrix} \end{aligned} \qquad ⑧$$

例題 3.4 行列 $\boldsymbol{A}, \boldsymbol{b}$ が次式で与えられるシステムがある．入力 $u(t)$ が単位ステップ信号 $\mathbb{1}(t)$ の場合の $\boldsymbol{x}(t)$ の応答を式 (3.9) により計算せよ．ただし，$\boldsymbol{x}(t)$ の初期値 $\boldsymbol{x}_0$ は $\mathbf{0}$ とする．

$$(a)\quad \boldsymbol{A} = \begin{bmatrix} -2 & 1 \\ 2 & -3 \end{bmatrix},\quad \boldsymbol{b} = \begin{bmatrix} 1 \\ 0 \end{bmatrix} \qquad (b)\quad \boldsymbol{A} = \begin{bmatrix} 0 & 1 \\ -4 & -4 \end{bmatrix},\quad \boldsymbol{b} = \begin{bmatrix} 0 \\ 1 \end{bmatrix}$$

解 (a) $\boldsymbol{x}_0 = \mathbf{0}$ で $u(t) = \mathbb{1}(t)$ の場合の $x(t)$ は，式 (3.9) より，

$$\boldsymbol{x}(t) = \int_0^t e^{\boldsymbol{A}(t-\tau)}\boldsymbol{b}\mathbb{1}(\tau)\,d\tau = \int_0^t e^{\boldsymbol{A}(t-\tau)}\boldsymbol{b}\,d\tau = \int_0^t e^{\boldsymbol{A}\sigma}\boldsymbol{b}\,d\sigma \qquad ①$$

上式に例題 3.3 の式 ④ を代入すると，

$$\boldsymbol{x}(t) = \begin{bmatrix} \displaystyle\int_0^t \left(\frac{2}{3}e^{-\sigma} + \frac{1}{3}e^{-4\sigma}\right) d\sigma \\ \displaystyle\int_0^t \left(\frac{2}{3}e^{-\sigma} - \frac{2}{3}e^{-4\sigma}\right) d\sigma \end{bmatrix} \qquad ②$$

ここで，積分

$$\int_0^t e^{\lambda\sigma}\,d\sigma = \frac{1}{\lambda}e^{\lambda\sigma}\Big|_0^t = \frac{1}{\lambda}(e^{\lambda t} - 1) \qquad ③$$

を用いると，上の式 ② は，

$$\boldsymbol{x}(t) = \begin{bmatrix} \dfrac{2}{3}(1 - e^{-t}) + \dfrac{1}{12}(1 - e^{-4t}) \\ \dfrac{2}{3}(1 - e^{-t}) - \dfrac{1}{6}(1 - e^{-4t}) \end{bmatrix} = \begin{bmatrix} \dfrac{3}{4} - \dfrac{2}{3}e^{-t} - \dfrac{1}{12}e^{-4t} \\ \dfrac{1}{2} - \dfrac{2}{3}e^{-t} + \dfrac{1}{6}e^{-4t} \end{bmatrix} \qquad ④$$

(b) 上の式 ① に例題 3.3 の式 ⑧ を代入すると，

$$\boldsymbol{x}(t) = \begin{bmatrix} \displaystyle\int_0^t \sigma e^{-2\sigma}\,d\sigma \\ \displaystyle\int_0^t (1 - 2\sigma)e^{-2\sigma}\,d\sigma \end{bmatrix} \qquad ⑤$$

ここで，式 ③ の関係と積分

$$\int_0^t \sigma e^{\lambda\sigma}\,d\sigma = \frac{1}{\lambda}\sigma e^{\lambda\sigma}\Big|_0^t - \int_0^t \frac{1}{\lambda}e^{\lambda\sigma}\,d\sigma = \frac{1}{\lambda}te^{\lambda t} - \frac{1}{\lambda^2}(e^{\lambda t} - 1) \qquad ⑥$$

を用いると，上の式 ⑤ はつぎのように表わされる．

$$\boldsymbol{x}(t) = \begin{bmatrix} \dfrac{1}{4}\left(1 - (1 + 2t)e^{-2t}\right) \\ te^{-2t} \end{bmatrix} \qquad ⑦$$

3.3 状態方程式の解の計算 — ラプラス変換による方法

式 (3.8) は，ラプラス変換すると，

$$s\boldsymbol{X}(s) - \boldsymbol{x}_0 = \boldsymbol{A}\boldsymbol{X}(s) + \boldsymbol{b}U(s) \tag{3.22}$$

これより，$\boldsymbol{X}(s)$ はつぎのように表わされる．

$$\boldsymbol{X}(s) = (s\boldsymbol{I} - \boldsymbol{A})^{-1}\boldsymbol{x}_0 + (s\boldsymbol{I} - \boldsymbol{A})^{-1}\boldsymbol{b}U(s) \tag{3.23}$$

上式を逆ラプラス変換し，$\mathscr{L}^{-1}[\boldsymbol{X}(s)] = \boldsymbol{x}(t)$ と記すと，

$$\boldsymbol{x}(t) = \mathscr{L}^{-1}\big[(s\boldsymbol{I} - \boldsymbol{A})^{-1}\big]\boldsymbol{x}_0 + \mathscr{L}^{-1}\big[(s\boldsymbol{I} - \boldsymbol{A})^{-1}\boldsymbol{b}U(s)\big] \tag{3.24}$$

式 (3.24) と式 (3.9) を対応させると，

$$\mathscr{L}^{-1}\big[(s\boldsymbol{I} - \boldsymbol{A})^{-1}\big] = e^{\boldsymbol{A}t} \tag{3.25}$$

$$\mathscr{L}^{-1}\big[(s\boldsymbol{I} - \boldsymbol{A})^{-1}\boldsymbol{b}U(s)\big] = \int_0^t e^{\boldsymbol{A}(t-\tau)}\boldsymbol{b}u(\tau)\,d\tau \tag{3.26}$$

であることがわかる．すなわち，$e^{\boldsymbol{A}t}$ は $(s\boldsymbol{I} - \boldsymbol{A})^{-1}$ の逆ラプラス変換として求められるわけである．表 3.1 に代表的な時間関数のラプラス変換を示しておく．

表 3.1　代表的な関数のラプラス変換

	$f(t)$	$F(s)$		$f(t)$	$F(s)$
a	$\delta(t)$	1	i	$\sin\omega t$	$\dfrac{\omega}{s^2+\omega^2}$
b	$\delta(t-a)$	e^{-as}	j	$\cos\omega t$	$\dfrac{s}{s^2+\omega^2}$
c	$\mathbb{1}(t), 1$	$\dfrac{1}{s}$	k	$t\sin\omega t$	$\dfrac{2\omega s}{(s^2+\omega^2)^2}$
d	t	$\dfrac{1}{s^2}$	ℓ	$t\cos\omega t$	$\dfrac{s^2-\omega^2}{(s^2+\omega^2)^2}$
e	t^n	$\dfrac{n!}{s^{n+1}}$	m	$e^{-at}\sin\omega t$	$\dfrac{\omega}{(s+a)^2+\omega^2}$
f	e^{-at}	$\dfrac{1}{s+a}$	n	$e^{-at}\cos\omega t$	$\dfrac{s+a}{(s+a)^2+\omega^2}$
g	te^{-at}	$\dfrac{1}{(s+a)^2}$	o	$te^{-at}\sin\omega t$	$\dfrac{2\omega(s+a)}{\{(s+a)^2+\omega^2\}^2}$
h	$t^n e^{-at}$	$\dfrac{n!}{(s+a)^{n+1}}$	p	$te^{-at}\cos\omega t$	$\dfrac{(s+a)^2-\omega^2}{\{(s+a)^2+\omega^2\}^2}$

（ノート）$\delta(t), \mathbb{1}(t)$ は $t=0$ での単位インパルス関数，単位ステップ関数

例題 3.5 つぎの行列 $\boldsymbol{A}$ (例題 3.3 と同じ) に対する $e^{\boldsymbol{A}t}$ をラプラス変換により計算せよ.

(a) $\boldsymbol{A} = \begin{bmatrix} -2 & 1 \\ 2 & -3 \end{bmatrix}$ (b) $\boldsymbol{A} = \begin{bmatrix} 0 & 1 \\ -4 & -4 \end{bmatrix}$

解 (a) この場合には $(s\boldsymbol{I} - \boldsymbol{A})^{-1}$ は,

$$(s\boldsymbol{I} - \boldsymbol{A})^{-1} = \begin{bmatrix} s+2 & -1 \\ -2 & s+3 \end{bmatrix}^{-1} = \begin{bmatrix} \dfrac{s+3}{(s+1)(s+4)} & \dfrac{1}{(s+1)(s+4)} \\ \dfrac{2}{(s+1)(s+4)} & \dfrac{s+2}{(s+1)(s+4)} \end{bmatrix} \quad ①$$

上式の各要素はつぎのように部分分数に展開できる.

$$\begin{aligned} \frac{s+3}{(s+1)(s+4)} &= \frac{2}{3}\frac{1}{s+1} + \frac{1}{3}\frac{1}{s+4} \\ \frac{1}{(s+1)(s+4)} &= \frac{1}{3}\frac{1}{s+1} - \frac{1}{3}\frac{1}{s+4} \\ \frac{2}{(s+1)(s+4)} &= \frac{2}{3}\frac{1}{s+1} - \frac{2}{3}\frac{1}{s+4} \\ \frac{s+2}{(s+1)(s+4)} &= \frac{1}{3}\frac{1}{s+1} + \frac{2}{3}\frac{1}{s+4} \end{aligned} \quad ②$$

したがって, 表 3.1 によれば, この場合の $e^{\boldsymbol{A}t}$ はつぎのように求められる.

$$e^{\boldsymbol{A}t} = \begin{bmatrix} \dfrac{2}{3}e^{-t} + \dfrac{1}{3}e^{-4t} & \dfrac{1}{3}e^{-t} - \dfrac{1}{3}e^{-4t} \\ \dfrac{2}{3}e^{-t} - \dfrac{2}{3}e^{-4t} & \dfrac{1}{3}e^{-t} + \dfrac{2}{3}e^{-4t} \end{bmatrix} \quad ③$$

(b) この場合には, $(s\boldsymbol{I} - \boldsymbol{A})^{-1}$ は,

$$(s\boldsymbol{I} - \boldsymbol{A})^{-1} = \begin{bmatrix} s & -1 \\ 4 & s+4 \end{bmatrix}^{-1} = \begin{bmatrix} \dfrac{s+4}{(s+2)^2} & \dfrac{1}{(s+2)^2} \\ \dfrac{-4}{(s+2)^2} & \dfrac{s}{(s+2)^2} \end{bmatrix} \quad ④$$

上式の 11 要素, 22 要素はそれぞれ

$$\frac{s+4}{(s+2)^2} = \frac{1}{s+2} + \frac{2}{(s+2)^2}, \quad \frac{s}{(s+2)^2} = \frac{1}{s+2} - \frac{2}{(s+2)^2} \quad ⑤$$

のように展開される. したがって, 表 3.1 によれば, $e^{\boldsymbol{A}t}$ はつぎのように求められる.

$$e^{\boldsymbol{A}t} = \begin{bmatrix} (1+2t)e^{-2t} & te^{-2t} \\ -4te^{-2t} & (1-2t)e^{-2t} \end{bmatrix} \quad ⑥$$

上の式 ③, ⑥ は, 当然のことながら, 例題 3.3 で求めた結果と同じである.

例題 3.6　行列 $\boldsymbol{A}, \boldsymbol{b}$ が次式で与えられるシステムがある．入力 $u(t)$ が単位ステップ信号 $\mathbb{1}(t)$ の場合の $\boldsymbol{x}(t)$ の応答をラプラス変換により計算せよ．ただし，$\boldsymbol{x}(t)$ の初期値 $\boldsymbol{x}_0$ は $\boldsymbol{0}$ とする．

(a)　$\boldsymbol{A} = \begin{bmatrix} -2 & 1 \\ 2 & -3 \end{bmatrix}$，$\boldsymbol{b} = \begin{bmatrix} 1 \\ 0 \end{bmatrix}$　　(b)　$\boldsymbol{A} = \begin{bmatrix} 0 & 1 \\ -4 & -4 \end{bmatrix}$，$\boldsymbol{b} = \begin{bmatrix} 0 \\ 1 \end{bmatrix}$

解　(a)　$u(t) = \mathbb{1}(t)$ の場合には，$U(s) = 1/s$ である．したがって，前例題の式 ① を使えば，$\boldsymbol{x}_0 = \boldsymbol{0}$ の場合の $\boldsymbol{X}(s)$ はつぎのように求められる．

$$\boldsymbol{X}(s) = (s\boldsymbol{I} - \boldsymbol{A})^{-1}\boldsymbol{b}\frac{1}{s} = \begin{bmatrix} \dfrac{s+3}{s(s+1)(s+4)} \\ \dfrac{2}{s(s+1)(s+4)} \end{bmatrix} \quad ①$$

上式の各要素はつぎのように部分分数に展開できる．

$$\begin{aligned} \frac{s+3}{s(s+1)(s+4)} &= \frac{3}{4}\frac{1}{s} - \frac{2}{3}\frac{1}{s+1} - \frac{1}{12}\frac{1}{s+4} \\ \frac{2}{s(s+1)(s+4)} &= \frac{1}{2}\frac{1}{s} - \frac{2}{3}\frac{1}{s+1} + \frac{1}{6}\frac{1}{s+4} \end{aligned} \quad ②$$

したがって，この場合の $\boldsymbol{x}(t)$ は，表 3.1 によれば，式 ① の逆ラプラス変換としてつぎのように求められる．

$$\boldsymbol{x}(t) = \mathscr{L}^{-1}[\boldsymbol{X}(s)] = \begin{bmatrix} \dfrac{3}{4} - \dfrac{2}{3}e^{-t} - \dfrac{1}{12}e^{-4t} \\ \dfrac{1}{2} - \dfrac{2}{3}e^{-t} + \dfrac{1}{6}e^{-4t} \end{bmatrix} \quad ③$$

(b)　この場合の $\boldsymbol{X}(s)$ は，前例題の式 ④ より，

$$\boldsymbol{X}(s) = (s\boldsymbol{I} - \boldsymbol{A})^{-1}\boldsymbol{b}\frac{1}{s} = \begin{bmatrix} \dfrac{1}{s(s+2)^2} \\ \dfrac{1}{(s+2)^2} \end{bmatrix} \quad ④$$

上式の第 1 要素はつぎのように部分分数に展開できる．

$$\frac{1}{s(s+2)^2} = \frac{1}{4}\left(\frac{1}{s} - \frac{1}{s+2} - \frac{2}{(s+2)^2}\right) \quad ⑤$$

したがって，この場合の $\boldsymbol{x}(t)$ は，上の式 ④ の逆ラプラス変換として，つぎのように求められる．

$$\boldsymbol{x}(t) = \begin{bmatrix} \dfrac{1}{4}(1 - (1+2t)e^{-2t}) \\ te^{-2t} \end{bmatrix} \quad ⑥$$

ノート　上では，状態方程式の解法として式 (3.10) の定義式に基づく方法とラプラス変換による方法の二つを示した．上の例題からも明らかなように，ラプラス変換の演算に慣れている人にとっては，ラプラス変換による解法の方が計算は

容易である．

3.4 固有値と自由解

次式で表わされるような 2 次の自由系を考える．

$$\begin{bmatrix} \dot{x}_1(t) \\ \dot{x}_2(t) \end{bmatrix} = \begin{bmatrix} a_{11} & a_{12} \\ a_{21} & a_{22} \end{bmatrix} \begin{bmatrix} x_1(t) \\ x_2(t) \end{bmatrix} \ ; \ \begin{bmatrix} x_1(0) \\ x_2(0) \end{bmatrix} = \begin{bmatrix} x_{10} \\ x_{20} \end{bmatrix} \tag{3.27}$$

この系の初期値に基づく応答の模様は係数行列 $\boldsymbol{A}$ の固有値により異なる．固有値は，当然のことながら，$\boldsymbol{A}$ の要素 a_{ij} の値に依存する．以下では，2 次系の自由解と固有値の関係について述べる．

式 (3.27) をラプラス変換し，$\boldsymbol{X}(s)$ を求めると，

$$\begin{aligned} \begin{bmatrix} X_1(s) \\ X_2(s) \end{bmatrix} &= \begin{bmatrix} s-a_{11} & -a_{12} \\ -a_{21} & s-a_{22} \end{bmatrix}^{-1} \begin{bmatrix} x_{10} \\ x_{20} \end{bmatrix} \\ &= \frac{1}{\Delta(s)} \begin{bmatrix} s-a_{22} & a_{12} \\ a_{21} & s-a_{11} \end{bmatrix} \begin{bmatrix} x_{10} \\ x_{20} \end{bmatrix} \\ &= \frac{1}{\Delta(s)} \begin{bmatrix} (s-a_{22})x_{10} + a_{12}x_{20} \\ a_{21}x_{10} + (s-a_{11})x_{20} \end{bmatrix} \end{aligned} \tag{3.28}$$

ただし，

$$\begin{aligned} \Delta(s) &= \begin{vmatrix} s-a_{11} & -a_{12} \\ -a_{21} & s-a_{22} \end{vmatrix} = (s-a_{11})(s-a_{22}) - a_{12}a_{21} \\ &= s^2 - (a_{11}+a_{22})s + (a_{11}a_{22} - a_{12}a_{21}) \end{aligned} \tag{3.29}$$

すなわち，

$$\begin{aligned} X_1(s) &= \frac{1}{\Delta(s)}\{(s-a_{22})x_{10} + a_{12}x_{20}\} \\ X_2(s) &= \frac{1}{\Delta(s)}\{a_{21}x_{10} + (s-a_{11})x_{20}\} \end{aligned} \tag{3.30}$$

初期値に基づく応答 (自由解) $\boldsymbol{x}(t)\big(=\big[x_1(t) \ \ x_2(t)\big]^{\mathrm{T}}\big)$ は式 (3.30) の逆ラプラス変換として求められる．式 (3.30) より明らかなように，$\boldsymbol{x}(t)$ の応答は特性方程式 $\Delta(s)=0$，すなわち，

$$s^2 - (a_{11}+a_{22})s + (a_{11}a_{22} - a_{12}a_{21}) = 0 \tag{3.31}$$

の根により定まる．上式の根 λ_1, λ_2 は次式で与えられる．

$$\lambda_{1,2} = \sigma \pm \gamma \ ; \ \sigma = \frac{a_{11}+a_{22}}{2}, \ \ \gamma = \sqrt{D}, \ \ D = \left(\frac{a_{11}-a_{22}}{2}\right)^2 + a_{12}a_{21} \tag{3.32}$$

式 (3.32) の λ_1, λ_2 は右辺の $+, -$ に対応する．根 λ_1, λ_2 の値は以下に示すように係数 a_{ij} により異なり，それに応じて応答の模様も異なる．

(1)　$a_{12} = a_{21} = 0$ の場合：この場合には，状態変数 $x_1(t), x_2(t)$ は互いに独立な 1 次系で，特性多項式 $\Delta(s)$ はつぎのように与えられる．

$$\Delta(s) = (s - a_{11})(s - a_{22}) \tag{3.33}$$

したがって，$X_1(s), X_2(s)$ は，式 (3.30) より，

$$X_1(s) = \frac{1}{s - a_{11}} x_{10},\ \ X_2(s) = \frac{1}{s - a_{22}} x_{20} \tag{3.34}$$

この場合の応答 $x_1(t), x_2(t)$ は，上式の逆ラプラス変換としてつぎのように求められる．

$$x_1(t) = e^{a_{11}t} x_{10}, \quad x_2(t) = e^{a_{22}t} x_{20} \tag{3.35}$$

(2)　$a_{12} \neq 0$ または $a_{21} \neq 0$ の場合：この場合には，$x_1(t)$ と $x_2(t)$ が結合した本来の 2 次系となる (すなわち，$a_{12} \neq 0, a_{21} \neq 0$ の場合には $x_1(t)$ と $x_2(t)$ は互いに影響しあい，$a_{12} \neq 0, a_{21} = 0$ の場合には $x_2(t)$ が $x_1(t)$ に，$a_{12} = 0, a_{21} \neq 0$ の場合には $x_1(t)$ が $x_2(t)$ に一方的に影響を与える)．この場合の応答の模様は判別式 D の値により異なる．

(i)　$D > 0$ の場合：この場合には，γ は実数で λ_1, λ_2 は相異なる実根となる．式 (3.30) より，$x_1(t), x_2(t)$ はつぎのように求められる．

$$\begin{aligned} x_1(t) &= c_{11} e^{\lambda_1 t} + c_{12} e^{\lambda_2 t} \\ x_2(t) &= c_{21} e^{\lambda_1 t} + c_{22} e^{\lambda_2 t} \end{aligned} \tag{3.36}$$

ただし，

$$\begin{aligned} c_{11} &= \frac{(\lambda_1 - a_{22}) x_{10} + a_{12} x_{20}}{2\gamma}, \quad c_{12} = -\frac{(\lambda_2 - a_{22}) x_{10} + a_{12} x_{20}}{2\gamma} \\ c_{21} &= \frac{a_{21} x_{10} + (\lambda_1 - a_{11}) x_{20}}{2\gamma}, \quad c_{22} = -\frac{a_{21} x_{10} + (\lambda_2 - a_{11}) x_{20}}{2\gamma} \end{aligned}$$

(ii)　$D = 0$ の場合：この場合には $\gamma = 0$ で λ_1, λ_2 は重根 $(\lambda_1 = \lambda_2 = \sigma)$ となる．式 (3.30) より，$x_1(t), x_2(t)$ はつぎのように求められる．

$$\begin{aligned} x_1(t) &= (c_{11} + c_{12} t) e^{\sigma t} \\ x_2(t) &= (c_{21} + c_{22} t) e^{\sigma t} \end{aligned} \tag{3.37}$$

ただし，

$$\begin{aligned} c_{11} &= x_{10},\ \ c_{12} = (\sigma - a_{22}) x_{10} + a_{12} x_{20} \\ c_{21} &= x_{20},\ \ c_{22} = a_{21} x_{10} + (\sigma - a_{11}) x_{20} \end{aligned}$$

(iii)　$D < 0$ の場合：この場合には γ は虚数で λ_1, λ_2 は複素共役根となる $(\lambda_{1,2} = \sigma \pm j\omega)$．$x_1(t), x_2(t)$ はつぎのように求められる．

$$
\begin{aligned}
x_1(t) &= e^{\sigma t}(c_{11}\cos\omega t + c_{12}\sin\omega t) \\
x_2(t) &= e^{\sigma t}(c_{21}\cos\omega t + c_{22}\sin\omega t)
\end{aligned}
\tag{3.38}
$$

ただし，

$$
\begin{aligned}
c_{11} &= x_{10},\quad c_{12} = \frac{(\sigma - a_{22})x_{10} + a_{12}x_{20}}{\omega} \\
c_{21} &= x_{20},\quad c_{22} = \frac{a_{21}x_{10} + (\sigma - a_{11})x_{20}}{\omega}
\end{aligned}
$$

$D > 0$ の場合は，式 (3.36) から明らかなように，応答は非振動的で，λ_1, λ_2 が共に正の場合は発散，共に負の場合は減衰する．λ_1, λ_2 が異符号の場合には，一方は発散，他方は減衰する．$D = 0$ の場合は，式 (3.37) から明らかなように，応答は非振動的で，σ が正ならば発散，負ならば減衰する．$D < 0$ の場合は，式 (3.38) から明らかなように，応答は振動的で，σ が正の場合は発散，負の場合は減衰する．

例題 3.7 行列 $\boldsymbol{A}$ が下記のように表わされる 2 次の自由系 $\dot{\boldsymbol{x}}(t) = \boldsymbol{A}x(t)$ がある．初期値が $\boldsymbol{x}_0 = [1 \quad 0]^{\mathrm{T}}$ の場合の応答 $\boldsymbol{x}(t)(= [\,x_1(t) \quad x_2(t)\,]^{\mathrm{T}})$ を求めよ．

(a) $\boldsymbol{A} = \begin{bmatrix} 0 & 1 \\ -1 & -2.5 \end{bmatrix}$　　(b) $\boldsymbol{A} = \begin{bmatrix} 0 & 1 \\ -1 & -2 \end{bmatrix}$

(c) $\boldsymbol{A} = \begin{bmatrix} 0 & 1 \\ -1 & -0.5 \end{bmatrix}$　　(d) $\boldsymbol{A} = \begin{bmatrix} 0 & 1 \\ 1 & -1.5 \end{bmatrix}$

解 (a) この場合の行列 $\boldsymbol{A}$ の特性方程式は

$$\Delta(s) = s^2 + 2.5s + 1 = (s + 0.5)(s + 2) = 0 \tag{①}$$

で，判別式は $D = 9/16 > 0$，固有値は $\lambda_1 = -0.5, \lambda_2 = -2$ の相異なる負の実根である．$\boldsymbol{x}_0 = [1 \quad 0]^{\mathrm{T}}$ に対する応答は，式 (3.36) より，次式で与えられる．

$$x_1(t) = \frac{4}{3}e^{-0.5t} - \frac{1}{3}e^{-2t},\quad x_2(t) = -\frac{2}{3}e^{-0.5t} + \frac{2}{3}e^{-2t} \tag{②}$$

(b) この場合の行列 $\boldsymbol{A}$ の特性方程式は

$$\Delta(s) = s^2 + 2s + 1 = (s + 1)^2 = 0 \tag{③}$$

で，判別式は $D = 0$，固有値は $\lambda_1(= \lambda_2) = -1$ の負の重根である．$\boldsymbol{x}_0 = [1 \quad 0]^{\mathrm{T}}$ に対する応答は，式 (3.37) より，次式で与えられる．

$$x_1(t) = (1 + t)e^{-t},\quad x_2(t) = -te^{-t} \tag{④}$$

(c) この場合の行列 $\boldsymbol{A}$ の特性方程式は

$$\Delta(s) = s^2 + 0.5s + 1 = 0 \tag{⑤}$$

で，判別式は $D = -15/16 < 0$，固有値は $\lambda_{1,2} = -1/4 \pm j\sqrt{15}/4$ の実数部が負の複素共役根である．$\boldsymbol{x}_0 = [1 \quad 0]^{\mathrm{T}}$ に対する応答は，式 (3.38) より，次式で与えられる．

$$x_1(t) = e^{-0.25t}\left(\cos\frac{\sqrt{15}}{4}t + \frac{1}{\sqrt{15}}\sin\frac{\sqrt{15}}{4}t\right)$$
$$x_2(t) = -\frac{4}{\sqrt{15}}e^{-0.25t}\sin\frac{\sqrt{15}}{4}t \qquad ⑥$$

(d)　この場合の行列 $\boldsymbol{A}$ の特性方程式は

$$\Delta(s) = s^2 + 1.5s - 1 = (s-0.5)(s+2) = 0 \qquad ⑦$$

で，判別式は $D = 25/16 > 0$，固有値は $\lambda_1 = 0.5, \lambda_2 = -2$ の正と負の実根である．$\boldsymbol{x}_0 = [1 \quad 0]^{\mathrm{T}}$ に対する応答は，式 (3.36) より，次式で与えられる．

$$x_1(t) = \frac{4}{5}e^{0.5t} + \frac{1}{5}e^{-2t}, \quad x_2(t) = \frac{2}{5}e^{0.5t} - \frac{2}{5}e^{-2t} \qquad ⑧$$

上のそれぞれの場合について MATLAB を用いてシミュレーションを行った．図 3.1 にその結果を示す．

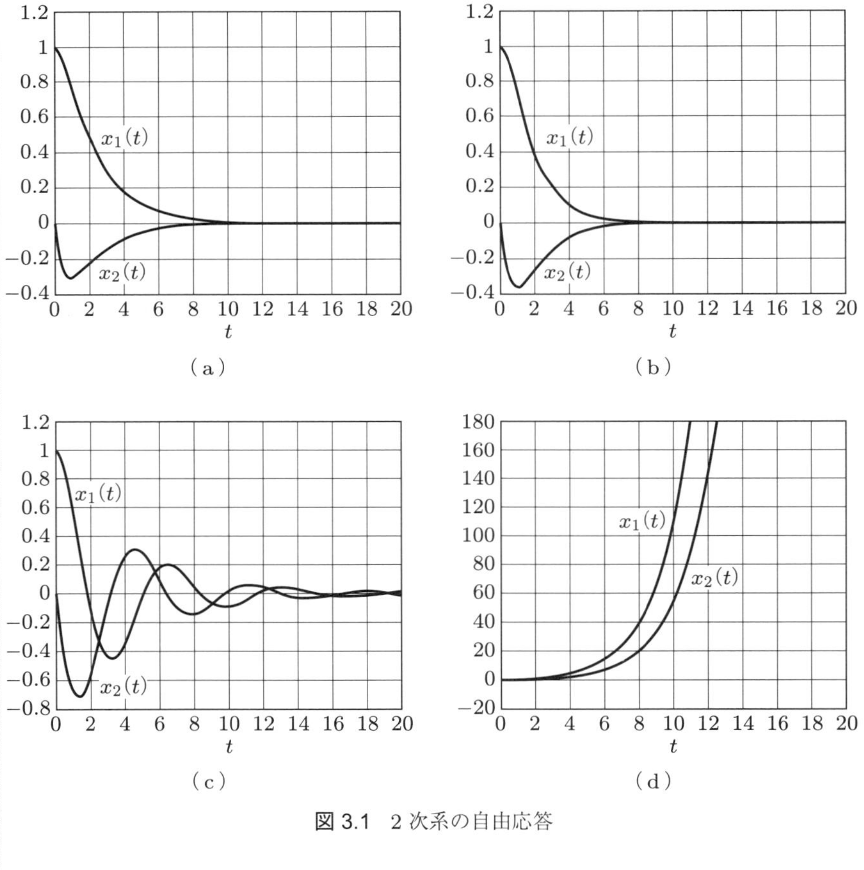

図 3.1　2 次系の自由応答

3.5 位相面軌道

式 (3.27) は，各成分ごとに書くと，つぎのように表わされる．

$$\frac{dx_1}{dt} = a_{11}x_1 + a_{12}x_2 \tag{3.39a}$$

$$\frac{dx_2}{dt} = a_{21}x_1 + a_{22}x_2 \tag{3.39b}$$

式 (3.39b) を式 (3.39a) で割ると，次式が得られる．

$$\frac{dx_2}{dx_1} = \frac{a_{21}x_1 + a_{22}x_2}{a_{11}x_1 + a_{12}x_2} \tag{3.40}$$

上式は x_1 と x_2 に関する微分方程式で，その解は初期値に応じて x_1-x_2 平面上で 1 本の軌道を描く．この軌道は**位相面軌道** (phase plane trajectory) と呼ばれる．位相面軌道は式 (3.40) の微分方程式を解くことによって描くことができるが，一般にはこれを解くことは容易ではない．簡単な方法は，時刻 0 から所要の時刻 t_f までの $x_1(t), x_2(t)$ の値を式 (3.39) の解として求め，これらの値を位相面上の座標点として微小な一定の間隔 Δt で書き込んでいくことである．この作業は電子計算機を用いれば容易に実行できる．

式 (3.39a)，(3.39b) の右辺が共に 0 となるような点では，式 (3.40) の右辺は 0/0 となって dx_2/dx_1 の値が定まらない．このような点は**特異点** (singular point) と呼ばれる．$|\boldsymbol{A}| \neq 0$ ならば，式 (3.39) の特異点は $x_1 = 0, x_2 = 0$，すなわち，原点である．特異点では，式 (3.39) から明らかなように，$\dot{x}_1(t) = 0, \dot{x}_2(t) = 0$ であるので，状態 $\boldsymbol{x}(t)$ は静止する．この意味で，特異点のことを**平衡点**ともいう．平衡点には，安定な平衡点と不安定な平衡点がある．前者は状態 $\boldsymbol{x}(t)$ が平衡点からずれても再び元の平衡点に戻れるような場合であり，後者は $\boldsymbol{x}(t)$ が一旦平衡点からずれると，ますますずれてしまうような場合である．平衡点の安定性については第 5 章で詳しく述べる．

例題 3.8　例題 3.7 に示した 2 次の自由系について，(a)〜(d) それぞれの場合の位相面軌道を描け．

解　図 3.2 に MATLAB を用いて描いた位相面軌道の模様を示す．

(a) の場合の固有値は，上でも述べたように，$-0.5, -2$ で，これに対応する固有ベクトルは $\boldsymbol{v}^1 = [2 \ \ -1]^{\mathrm{T}}, \boldsymbol{v}^1 = [1 \ \ -2]^{\mathrm{T}}$ である．この場合の固有値は共に負なので，自由応答は時間と共に減衰する．したがって，軌道は原点 0 の平衡点に収束する．このような場合の平衡点は安定な**結節点** (node) と呼ばれる．

(b) の場合の固有値は -1 の重根で，固有ベクトルは $\boldsymbol{v}^1 = [1 \ \ -1]^{\mathrm{T}}$ である．固

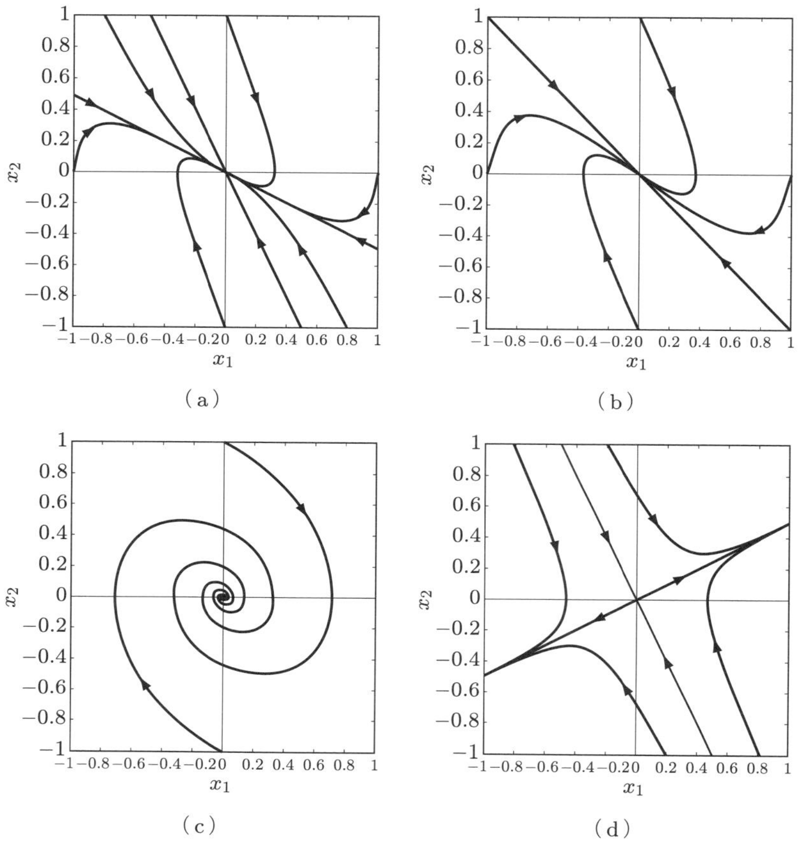

図 3.2　位相面軌道の模様

有値 -1 は負なので，自由応答は減衰し，軌道は原点に収束する．この場合の平衡点は，(a) の場合と同様，安定な結節点である．

(c) の場合の固有値は $-1/4 \pm j\sqrt{15}/4$ の複素共役根で，実数部が負なので，自由応答は振動しつつ減衰する．したがって，この場合の軌道は渦状に原点に収束する．このような場合の平衡点は安定な**渦状点** (spiral) と呼ばれる．

(d) の場合の固有値は 0.5, -2 の相異なる実根で，固有ベクトルは $\boldsymbol{v}^1 = [2 \quad 1]^{\mathrm{T}}, \boldsymbol{v}^2 = [1 \quad -2]^{\mathrm{T}}$ である．この場合の固有値 -2 は負なので，これに対応した自由応答のモードは収束するが，固有値 0.5 の方は正なので，この応答モードは時間と共に発散し，軌道は原点から遠ざかる．このような場合の平衡点は**鞍形点** (saddle) と呼ばれる．この平衡点はつねに不安定である．

上の例では，(d) の場合を除き，固有値の実数部はすべて負であった．実数部が正の場合には，自由応答は時間と共に発散し，軌道は原点から遠ざかる．このような場合には平衡点は不安定で，軌道の向き (矢印の方向) は上の場合とは逆になる．

3.6 演習問題

1. つぎの行列 $\boldsymbol{A}$ に対して，$e^{\boldsymbol{A}t}$ を式 (3.19) により計算せよ．

   (a) $\boldsymbol{A} = \begin{bmatrix} 0 & 1 \\ -1 & -2.5 \end{bmatrix}$ (b) $\boldsymbol{A} = \begin{bmatrix} 0 & 1 \\ -1 & -2 \end{bmatrix}$

2. 上の問 1 の $\boldsymbol{A}$ に対して，$e^{\boldsymbol{A}t}$ をラプラス変換により計算せよ．
3. つぎの行列 $\boldsymbol{A}$ に対して，$e^{\boldsymbol{A}t}$ を式 (3.10) により計算せよ．

   (a) $\boldsymbol{A} = \begin{bmatrix} 2 & -2 & 3 \\ 1 & 1 & 1 \\ 1 & 3 & -1 \end{bmatrix}$ (b) $\boldsymbol{A} = \begin{bmatrix} 0 & 1 & 0 \\ 0 & 0 & 1 \\ 3 & -7 & 5 \end{bmatrix}$

4. 上の問 3 の $\boldsymbol{A}$ に対して，$e^{\boldsymbol{A}t}$ をラプラス変換により計算せよ．
5. $\boldsymbol{A}, \boldsymbol{b}$ が次式で与えられるシステムについて，下記の問に答えよ．

   $$\boldsymbol{A} = \begin{bmatrix} 0 & 1 \\ -2 & -2 \end{bmatrix}, \quad \boldsymbol{b} = \begin{bmatrix} 1 \\ 0 \end{bmatrix}$$

   (a) $e^{\boldsymbol{A}t}$ を求めよ．

   (b) $\boldsymbol{x}_0 = \boldsymbol{0}, u(t) = \mathbb{1}(t)$ として，ステップ応答 $\boldsymbol{x}(t)$ を求めよ．

第 4 章

可制御性と可観測性

可制御，可観測の概念は制御系の解析，設計に当たって重要な役割を演ずる．可制御は入力によりすべての状態変数の値が制御できることを意味し，可観測は出力の観測値からすべての状態変数の値が復元できることを意味する．本章では，システムが可制御あるいは可観測であるための条件を示すと共に，可制御性と可観測性という性質が状態変数の正則変換に対して不変であることを明らかにする．また，可制御性を前提とした状態方程式の可制御標準形表現，可観測性を前提とした可観測標準形表現の導出法を示すと共に，可制御性・可観測性と伝達関数との関係についても言及する．

4.1 可制御とその条件

次式で記述される線形時不変のシステムを考える．

$$\dot{\boldsymbol{x}}(t) = \boldsymbol{A}\boldsymbol{x}(t) + \boldsymbol{b}u(t) \tag{4.1a}$$

$$y(t) = \boldsymbol{c}^{\mathrm{T}}\boldsymbol{x}(t) \tag{4.1b}$$

ここに，$\boldsymbol{x}(t)$ は n 次元の状態ベクトル，$u(t), y(t)$ はそれぞれスカラーの入力と出力，$\boldsymbol{A}, \boldsymbol{b}, \boldsymbol{c}$ はそれぞれ $n \times n, n \times 1, n \times 1$ の行列である．

式 (4.1) のシステムは，状態 $\boldsymbol{x}(t)$ を有限の時間 t_f で任意の初期状態 $\boldsymbol{x}(0) = \boldsymbol{x}_0$ から任意の状態 $\boldsymbol{x}(t_f) = \boldsymbol{x}_f$ へ移すことができるような制御入力 $u(t)$; $0 \leq t \leq t_f$ が存在するならば，**可制御** (controllable) であるという．

定理 4.1　式 (4.1) のシステムが可制御であるための条件は，

$$\boldsymbol{U}_c = [\,\boldsymbol{b} \;\; \boldsymbol{A}\boldsymbol{b} \;\; \cdots \;\; \boldsymbol{A}^{n-1}\boldsymbol{b}\,] \tag{4.2}$$

として定義される行列 $\boldsymbol{U}_c$ (**可制御行列**と呼ばれる) が正則，すなわち，

$$|\boldsymbol{U}_c| \neq 0 \tag{4.3}$$

となることである．

証明　必要性：はじめに，式 (4.1) のシステムが可制御ならば，式 (4.3) が成り立つことを示す．式 (4.1a) の解は，前章で示したように，次式で与えられる．

$$\boldsymbol{x}(t) = e^{\boldsymbol{A}t}\boldsymbol{x}_0 + \int_0^t e^{\boldsymbol{A}(t-\tau)}\boldsymbol{b}u(\tau)\,d\tau \tag{4.4}$$

式 (4.1) のシステムが可制御ならば，適当な制御入力 $u(t)$; $0 \leq t \leq t_f$ により $t = t_f$ で $\boldsymbol{x}(t) = \boldsymbol{x}_f$ となるので，次式が成り立つ．

$$\boldsymbol{x}_0 - e^{-\boldsymbol{A}t_f}\boldsymbol{x}_f = -\int_0^{t_f} e^{-\boldsymbol{A}\tau}\boldsymbol{b}u(\tau)\,d\tau \tag{4.5}$$

第 3 章で述べたように，行列 $e^{\boldsymbol{A}t}$ は，ケーリー・ハミルトンの定理を用いて，つぎのように表わされる．

$$e^{\boldsymbol{A}t} = r_0(t)\boldsymbol{I} + r_1(t)\boldsymbol{A} + \cdots + r_{n-1}(t)\boldsymbol{A}^{n-1} \tag{4.6}$$

ただし，$r_i(t)$; $i = 0, 1, \cdots, n-1$ は適当なスカラーの時間関数である．

ここで，定数 s_i を

$$s_i = -\int_0^{t_f} r_i(-\tau)u(\tau)\,d\tau \tag{4.7}$$

と定義すると，式 (4.5)～(4.7) より，次式が得られる．

$$\begin{aligned}\boldsymbol{x}_0 - e^{-\boldsymbol{A}t_f}\boldsymbol{x}_f &= \boldsymbol{b}s_0 + \boldsymbol{A}\boldsymbol{b}s_1 + \cdots + \boldsymbol{A}^{n-1}\boldsymbol{b}s_{n-1} \\ &= [\,\boldsymbol{b}\ \boldsymbol{A}\boldsymbol{b}\ \cdots\ \boldsymbol{A}^{n-1}\boldsymbol{b}\,]\begin{bmatrix} s_0 \\ s_1 \\ \vdots \\ s_{n-1}\end{bmatrix}\end{aligned} \tag{4.8}$$

式 (4.1) のシステムが可制御の場合には，上式を満足する $[\,s_0\ s_1\ \cdots\ s_{n-1}\,]^{\mathrm{T}}$ は任意の $\boldsymbol{x}_0, \boldsymbol{x}_f$ に対して存在する．したがって，行列 $\boldsymbol{U}_c$ は正則であり，式 (4.3) が成り立たなければならない．

十分性：つぎに，式 (4.3) の条件が成り立つならば，式 (4.1) のシステムは可制御であることを示す．はじめに，式 (4.3) が成り立つならば，

$$\boldsymbol{W}_c(0, t_f) = \int_0^{t_f} e^{-\boldsymbol{A}\tau}\boldsymbol{b}(e^{-\boldsymbol{A}\tau}\boldsymbol{b})^{\mathrm{T}}\,d\tau = \int_0^{t_f} e^{-\boldsymbol{A}\tau}\boldsymbol{b}\boldsymbol{b}^{\mathrm{T}}(e^{-\boldsymbol{A}\tau})^{\mathrm{T}}\,d\tau \tag{4.9}$$

として定義される行列 $\boldsymbol{W}_c(0, t_f)$ $(\equiv \boldsymbol{W}_c)$ が正定 (したがって，正則) であることを示す．まず，任意の n 次元ベクトル $\boldsymbol{v}$ の行列 $\boldsymbol{W}_c$ による 2 次形式 $\boldsymbol{v}^{\mathrm{T}}\boldsymbol{W}_c\boldsymbol{v}$ は

$$\begin{aligned}\boldsymbol{v}^{\mathrm{T}}\boldsymbol{W}_c\boldsymbol{v} &= \int_0^{t_f} \boldsymbol{v}^{\mathrm{T}}e^{-\boldsymbol{A}\tau}\boldsymbol{b}\boldsymbol{b}^{\mathrm{T}}(e^{-\boldsymbol{A}\tau})^{\mathrm{T}}\boldsymbol{v}\,d\tau \\ &= \int_0^{t_f} \left[\boldsymbol{b}^{\mathrm{T}}(e^{-\boldsymbol{A}\tau})^{\mathrm{T}}\boldsymbol{v}\right]^{\mathrm{T}}\left[\boldsymbol{b}^{\mathrm{T}}(e^{-\boldsymbol{A}\tau})^{\mathrm{T}}\boldsymbol{v}\right]d\tau \geq 0\end{aligned} \tag{4.10}$$

であるので，$\boldsymbol{W}_c$ は正定または準正定である．$\boldsymbol{W}_c$ が正定でない (準正定) と仮定すると，$\hat{\boldsymbol{v}}^{\mathrm{T}}\boldsymbol{W}_c\hat{\boldsymbol{v}} = 0$ となるような $\hat{\boldsymbol{v}}$ $(\neq \boldsymbol{0})$ が存在する．したがって，このようなベクトル $\hat{\boldsymbol{v}}$ に対しては，$0 \leq t \leq t_f$ なるすべての t に対して

$$\boldsymbol{b}^{\mathrm{T}}(e^{-\boldsymbol{A}t})^{\mathrm{T}}\hat{\boldsymbol{v}} = 0 \tag{4.11}$$

が成立する．上式を $i\ (=1,2,\cdots,n-1)$ 回まで微分すると，次式が得られる．

$$\boldsymbol{b}^{\mathrm{T}}(\boldsymbol{A}^{i})^{\mathrm{T}}(e^{-\boldsymbol{A}t})^{\mathrm{T}}\hat{\boldsymbol{v}} = 0\ ;\ i = 1,2,\cdots,n-1 \tag{4.12}$$

式 (4.11) と式 (4.12) を一括すると，

$$[\boldsymbol{b}\ \ \boldsymbol{A}\boldsymbol{b}\ \cdots\ \boldsymbol{A}^{n-1}\boldsymbol{b}]^{\mathrm{T}}(e^{-\boldsymbol{A}t})^{\mathrm{T}}\hat{\boldsymbol{v}} = \boldsymbol{U}_c^{\mathrm{T}}(e^{-\boldsymbol{A}t})^{\mathrm{T}}\hat{\boldsymbol{v}} = 0 \tag{4.13}$$

上式における行列 $\boldsymbol{U}_c$ は仮定により正則，また，行列 $e^{-\boldsymbol{A}t}$ もその性質により正則である．したがって，式 (4.13) の解は $\hat{\boldsymbol{v}} = \boldsymbol{0}$ となる．これは，$\hat{\boldsymbol{v}} \neq \boldsymbol{0}$ という仮定に矛盾する．したがって，行列 $\boldsymbol{W}_c$ が正定でないという仮定は誤りであり，$\boldsymbol{W}_c$ は正定でなければならない．

式 (4.9) の行列 $\boldsymbol{W}_c$ を用いて，制御入力 $u(t)$ を

$$u(t) = -\boldsymbol{b}^{\mathrm{T}}(e^{-\boldsymbol{A}t})^{\mathrm{T}}\boldsymbol{W}_c^{-1}(0,t_f)(\boldsymbol{x}_0 - e^{-\boldsymbol{A}t_f}\boldsymbol{x}_f) \tag{4.14}$$

と定めれば，式 (4.4) より

$$\begin{aligned}
\boldsymbol{x}(t_f) &= e^{\boldsymbol{A}t_f}\boldsymbol{x}_0 \\
&\qquad - \int_0^{t_f} e^{\boldsymbol{A}(t_f-\tau)}\boldsymbol{b}\{\boldsymbol{b}^{\mathrm{T}}(e^{-\boldsymbol{A}\tau})^{\mathrm{T}}\boldsymbol{W}_c^{-1}(0,t_f)(\boldsymbol{x}_0 - e^{-\boldsymbol{A}t_f}\boldsymbol{x}_f)\}\,d\tau \\
&= e^{\boldsymbol{A}t_f}\boldsymbol{x}_0 - \left[\int_0^{t_f} e^{\boldsymbol{A}(t_f-\tau)}\boldsymbol{b}\boldsymbol{b}^{\mathrm{T}}(e^{-\boldsymbol{A}\tau})^{\mathrm{T}}\,d\tau\right] \\
&\qquad \times \left[\int_0^{t_f} e^{-\boldsymbol{A}\tau}\boldsymbol{b}\boldsymbol{b}^{\mathrm{T}}(e^{-\boldsymbol{A}\tau})^{\mathrm{T}}\,d\tau\right]^{-1}(\boldsymbol{x}_0 - e^{-\boldsymbol{A}t_f}\boldsymbol{x}_f) \\
&= e^{\boldsymbol{A}t_f}x_0 - e^{\boldsymbol{A}t_f}(\boldsymbol{x}_0 - e^{-\boldsymbol{A}t_f}\boldsymbol{x}_f) = \boldsymbol{x}_f
\end{aligned} \tag{4.15}$$

となり，$t = t_f$ における $\boldsymbol{x}(t)$ が $\boldsymbol{x}_f$ となることがわかる．かくして，式 (4.3) が成り立てば，適当な入力 $u(t)$ により $\boldsymbol{x}(t_f) = \boldsymbol{x}_f$ となることが示された．

ノート　定理 4.1 の可制御のための条件は，可制御行列 $\boldsymbol{U}_c$ のランクが n，または，$\boldsymbol{U}_c$ の各列 (または，各行) が互いに独立といいかえることもできる．また，可制御のための条件は $\boldsymbol{A}, \boldsymbol{b}$ だけで定まるので，式 (4.1) のシステムが可制御という代わりに，**対 $(\boldsymbol{A}, \boldsymbol{b})$ が可制御**ともいう．

例題 4.1　式 (4.1) の $\boldsymbol{A}, \boldsymbol{b}, \boldsymbol{c}$ が

(a) $\boldsymbol{A} = \begin{bmatrix} -2 & 1 \\ 2 & 3 \end{bmatrix},\ \boldsymbol{b} = \begin{bmatrix} 1 \\ 0 \end{bmatrix},\ \boldsymbol{c} = \begin{bmatrix} 0 \\ 1 \end{bmatrix}$

(b) $\boldsymbol{A} = \begin{bmatrix} -2 & 1 \\ 0 & 3 \end{bmatrix},\ \boldsymbol{b} = \begin{bmatrix} 1 \\ 0 \end{bmatrix},\ \boldsymbol{c} = \begin{bmatrix} 0 \\ 1 \end{bmatrix}$

のように与えられるシステムの可制御性を判別せよ．

解　(a)　この場合には，可制御行列 $\boldsymbol{U}_c$ は次式で与えられる．

$$\boldsymbol{U}_c = [\,\boldsymbol{b} \quad \boldsymbol{A}\boldsymbol{b}\,] = \begin{bmatrix} 1 & -2 \\ 0 & 2 \end{bmatrix} \qquad ①$$

この $\boldsymbol{U}_c$ は，$|\boldsymbol{U}_c| = 2 \neq 0$ なので，正則，したがって，このシステムは可制御である．

(b) この場合には，可制御行列 U_c は，

$$\boldsymbol{U}_c = [\,\boldsymbol{b} \quad \boldsymbol{A}\boldsymbol{b}\,] = \begin{bmatrix} 1 & -2 \\ 0 & 0 \end{bmatrix} \qquad ②$$

この $\boldsymbol{U}_c$ は $|\boldsymbol{U}_c| = 0$ なので，このシステムは可制御ではない．可制御でないということは，入力 $u(t)$ で制御できない状態変数 $x_1(t) \cdots x_n(t)$ が少なくとも一つあるということであって，すべての状態変数が $u(t)$ で制御できないということではない．上の (b) の場合には，状態方程式は

$$\dot{x}_1(t) = -2x_1(t) + x_2(t) + u(t), \quad \dot{x}_2(t) = 3x_2(t) \qquad ③$$

と表わされる．状態変数 $x_1(t)$ は $u(t)$ により制御可能であるが，状態変数 $x_2(t)$ のほうは $u(t)$ をどのように変えても制御できない．すなわち，制御可能な状態変数は $x_1(t)$ の一つだけである．

4.2 可観測とその条件

式 (4.1) のシステムは，$t = 0$ から t_f までの有限区間内の出力 $y(t)$ の観測値から状態 $\boldsymbol{x}$ の初期値 $\boldsymbol{x}(0) = \boldsymbol{x}_0$ を知ることができるならば，**可観測** (observable) であるという．

定理 4.2 式 (4.1) のシステムが可観測であるための条件は，

$$\boldsymbol{U}_o = \begin{bmatrix} \boldsymbol{c}^{\mathrm{T}} \\ \boldsymbol{c}^{\mathrm{T}}\boldsymbol{A} \\ \vdots \\ \boldsymbol{c}^{\mathrm{T}}\boldsymbol{A}^{n-1} \end{bmatrix} \left(= \left[\,\boldsymbol{c} \quad \boldsymbol{A}^{\mathrm{T}}\boldsymbol{c} \ \cdots \ (\boldsymbol{A}^{\mathrm{T}})^{n-1}\boldsymbol{c}\,\right]^{\mathrm{T}} \right) \qquad (4.16)$$

として定義される行列 $\boldsymbol{U}_o$ (**可観測行列**と呼ばれる) が正則，すなわち，

$$|\boldsymbol{U}_o| \neq 0 \qquad (4.17)$$

となることである．

証明 可観測性は制御入力 $u(t)$ の存在に依存しないので，以下の証明では簡単のため，$u(t) \equiv 0$ とする．このとき，式 (4.1) のシステムの出力 $y(t)$ は，式 (4.1b) と式 (4.4) より，次式で与えられる．

$$y(t) = \boldsymbol{c}^{\mathrm{T}} e^{\boldsymbol{A}t} \boldsymbol{x}_0 \qquad (4.18)$$

必要性：はじめに，式 (4.1) のシステムが可観測ならば，式 (4.17) が成り立つことを示す．これは背理法によりつぎのようにして示される．式 (4.17) が成り立たないと仮定すると，行列 $\boldsymbol{U}_o$ の各行は互いに独立ではないので，$\boldsymbol{U}_o\boldsymbol{x}_0 = \boldsymbol{0}$ となるような $\boldsymbol{x}_0 \neq \boldsymbol{0}$ が存在する．したがって，次式が成り立つ．

$$\boldsymbol{c}^{\mathrm{T}}\boldsymbol{A}^i\boldsymbol{x}_0 = 0\ ;\ i = 0, 1, \cdots, n-1 \tag{4.19}$$

式 (4.18) の行列 $e^{\boldsymbol{A}t}$ は，上でも述べたように，式 (4.6) のように表わされる．これを式 (4.18) に代入し，式 (4.19) の関係を用いると，

$$y(t) = r_0(t)\boldsymbol{c}^{\mathrm{T}}\boldsymbol{x}_0 + r_1(t)\boldsymbol{c}^{\mathrm{T}}\boldsymbol{A}\boldsymbol{x}_0 + \cdots + r_{n-1}(t)\boldsymbol{c}^{\mathrm{T}}\boldsymbol{A}^{n-1}\boldsymbol{x}_0 = 0 \tag{4.20}$$

したがって，初期値 $\boldsymbol{x}_0$ を知ることはできない．これは，式 (4.1) のシステムが可観測であるとした仮定に反する．したがって，可観測ならば，式 (4.17) が成立しなければならない．

十分性：つぎに，式 (4.17) の条件が成り立つならば，式 (4.1) のシステムが可観測であることを示す．この証明は可制御の場合と同様にしてなされる．まず，式 (4.17) が成り立つならば，

$$\boldsymbol{W}_o(0, t_f) = \int_0^{t_f} (e^{\boldsymbol{A}\tau})^{\mathrm{T}}\boldsymbol{c}\boldsymbol{c}^{\mathrm{T}}e^{\boldsymbol{A}\tau}\,d\tau \tag{4.21}$$

として定義される行列 $\boldsymbol{W}_o(0, t_f)$ $(\equiv \boldsymbol{W}_o)$ が正定 (したがって，正則) であることを示す．まず，任意の n 次元ベクトル $\boldsymbol{v}$ の行列 $\boldsymbol{W}_o$ による 2 次形式 $\boldsymbol{v}^T\boldsymbol{W}_o\boldsymbol{v}$ は

$$\begin{aligned}\boldsymbol{v}^{\mathrm{T}}\boldsymbol{W}_o\boldsymbol{v} &= \int_0^{t_f} \boldsymbol{v}^{\mathrm{T}}(e^{\boldsymbol{A}\tau})^{\mathrm{T}}\boldsymbol{c}\boldsymbol{c}^{\mathrm{T}}e^{\boldsymbol{A}\tau}\boldsymbol{v}\,d\tau \\ &= \int_0^{t_f} (\boldsymbol{c}^{\mathrm{T}}e^{\boldsymbol{A}\tau}\boldsymbol{v})^{\mathrm{T}}(\boldsymbol{c}^{\mathrm{T}}e^{\boldsymbol{A}\tau}\boldsymbol{v})\,d\tau \geq 0\end{aligned} \tag{4.22}$$

であるので，$\boldsymbol{W}_o$ は正定または準正定である．$\boldsymbol{W}_o$ が正定でない (準正定) と仮定すると，$\hat{\boldsymbol{v}}^{\mathrm{T}}\boldsymbol{W}_o\hat{\boldsymbol{v}} = 0$ となるような $\hat{\boldsymbol{v}}(\neq \boldsymbol{0})$ が存在する．したがって，このようなベクトル $\hat{v}$ に対しては，$0 \leq t \leq t_f$ なるすべての t に対して

$$\boldsymbol{c}^{\mathrm{T}}e^{\boldsymbol{A}t}\hat{\boldsymbol{v}} = 0 \tag{4.23}$$

が成立する．上式を $(n-1)$ 回まで微分すると，次式が得られる．

$$\boldsymbol{c}^{\mathrm{T}}\boldsymbol{A}^i e^{\boldsymbol{A}t}\hat{\boldsymbol{v}} = 0\ ;\ i = 1, 2, \cdots, n-1 \tag{4.24}$$

式 (4.23) と式 (4.24) を一括すると，

$$\begin{bmatrix} \boldsymbol{c}^{\mathrm{T}} \\ \boldsymbol{c}^{\mathrm{T}}\boldsymbol{A} \\ \vdots \\ \boldsymbol{c}^{\mathrm{T}}\boldsymbol{A}^{n-1} \end{bmatrix} e^{\boldsymbol{A}t}\hat{\boldsymbol{v}} = \boldsymbol{U}_o e^{\boldsymbol{A}t}\hat{\boldsymbol{v}} = \boldsymbol{0} \tag{4.25}$$

上式における行列 $\boldsymbol{U}_o$ は仮定により正則，また，行列 $e^{\boldsymbol{A}t}$ も正則である．したがって，式 (4.25) の解は $\hat{\boldsymbol{v}} = \boldsymbol{0}$ となる．これは，$\hat{\boldsymbol{v}} \neq \boldsymbol{0}$ という仮定に矛盾する．したがって，行列 $\boldsymbol{W}_o$ が正定でないという仮定は誤りであり，$\boldsymbol{W}_o$ は正定でなければならない．

式 (4.21) の行列 $\boldsymbol{W}_o$ を用いて，

$$z = W_o^{-1}(0, t_f) \int_0^{t_f} (e^{A\tau})^{\mathrm{T}} c y(\tau)\, d\tau \tag{4.26}$$

とおき，上式の $y(\tau)$ に式 (4.18) を代入すると，

$$z = W_o^{-1}(0, t_f) \int_0^{t_f} (e^{A\tau})^{\mathrm{T}} c c^{\mathrm{T}} e^{A\tau} x_0\, d\tau = x_0 \tag{4.27}$$

となり，$z = x_0\ (= x(0))$ となることがわかる．かくして，式 (4.17) が成り立つならば，出力 $y(t)\ ;\ 0 \le t \le t_f$ の観測値から状態 x の初期値 x_0 を知ることができることが示された．

ノート 1 定理 4.2 の可観測のための条件は，可観測行列 U_o のランクが n，または，U_o の各行 (または，各列) が互いに独立といいかえることもできる．また，可観測のための条件は A, c だけで定まるので，式 (4.1) のシステムが可観測という代わりに，対 (A, c) が可観測ともいう．

ノート 2 上の証明では，簡単のため，$u(t) \equiv 0$ としたが，$u(t) \equiv 0$ でない場合には，式 (4.1b), (4.4) より明らかなように，式 (4.18) の $y(t)$ に代わって，次式で表わされる $\bar{y}(t)$ を考えればよい．

$$\bar{y}(t) (\equiv y(t) - c^{\mathrm{T}} \int_0^{t_f} e^{A(t-\tau)} b u(\tau)\, d\tau) = c^{\mathrm{T}} e^{At} x_0 \tag{4.28}$$

ただし，上式における $u(t)$ は既知とする

ノート 3 時刻 t における状態 $x(t)$ の値を知りたい場合には，上で求められた式 (4.27) の初期値 x_0 の値を式 (4.4) に代入すればよい．$t = 0 \sim t_f$ における $u(t)$ の値が既知ならば，これにより $x(t)$ の値を復元することができる．

例題 4.2 例題 4.1 のシステムの可観測性を判別せよ．

解 (a) この場合には，可観測行列 U_o は次式で与えられる．

$$U_o = \begin{bmatrix} c^{\mathrm{T}} \\ c^{\mathrm{T}} A \end{bmatrix} = \begin{bmatrix} 0 & 1 \\ 2 & 3 \end{bmatrix} \quad ①$$

この U_o は，$|U_o| = -2 \neq 0$ なので，正則，したがって，このシステムは可観測である．

(b) この場合には，システムの可観測行列 U_o は

$$U_o = \begin{bmatrix} c^{\mathrm{T}} \\ c^{\mathrm{T}} A \end{bmatrix} = \begin{bmatrix} 0 & 1 \\ 0 & 3 \end{bmatrix} \quad ②$$

である．この U_o は $|U_o| = 0$ なので，このシステムは可観測ではない．可観測でないという意味は，出力 $y(t)$ の観測値から状態変数 $x_1(t) \cdots x_n(t)$ が復元できないものが少なくとも一つはあるということであって，出力を観測してもすべての状態変数が復元できないということではない．上の (b) の場合には，状態方程式と出力方程式は，

$$\dot{x}_1(t) = -2x_1(t) + x_2(t) + u(t), \quad \dot{x}_2(t) = 3x_2(t), \quad y(t) = x_2(t) \qquad ③$$

である．出力の観測値 $y(t)$ は状態変数 $x_2(t)$ であり，この $x_2(t)$ には $x_1(t)$ に関する情報はなんら反映されていない．したがって，出力の観測値 $y(t)$ から $x_1(t)$ の情報を引き出すことはできない．すなわち，観測可能な状態変数は $x_2(t)$ の一つだけであって，$x_1(t)$ のほうは観測できない．

上述の可制御，可観測の概念は互いに双対の関係にある．以下，これについて簡単に述べておく．

式 (4.1) のシステムに対して，次式で記述されるシステムを考える．

$$\dot{\boldsymbol{x}}(t) = \boldsymbol{A}^{\mathrm{T}}\boldsymbol{x}(t) + \boldsymbol{c}u(t) \tag{4.29a}$$

$$y(t) = \boldsymbol{b}^{\mathrm{T}}\boldsymbol{x}(t) \tag{4.29b}$$

このシステムの可制御行列 $\boldsymbol{U}_c$ と可観測行列 $\boldsymbol{U}_o$ は次式で与えられる．

$$\boldsymbol{U}_c = \begin{bmatrix} \boldsymbol{c} & \boldsymbol{A}^{\mathrm{T}}\boldsymbol{c} & \cdots & (\boldsymbol{A}^{\mathrm{T}})^{n-1}\boldsymbol{c} \end{bmatrix} \left(= \begin{bmatrix} \boldsymbol{c}^{\mathrm{T}} \\ \boldsymbol{c}^{\mathrm{T}}\boldsymbol{A} \\ \vdots \\ \boldsymbol{c}^{\mathrm{T}}\boldsymbol{A}^{n-1} \end{bmatrix}^{\mathrm{T}} \right) \tag{4.30}$$

$$\boldsymbol{U}_o = \begin{bmatrix} \boldsymbol{b}^{\mathrm{T}} \\ \boldsymbol{b}^{\mathrm{T}}\boldsymbol{A}^{\mathrm{T}} \\ \vdots \\ \boldsymbol{b}^{\mathrm{T}}(\boldsymbol{A}^{\mathrm{T}})^{n-1} \end{bmatrix} \left(= \begin{bmatrix} \boldsymbol{b} & \boldsymbol{A}\boldsymbol{b} & \cdots & \boldsymbol{A}^{n-1}\boldsymbol{b} \end{bmatrix}^{\mathrm{T}} \right) \tag{4.31}$$

行列式の性質より，転置行列の行列式の値は元の行列の行列式の値に等しいので，式 (4.1) のシステムの可制御条件 (可観測条件) は式 (4.29) のシステムの可観測条件 (可制御条件) と同じであることがわかる．この意味で，可制御と可観測の概念は互いに**双対** (dual) であるという．

4.3 状態の正則変換と可制御，可観測

式 (4.1) のシステムの状態 $\boldsymbol{x}$ は適当な正則行列 $\boldsymbol{P}$ により別の状態 $\boldsymbol{z}$ に変換することができる．すなわち，別の状態 $\boldsymbol{z}$ を

$$\boldsymbol{z} = \boldsymbol{P}\boldsymbol{x}\ ;\ |\boldsymbol{P}| \neq 0 \tag{4.32}$$

により定義すると，式 (4.1) のシステム表現はつぎの形に変換される．

$$\dot{\boldsymbol{z}}(t) = \bar{\boldsymbol{A}}\boldsymbol{z}(t) + \bar{\boldsymbol{b}}u(t) \tag{4.33a}$$

$$y(t) = \bar{\boldsymbol{c}}^{\mathrm{T}}\boldsymbol{z}(t) \tag{4.33b}$$

ただし，

$$\bar{\boldsymbol{A}} = \boldsymbol{P}\boldsymbol{A}\boldsymbol{P}^{-1}, \quad \bar{\boldsymbol{b}} = \boldsymbol{P}\boldsymbol{b}, \quad \bar{\boldsymbol{c}}^{\mathrm{T}} = \boldsymbol{c}^{\mathrm{T}}\boldsymbol{P}^{-1} \tag{4.34}$$

式 (4.33) のシステムの可制御条件は次式で与えられる．

$$|\bar{\boldsymbol{U}}_c| \neq 0\,; \quad \bar{\boldsymbol{U}}_c = \begin{bmatrix} \bar{\boldsymbol{b}} & \bar{\boldsymbol{A}}\bar{\boldsymbol{b}} & \cdots & \bar{\boldsymbol{A}}^{n-1}\bar{\boldsymbol{b}} \end{bmatrix} \tag{4.35}$$

上の行列式 $|\bar{\boldsymbol{U}}_c|$ は，式 (4.34) の関係を用いると，

$$\begin{aligned} |\bar{\boldsymbol{U}}_c| &= |\,\boldsymbol{P}\boldsymbol{b} \;\; \boldsymbol{P}\boldsymbol{A}\boldsymbol{b} \;\cdots\; \boldsymbol{P}\boldsymbol{A}^{n-1}b\,| = |\,\boldsymbol{P}\,|\,|\,\boldsymbol{b} \;\; \boldsymbol{A}\boldsymbol{b} \;\cdots\; \boldsymbol{A}^{n-1}\boldsymbol{b}\,| \\ &= |\,\boldsymbol{P}\,|\,|\,\boldsymbol{U}_c\,| \end{aligned} \tag{4.36}$$

行列 $\boldsymbol{P}$ は正則 ($|\,\boldsymbol{P}\,| \neq 0$) なので，元のシステムが可制御 ($|\,\boldsymbol{U}_c\,| \neq 0$) ならば $|\,\bar{\boldsymbol{U}}_c\,| \neq 0$ であり，式 (4.33) のシステムも可制御である．

また，式 (4.33) のシステムの可観測条件は次式で与えられる．

$$|\,\bar{\boldsymbol{U}}_o\,| \neq 0\,; \quad \bar{\boldsymbol{U}}_o = \begin{bmatrix} \bar{\boldsymbol{c}}^{\mathrm{T}} \\ \bar{\boldsymbol{c}}^{\mathrm{T}}\bar{\boldsymbol{A}} \\ \vdots \\ \bar{\boldsymbol{c}}^{\mathrm{T}}\bar{\boldsymbol{A}}^{n-1} \end{bmatrix} \tag{4.37}$$

上の行列式 $|\,\bar{\boldsymbol{U}}_o\,|$ は，式 (4.34) の関係を用いると，

$$|\bar{\boldsymbol{U}}_o| = \begin{vmatrix} \boldsymbol{c}^{\mathrm{T}}\boldsymbol{P}^{-1} \\ \boldsymbol{c}^{\mathrm{T}}\boldsymbol{A}\boldsymbol{P}^{-1} \\ \vdots \\ \boldsymbol{c}^{\mathrm{T}}\boldsymbol{A}^{n-1}\boldsymbol{P}^{-1} \end{vmatrix} = \begin{vmatrix} \boldsymbol{c}^{\mathrm{T}} \\ \boldsymbol{c}^{\mathrm{T}}\boldsymbol{A} \\ \vdots \\ \boldsymbol{c}^{\mathrm{T}}\boldsymbol{A}^{n-1} \end{vmatrix} |\boldsymbol{P}^{-1}| = |\boldsymbol{U}_o|\,|\boldsymbol{P}^{-1}| \tag{4.38}$$

行列 $\boldsymbol{P}$ は正則なので，$|\boldsymbol{P}^{-1}| \neq 0$ である．したがって，元のシステムが可観測 ($|\boldsymbol{U}_o| \neq 0$) ならば $|\bar{\boldsymbol{U}}_o| \neq 0$ であり，式 (4.33) のシステムも可観測である．

上の考察より，元の式 (4.1) のシステムが可制御 (可観測) ならば，正則行列 $\boldsymbol{P}$ により変換されたシステムも可制御 (可観測) であることがわかる．すなわち，可制御性や可観測性はシステム固有の性質であり，状態の正則変換 (状態変数の選び方) により変わるものではない．

正則な行列 $\boldsymbol{P}$ により変換された式 (4.33) のシステム表現は，式 (4.1) の元のシステム表現に対して等価であると呼ばれる．このような等価なシステム表現は行列 $\boldsymbol{P}$ の選び方により無数存在するが，可制御性や可観測性の物理的な意味を理解するには，$\bar{\boldsymbol{A}}$ が対角行列となるような変換が有用である．第 1 章で述べたように，行列 $\boldsymbol{A}$ が相異なる n 個の固有値 λ_i; $i = 1, 2, \cdots, n$ を有する場合には，行列 $\bar{\boldsymbol{A}}$ が

$$\bar{\boldsymbol{A}} = \begin{bmatrix} \lambda_1 & 0 & \cdots & 0 \\ 0 & \lambda_2 & \cdots & 0 \\ \cdots & \cdots & \cdots & \cdots \\ 0 & 0 & \cdots & \lambda_n \end{bmatrix} \equiv \boldsymbol{\Lambda} \tag{4.39}$$

となるような変換行列 $\boldsymbol{P}$ は，λ_i に対する固有ベクトル $\boldsymbol{v}^i$ から作られるモード行列 $\boldsymbol{M}$ を用いて，次式で与えられる．

$$\boldsymbol{P}^{-1} = \boldsymbol{M} \equiv [\, \boldsymbol{v}^1 \quad \boldsymbol{v}^2 \quad \cdots \quad \boldsymbol{v}^n \,] \tag{4.40}$$

このとき，$\boldsymbol{z} = \boldsymbol{P}x$ なる変換により，式 (4.1) の表現はつぎのようになる．

$$\dot{\boldsymbol{z}}(t) = \boldsymbol{\Lambda}\boldsymbol{z}(t) + \bar{\boldsymbol{b}}u(t) \tag{4.41a}$$

$$y(t) = \bar{\boldsymbol{c}}^{\mathrm{T}}\boldsymbol{z}(t) \tag{4.41b}$$

上式は，ベクトル $\boldsymbol{z}(t)$ の成分 $z_i(t)\ ;\ i = 1, 2, \cdots, n$ で表わすと，

$$\dot{z}_i(t) = \lambda_i z_i(t) + \bar{b}_i u(t)\ ;\ i = 1, 2, \cdots, n \tag{4.42a}$$

$$y(t) = \sum_{i=1}^{n} \bar{c}_i z_i(t) \tag{4.42b}$$

ここに，$\bar{b}_i, \bar{c}_i\ ;\ i = 1, 2, \cdots, n$ はそれぞれベクトル $\bar{b}, \bar{c}$ の成分を意味する．

式 (4.41) のシステムの可制御条件は

$$|\, \bar{\boldsymbol{b}} \quad \boldsymbol{\Lambda}\bar{\boldsymbol{b}} \quad \cdots \quad \boldsymbol{\Lambda}^{n-1}\bar{\boldsymbol{b}} \,| = \begin{vmatrix} \bar{b}_1 & \lambda_1\bar{b}_1 & \cdots & \lambda_1^{n-1}\bar{b}_1 \\ \bar{b}_2 & \lambda_2\bar{b}_2 & \cdots & \lambda_2^{n-1}\bar{b}_2 \\ \cdots & \cdots & \cdots & \cdots \\ \bar{b}_n & \lambda_n\bar{b}_n & \cdots & \lambda_n^{n-1}\bar{b}_n \end{vmatrix} \neq 0 \tag{4.43}$$

として与えられる．上式が成り立つためには，$\bar{b}_i$ のすべてが非零でなければならない．これは，式 (4.42a) の関係を考えると，制御入力 $u(t)$ が状態 $\boldsymbol{z}(t)$ のすべての成分，したがって，$\boldsymbol{x}(t) = \boldsymbol{P}^{-1}\boldsymbol{z}(t)$ なる関係を通して状態 $\boldsymbol{x}(t)$ のすべての成分に影響を与えうることを意味する．

つぎに，式 (4.41) のシステムの可観測条件は

$$\begin{vmatrix} \bar{\boldsymbol{c}}^{\mathrm{T}} \\ \bar{\boldsymbol{c}}^{\mathrm{T}}\boldsymbol{\Lambda} \\ \vdots \\ \bar{\boldsymbol{c}}^{\mathrm{T}}\boldsymbol{\Lambda}^{n-1} \end{vmatrix} = \begin{vmatrix} \bar{c}_1 & \bar{c}_2 & \cdots & \bar{c}_n \\ \lambda_1\bar{c}_1 & \lambda_2\bar{c}_2 & \cdots & \lambda_n\bar{c}_n \\ \cdots & \cdots & \cdots & \cdots \\ \lambda_1^{n-1}\bar{c}_1 & \lambda_2^{n-1}\bar{c}_2 & \cdots & \lambda_n^{n-1}\bar{c}_n \end{vmatrix} \neq 0 \tag{4.44}$$

として与えられる．上式が成り立つためには，$\bar{c}_i$ のすべてが非零でなければならない．これは，式 (4.42b) の関係を考えると，状態 $\boldsymbol{z}(t)$ のすべての成分が出力 $y(t)$ に反映されることを意味する．この結果，出力 $y(t)$ の観測値から状態 $\boldsymbol{z}(t)$，したがって，$\boldsymbol{x}(t) = \boldsymbol{P}^{-1}\boldsymbol{z}(t)$ なる関係を通して元の状態 $\boldsymbol{x}(t)$ の復元が可能となるわけである．

例題 4.3　例題 4.1 (a) のシステムの可制御性と可観測性を行列 $\boldsymbol{A}$ を対角化する方法により判別せよ．

解 この場合の行列 $\boldsymbol{A}$ の固有値は,

$$|\lambda\boldsymbol{I}-\boldsymbol{A}| = \begin{vmatrix} \lambda+2 & -1 \\ -2 & \lambda+3 \end{vmatrix} = \lambda^2+5\lambda+4 = (\lambda+1)(\lambda+4) = 0 \quad ①$$

の根として, $\lambda_1 = -1$, $\lambda_2 = -4$ のように求められる. これらの固有値は相異なるので, モード行列 $\boldsymbol{M}$ の逆行列 $\boldsymbol{P}$ により行列 $\boldsymbol{A}$ を対角化することができる. モード行列 $\boldsymbol{M}$ は, 第1章の例題1.15で示したように, λ_1, λ_2 に対応した固有ベクトル $\boldsymbol{v}^1, \boldsymbol{v}^2$ を用いて,

$$\boldsymbol{M} = [\,\boldsymbol{v}^1 \quad \boldsymbol{v}^2\,] = \begin{bmatrix} 1 & 1 \\ 1 & -2 \end{bmatrix} \quad ②$$

のように与えられる. この $\boldsymbol{M}$ の逆行列, すなわち, 行列 $\boldsymbol{P}$ は,

$$\boldsymbol{P} = \boldsymbol{M}^{-1} = \begin{bmatrix} 1 & 1 \\ 1 & -2 \end{bmatrix}^{-1} = \frac{1}{3}\begin{bmatrix} 2 & 1 \\ 1 & -1 \end{bmatrix} \quad ③$$

上の行列 $\boldsymbol{P}$ を用いて, 式 (4.34) により, $\bar{\boldsymbol{b}}, \bar{\boldsymbol{c}}$ を求めると,

$$\bar{\boldsymbol{b}} = \boldsymbol{P}\boldsymbol{b} = \frac{1}{3}\begin{bmatrix} 2 & 1 \\ 1 & -1 \end{bmatrix}\begin{bmatrix} 1 \\ 0 \end{bmatrix} = \begin{bmatrix} 2/3 \\ 1/3 \end{bmatrix} \quad ④$$

$$\bar{\boldsymbol{c}} = (\boldsymbol{P}^{-1})^{\mathrm{T}}\boldsymbol{c} = \boldsymbol{M}^{\mathrm{T}}\boldsymbol{c} = \begin{bmatrix} 1 & 1 \\ 1 & -2 \end{bmatrix}\begin{bmatrix} 0 \\ 1 \end{bmatrix} = \begin{bmatrix} 1 \\ -2 \end{bmatrix} \quad ⑤$$

ベクトル $\bar{\boldsymbol{b}}$ の成分は, $\bar{b}_1 = 2/3$, $\bar{b}_2 = 1/3$ であり, 共に非零である. したがって, このシステムは可制御である. また, ベクトル $\bar{\boldsymbol{c}}$ の成分は, $\bar{c}_1 = 1$, $\bar{c}_2 = -2$ であり, これらも非零である. したがって, このシステムは可観測である. これらの結果は, 当然のことながら, 例題4.1, 例題4.2の結果と同じである.

4.4 可制御標準形と可観測標準形

4.4.1 状態方程式の可制御標準形

式 (4.1) のシステムの $u(t)$ から $y(t)$ に至る伝達関数 $G(s)$ は, 第2章でも述べたように, 次式で与えられる.

$$G(s) = \boldsymbol{c}^{\mathrm{T}}(s\boldsymbol{I}-\boldsymbol{A})^{-1}\boldsymbol{b} \tag{4.45}$$

ここでは1入力1出力のシステムを考えているので, 上の $G(s)$ はスカラーであり, 一般につぎの形で表わされる.

$$G(s) = \frac{\beta_1 s^{n-1} + \beta_2 s^{n-2} + \cdots + \beta_n}{s^n + \alpha_1 s^{n-1} + \alpha_2 s^{n-2} + \cdots + \alpha_n} \tag{4.46}$$

上式の分母多項式の係数 α_i ; $i = 1, 2, \cdots, n$ は次式で与えられる行列 $\boldsymbol{A}$ の特性方程式 (固有方程式) の係数に等しい.

$$|\lambda \boldsymbol{I} - \boldsymbol{A}| = \lambda^n + \alpha_1 \lambda^{n-1} + \alpha_2 \lambda^{n-2} + \cdots + \alpha_n = 0 \tag{4.47}$$

伝達関数が式 (4.46) で与えられるシステムは, 可制御ならば, 状態方程式としてつぎの形で表現することができる.

$$\dot{\boldsymbol{z}}(t) = \boldsymbol{A}_c \boldsymbol{z}(t) + \boldsymbol{b}_c u(t) \tag{4.48a}$$

$$y(t) = \boldsymbol{c}_c^{\mathrm{T}} \boldsymbol{z}(t) \tag{4.48b}$$

ただし,

$$\boldsymbol{A}_c = \begin{bmatrix} 0 & 1 & 0 & \cdots & 0 \\ 0 & 0 & 1 & \cdots & 0 \\ \cdots & \cdots & \cdots & \cdots & \\ 0 & 0 & 0 & \cdots & 1 \\ -\alpha_n & -\alpha_{n-1} & -\alpha_{n-2} & \cdots & -\alpha_1 \end{bmatrix},$$

$$\boldsymbol{b}_c = \begin{bmatrix} 0 \\ 0 \\ \vdots \\ 0 \\ 1 \end{bmatrix}, \quad \boldsymbol{c}_c = \begin{bmatrix} \beta_n \\ \beta_{n-1} \\ \vdots \\ \beta_2 \\ \beta_1 \end{bmatrix} \tag{4.49}$$

上の状態方程式表現は, システムの可制御性を前提としたもので, **可制御標準形** (controllable canonical form) とよばれる. 図 4.1 にこの標準形のブロック線図を示す. 式 (4.1) のシステム表現は, 可制御性がいえれば, 下記の式 (4.50) の変換により式 (4.48) の形に変えることができる.

$$\boldsymbol{z} = \boldsymbol{T}_c \boldsymbol{x} \tag{4.50}$$

ただし,

$$\boldsymbol{T}_c = (\boldsymbol{U}_c \boldsymbol{L})^{-1} (= \boldsymbol{L}^{-1} \boldsymbol{U}_c^{-1}) ; \quad \boldsymbol{U}_c = [\, \boldsymbol{b} \ \boldsymbol{A}\boldsymbol{b} \cdots \boldsymbol{A}^{n-1} \boldsymbol{b} \,],$$

$$\boldsymbol{L} = \begin{bmatrix} \alpha_{n-1} & \alpha_{n-2} & \cdots & \alpha_1 & 1 \\ \alpha_{n-2} & \alpha_{n-3} & \cdots & 1 & 0 \\ \cdots & \cdots & \cdots & \cdots & \\ 1 & 0 & \cdots & 0 & 0 \end{bmatrix} \tag{4.51}$$

上の行列 $\boldsymbol{L}$ は, 式 (4.48) のシステムに対する可制御行列

$$\bar{\boldsymbol{U}}_c = [\, \boldsymbol{b}_c \quad \boldsymbol{A}_c \boldsymbol{b}_c \quad \cdots \quad \boldsymbol{A}_c^{n-1} \boldsymbol{b}_c \,] \tag{4.52}$$

の逆行列 $\bar{\boldsymbol{U}}_c^{-1}$ に等しい (章末の演習問題 2 の解答を参照).

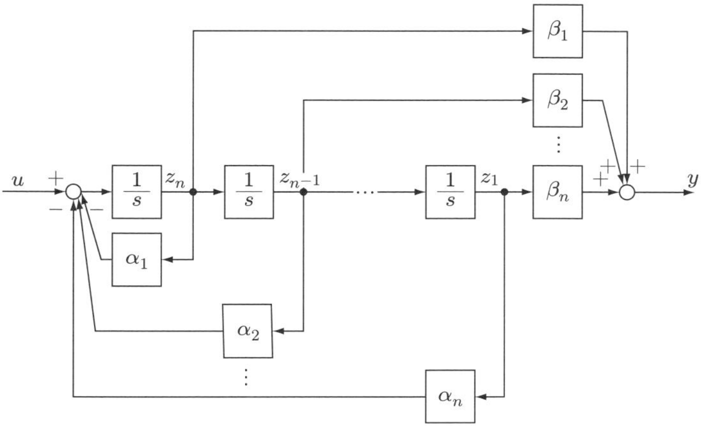

図 4.1　可制御標準形のブロック線図

例題 4.4　式 (4.48) の可制御標準形について，つぎの問に答えよ．

(a) 式 (4.49) の $\boldsymbol{A}_c$ と $\boldsymbol{b}_c$ からなる可制御行列の行列式が，係数 α_i の値のいかんにかかわらず，-1 となることを示せ．

(b) 式 (4.51) の変換行列 $\boldsymbol{T}_c$ により式 (4.1) の表現が式 (4.48) の形に変換されることを示せ．

解　(a)　簡単のため，$n=2$ の場合について示す．この場合の可制御行列は

$$[\,\boldsymbol{b}_c\ \boldsymbol{A}_c\boldsymbol{b}_c\,] = \begin{bmatrix} 0 & 1 \\ 1 & -\alpha_1 \end{bmatrix} \qquad ①$$

のようになる．この行列の行列式は -1 である．$n \geq 3$ の場合も同様である．

(b)　式 (4.1) は，$\boldsymbol{z} = \boldsymbol{T}_c\boldsymbol{x}$ により変換すると，次式で表わされる．

$$\dot{\boldsymbol{z}}(t) = \boldsymbol{T}_c\boldsymbol{A}\boldsymbol{T}_c^{-1}\boldsymbol{z}(t) + \boldsymbol{T}_c\boldsymbol{b}u(t) \qquad ②$$

$$y(t) = \boldsymbol{c}_c^{\mathrm{T}}\boldsymbol{T}_c^{-1}\boldsymbol{z}(t) \qquad ③$$

上式が式 (4.48) となるためには，

$$\boldsymbol{T}_c\boldsymbol{A}\boldsymbol{T}_c^{-1} = \boldsymbol{A}_c \qquad \therefore\ \boldsymbol{A}\boldsymbol{T}_c^{-1} = \boldsymbol{T}_c^{-1}\boldsymbol{A}_c \qquad ④$$

$$\boldsymbol{T}_c\boldsymbol{b} = \boldsymbol{b}_c \qquad \therefore\ \boldsymbol{b} = \boldsymbol{T}_c^{-1}\boldsymbol{b}_c \qquad ⑤$$

$$\boldsymbol{c}^{\mathrm{T}}\boldsymbol{T}_c^{-1} = \boldsymbol{c}_c^{\mathrm{T}} \qquad \therefore\ \boldsymbol{c}^{\mathrm{T}} = \boldsymbol{c}_c^{\mathrm{T}}\boldsymbol{T}_c \qquad ⑥$$

が成り立てばよい．上の式 ④，⑤ は，式 (4.51) の関係を用いると，つぎのように表わされる．

$$\boldsymbol{A}\boldsymbol{U}_c\boldsymbol{L} = \boldsymbol{U}_c\boldsymbol{L}\boldsymbol{A}_c \qquad ⑦$$

$$\boldsymbol{b} = \boldsymbol{U}_c\boldsymbol{L}\boldsymbol{b}_c \qquad ⑧$$

以下では，簡単のため，$n=2$ の場合について，上の式 ⑦，⑧ が成り立つことを示す．まず，式 ⑦ の左辺は，式 (4.51) の $\boldsymbol{U}_c$ と L を用いると，

$$\boldsymbol{A}\boldsymbol{U}_c\boldsymbol{L} = \boldsymbol{A}[\boldsymbol{b}\ \ \boldsymbol{A}\boldsymbol{b}]\begin{bmatrix}\alpha_1 & 1\\ 1 & 0\end{bmatrix} = [\,\alpha_1\boldsymbol{A}\boldsymbol{b} + \boldsymbol{A}^2\boldsymbol{b}\ \ \boldsymbol{A}\boldsymbol{b}\,] \qquad ⑨$$

ここで，ケーリー・ハミルトンの定理より得られる $\boldsymbol{A}^2+\alpha_1\boldsymbol{A}+\alpha_2\boldsymbol{I}=\boldsymbol{0}$ なる関係を用いると，上式は，

$$\boldsymbol{A}\boldsymbol{U}_c L = [\,-\alpha_2\boldsymbol{b}\ \ \boldsymbol{A}\boldsymbol{b}\,] \qquad ⑩$$

また，式 ⑦ の右辺は，

$$\boldsymbol{U}_c\boldsymbol{L}\boldsymbol{A}_c = [\,\boldsymbol{b}\ \ \boldsymbol{A}\boldsymbol{b}\,]\begin{bmatrix}\alpha_1 & 1\\ 1 & 0\end{bmatrix}\begin{bmatrix}0 & 1\\ -\alpha_2 & -\alpha_1\end{bmatrix} = [\,-\alpha_2\boldsymbol{b}\ \ \boldsymbol{A}\boldsymbol{b}\,] \qquad ⑪$$

したがって，式 ⑦ の関係が成り立つ．つぎに，式 ⑧ の右辺は，

$$\boldsymbol{U}_c\boldsymbol{L}\boldsymbol{b}_c = [\,\boldsymbol{b}\ \ \boldsymbol{A}\boldsymbol{b}\,]\begin{bmatrix}\alpha_1 & 1\\ 1 & 0\end{bmatrix}\begin{bmatrix}0\\ 1\end{bmatrix} = [\,\boldsymbol{b}\ \ \boldsymbol{A}\boldsymbol{b}\,]\begin{bmatrix}1\\ 0\end{bmatrix} = \boldsymbol{b} \qquad ⑫$$

したがって，式 ⑧ の関係も成り立つ．

式 (4.48) のシステムは可制御ではあるが，可観測であるとは限らない．可観測であるためには，式 (4.49) の $\boldsymbol{A}_c$ と $\boldsymbol{c}_c$ からなる可観測行列の正則性がいえなければならない．これは，式 (4.46) の伝達関数 $G(s)$ の分母と分子の多項式が共通因子をもたないことと等価である．

例題 4.5　式 (4.48) のシステムが可観測ならば，式 (4.46) の $G(s)$ の分母と分子の多項式が共通因子をもたないことを，$n=2$ の場合について示せ．

解　$n=2$ の場合，式 (4.48) のシステムの可観測条件は次式で与えられる．

$$\begin{vmatrix}\boldsymbol{c}_c^{\mathrm{T}}\\ \boldsymbol{c}_c^{\mathrm{T}}\boldsymbol{A}_c\end{vmatrix} = \begin{vmatrix}\beta_2 & \beta_1\\ -\alpha_2\beta_1 & \beta_2-\alpha_1\beta_1\end{vmatrix} = \beta_2(\beta_2-\alpha_1\beta_1)+\alpha_2\beta_1^2 \neq 0 \qquad ①$$

上式は，$n=2$ の場合の式 (4.46) の $G(s)$ の分母多項式が分子多項式で割りきれない (余りが 0 にならない) ための条件でもある (各自で確かめられたい)．したがって，式 (4.48) のシステムが可観測ならば，式 (4.46) の分母と分子は共通因子をもたないことがわかる．

式 (4.49) の可制御標準形における $\boldsymbol{A}_c, \boldsymbol{b}_c, \boldsymbol{c}_c$ は，ベクトル $\boldsymbol{z}$ の成分 z_i の番号を逆順 (すなわち，$z_i \to z_{n+1-i}\ ;\ i=1,2,\cdots,n$) とすることにより，つぎのように表現することもできる．

$$\boldsymbol{A}_c = \begin{bmatrix} -\alpha_1 & -\alpha_2 & \cdots & -\alpha_{n-1} & -\alpha_n \\ 1 & 0 & \cdots & 0 & 0 \\ 0 & 1 & \cdots & 0 & 0 \\ \cdots & \cdots & \cdots & \cdots & \cdots \\ 0 & 0 & \cdots & 1 & 0 \end{bmatrix}, \quad \boldsymbol{b}_c = \begin{bmatrix} 1 \\ 0 \\ \vdots \\ 0 \\ 0 \end{bmatrix},$$

$$\boldsymbol{c}_c = \begin{bmatrix} \beta_1 \\ \beta_2 \\ \vdots \\ \beta_{n-1} \\ \beta_n \end{bmatrix} \tag{4.53}$$

この表現は式 (4.49) の表現を

$$\boldsymbol{T} = \begin{bmatrix} 0 & 0 & \cdots & 0 & 1 \\ 0 & 0 & \cdots & 1 & 0 \\ \cdots & \cdots & \cdots & \cdots & \cdots \\ 1 & 0 & \cdots & 0 & 0 \end{bmatrix} \tag{4.54}$$

なる行列 $\boldsymbol{T}$ により変換することを意味する (章末の演習問題 5 の解答を参照).

4.4.2　状態方程式の可観測標準形

伝達関数が式 (4.46) で与えられるシステムは, 可観測ならば, 状態方程式としてつぎの形で表現することができる.

$$\dot{\boldsymbol{z}}(t) = \boldsymbol{A}_o \boldsymbol{z}(t) + \boldsymbol{b}_o u(t) \tag{4.55a}$$

$$y(t) = \boldsymbol{c}_o^{\mathrm{T}} \boldsymbol{z}(t) \tag{4.55b}$$

ただし,

$$\boldsymbol{A}_o = \begin{bmatrix} 0 & 0 & \cdots & 0 & -\alpha_n \\ 1 & 0 & \cdots & 0 & -\alpha_{n-1} \\ \cdots & \cdots & \cdots & \cdots & \cdots \\ 0 & 0 & \cdots & 0 & -\alpha_2 \\ 0 & 0 & \cdots & 1 & -\alpha_1 \end{bmatrix}, \quad \boldsymbol{b}_o = \begin{bmatrix} \beta_n \\ \beta_{n-1} \\ \vdots \\ \beta_2 \\ \beta_1 \end{bmatrix}, \quad \boldsymbol{c}_o = \begin{bmatrix} 0 \\ 0 \\ \vdots \\ 0 \\ 1 \end{bmatrix} \tag{4.56}$$

上の状態方程式表現は, システムの可観測性を前提としたもので, **可観測標準形** (obsevable canonical form) とよばれる. 図 4.2 にこの標準形のブロック線図を示す. 式 (4.1) のシステム表現は, 可観測性がいえれば, 下記の式 (4.57) の変換により式 (4.55) の形に変えることができる.

$$\boldsymbol{z} = \boldsymbol{T}_o \boldsymbol{x} \tag{4.57}$$

ただし,

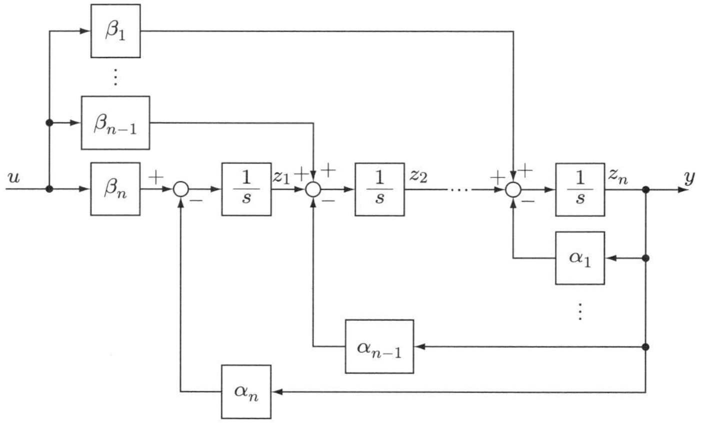

図 4.2　可観測標準形のブロック線図

$$
\boldsymbol{T}_o = \boldsymbol{L}\boldsymbol{U}_o \,;
$$

$$
\boldsymbol{U}_o = \begin{bmatrix} \boldsymbol{c}^{\mathrm{T}} \\ \boldsymbol{c}^{\mathrm{T}}\boldsymbol{A} \\ \vdots \\ \boldsymbol{c}^{\mathrm{T}}\boldsymbol{A}^{n-1} \end{bmatrix}, \quad \boldsymbol{L} = \begin{bmatrix} \alpha_{n-1} & \alpha_{n-2} & \cdots & \alpha_1 & 1 \\ \alpha_{n-2} & \alpha_{n-3} & \cdots & 1 & 0 \\ \cdots & \cdots & \cdots & \cdots & \cdots \\ 1 & 0 & \cdots & 0 & 0 \end{bmatrix} \tag{4.58}
$$

上の行列 L は，式 (4.55) のシステムの可観測行列

$$
\bar{\boldsymbol{U}}_o = [\,\boldsymbol{c}_o \;\; \boldsymbol{A}_o^{\mathrm{T}}\boldsymbol{c}_o \;\; \cdots \;\; (\boldsymbol{A}_o^{\mathrm{T}})^{n-1}\boldsymbol{c}_o\,]^{\mathrm{T}} \tag{4.59}
$$

の逆行列 $\bar{\boldsymbol{U}}_o^{-1}$ に等しい (章末の演習問題 3 の解答を参照).

例題 4.6　式 (4.55) の可観測標準形について，つぎの問に答えよ．

(a) 式 (4.56) の $\boldsymbol{A}_o$ と $\boldsymbol{c}_o$ からなる可観測行列の行列式が，係数 α_i の値のいかんにかかわらず，-1 となることを示せ．

(b) 式 (4.58) の変換行列 $\boldsymbol{T}_o$ により式 (4.1) の表現が式 (4.55) の形に変換されることを示せ．

解　(a)　簡単のため，$n=2$ の場合について示す．この場合の可観測行列は

$$
\begin{bmatrix} \boldsymbol{c}_o^{\mathrm{T}} \\ \boldsymbol{c}_o^{\mathrm{T}}\boldsymbol{A}_o \end{bmatrix} = \begin{bmatrix} 0 & 1 \\ 1 & -\alpha_1 \end{bmatrix} \qquad ①
$$

となり，この行列の行列式は -1 である．$n \geq 3$ の場合も同様である．

(b)　式 (4.1) は，$\boldsymbol{z} = \boldsymbol{T}_o\boldsymbol{x}$ により変換すると，次式で表わされる．

$$
\dot{\boldsymbol{z}}(t) = \boldsymbol{T}_o\boldsymbol{A}\boldsymbol{T}_o^{-1}\boldsymbol{z}(t) + \boldsymbol{T}_o\boldsymbol{b}u(t) \qquad ②
$$

$$
y(t) = \boldsymbol{c}^{\mathrm{T}}\boldsymbol{T}_o^{-1}\boldsymbol{z}(t) \qquad ③
$$

上式が式 (4.55) となるためには,

$$\boldsymbol{T}_o\boldsymbol{A}\boldsymbol{T}_o^{-1} = \boldsymbol{A}_o \qquad \therefore\ \boldsymbol{T}_o\boldsymbol{A} = \boldsymbol{A}_o\boldsymbol{T}_o \qquad ④$$

$$\boldsymbol{T}_o\boldsymbol{b} = \boldsymbol{b}_o \qquad \therefore\ \boldsymbol{b} = \boldsymbol{T}_o^{-1}\boldsymbol{b}_o \qquad ⑤$$

$$\boldsymbol{c}^{\mathrm{T}}\boldsymbol{T}_o^{-1} = \boldsymbol{c}_o^{T} \qquad \therefore\ \boldsymbol{c}^{\mathrm{T}} = \boldsymbol{c}_o^{\mathrm{T}}\boldsymbol{T}_o \qquad ⑥$$

が成り立てばよい．上の式④，⑥は，式 (4.58) の関係を用いると,

$$\boldsymbol{L}\boldsymbol{U}_o\boldsymbol{A} = \boldsymbol{A}_o\boldsymbol{L}\boldsymbol{U}_o \qquad ⑦$$

$$\boldsymbol{c}^{\mathrm{T}} = \boldsymbol{c}_o^{\mathrm{T}}\boldsymbol{L}\boldsymbol{U}_o \qquad ⑧$$

以下では，簡単のため，$n=2$ の場合について，上の式 ⑦，⑧ が成り立つことを示す．まず，式 ⑦ の左辺は，式 (4.58) の $\boldsymbol{U}_o$ と L を用いると,

$$\boldsymbol{L}\boldsymbol{U}_o\boldsymbol{A} = \begin{bmatrix} \alpha_1 & 1 \\ 1 & 0 \end{bmatrix}\begin{bmatrix} \boldsymbol{c}^{\mathrm{T}} \\ \boldsymbol{c}^{\mathrm{T}}\boldsymbol{A} \end{bmatrix}\boldsymbol{A} = \begin{bmatrix} \alpha_1\boldsymbol{c}^{\mathrm{T}}\boldsymbol{A} + \boldsymbol{c}^{\mathrm{T}}\boldsymbol{A}^2 \\ \boldsymbol{c}^{\mathrm{T}}\boldsymbol{A} \end{bmatrix} \qquad ⑨$$

ここで，例題 4.4 におけると同様，ケーリー・ハミルトンの定理より得られる $\boldsymbol{A}^2 + \alpha_1\boldsymbol{A} + \alpha_2\boldsymbol{I} = \boldsymbol{0}$ なる関係を用いると，上式は,

$$\boldsymbol{L}\boldsymbol{U}_o\boldsymbol{A} = \begin{bmatrix} -\alpha_2\boldsymbol{c}^{\mathrm{T}} \\ \boldsymbol{c}^{\mathrm{T}}\boldsymbol{A} \end{bmatrix} \qquad ⑩$$

また，式 ⑦ の右辺は,

$$\boldsymbol{A}_o\boldsymbol{L}\boldsymbol{U}_o = \begin{bmatrix} 0 & -\alpha_2 \\ 1 & -\alpha_1 \end{bmatrix}\begin{bmatrix} \alpha_1 & 1 \\ 1 & 0 \end{bmatrix}\begin{bmatrix} \boldsymbol{c}^{\mathrm{T}} \\ \boldsymbol{c}^{\mathrm{T}}\boldsymbol{A} \end{bmatrix} = \begin{bmatrix} -\alpha_2\boldsymbol{c}^{\mathrm{T}} \\ \boldsymbol{c}^{\mathrm{T}}\boldsymbol{A} \end{bmatrix} \qquad ⑪$$

したがって，式 ⑦ の関係が成り立つ．つぎに，式 ⑧ の右辺は,

$$\boldsymbol{c}_o^{\mathrm{T}}\boldsymbol{L}\boldsymbol{U}_o = [0 \ \ 1]\begin{bmatrix} \alpha_1 & 1 \\ 1 & 0 \end{bmatrix}\begin{bmatrix} \boldsymbol{c}^{\mathrm{T}} \\ \boldsymbol{c}^{\mathrm{T}}\boldsymbol{A} \end{bmatrix} = [1 \ \ 0]\begin{bmatrix} \boldsymbol{c}^{\mathrm{T}} \\ \boldsymbol{c}^{\mathrm{T}}\boldsymbol{A} \end{bmatrix} = \boldsymbol{c}^{\mathrm{T}}$$

したがって，式 ⑧ の関係も成り立つ．

式 (4.55) のシステムは可観測ではあるが，可制御であるとは限らない．可制御であるためには，式 (4.56) の $\boldsymbol{A}_o$ と $\boldsymbol{b}_o$ からなる可制御行列の正則性がいえなければならない．これは，式 (4.46) の伝達関数 $G(s)$ の分母と分子の多項式が共通因子をもたないことと等価である．

例題 4.7 $n=2$ の場合について，式 (4.55) のシステムが可制御ならば，式 (4.46) の $G(s)$ の分母と分子の多項式が共通因子をもたないことを示せ．

解 $n=2$ の場合，式 (4.55) のシステムの可制御条件は次式で与えられる．

$$|\,\boldsymbol{b}_o\ \boldsymbol{A}_o\boldsymbol{b}_o\,| = \begin{vmatrix} \beta_2 & -\alpha_2\beta_1 \\ \beta_1 & \beta_2 - \alpha_1\beta_1 \end{vmatrix} = \beta_2(\beta_2 - \alpha_1\beta_1) + \alpha_2\beta_1^2 \neq 0 \qquad ①$$

上式は，例題 4.5 でも述べたように，式 (4.46) の $G(s)$ の分母多項式が分子多項式で

割りきれないための条件でもある．したがって，式 (4.55) のシステムが可制御ならば，式 (4.46) の分母と分子は共通因子をもたない．

式 (4.56) の可観測標準形における $\boldsymbol{A}_o, \boldsymbol{b}_o, \boldsymbol{c}_o$ は，可制御標準形におけると同様，ベクトル $\boldsymbol{z}$ の成分 z_i の番号を逆順にすることにより，つぎのように表現することもできる．

$$\boldsymbol{A}_o = \begin{bmatrix} -\alpha_1 & 1 & 0 & \cdots & 0 \\ -\alpha_2 & 0 & 1 & \cdots & 0 \\ \cdots & \cdots & \cdots & \cdots & \cdots \\ -\alpha_{n-1} & 0 & 0 & \cdots & 1 \\ -\alpha_n & 0 & 0 & \cdots & 0 \end{bmatrix}, \quad \boldsymbol{b}_o = \begin{bmatrix} \beta_1 \\ \beta_2 \\ \vdots \\ \beta_{n-1} \\ \beta_n \end{bmatrix}, \quad \boldsymbol{c}_o = \begin{bmatrix} 1 \\ 0 \\ \vdots \\ 0 \\ 0 \end{bmatrix} \tag{4.60}$$

4.5 演習問題

1. $\boldsymbol{A}, \boldsymbol{b}, \boldsymbol{c}$ が次式で与えられるシステムの可制御性と可観測性を判別せよ．

$$\boldsymbol{A} = \begin{bmatrix} -1 & 1 & 0 \\ 1 & -2 & 1 \\ 0 & 1 & -3 \end{bmatrix}, \quad \boldsymbol{b} = \begin{bmatrix} 0 \\ 0 \\ 2 \end{bmatrix}, \quad \boldsymbol{c} = \begin{bmatrix} 1 \\ 0 \\ 0 \end{bmatrix}$$

2. 式 (4.51) の行列 $\boldsymbol{L}$ は式 (4.48) のシステムの可制御行列 $\bar{\boldsymbol{U}}_c$ の逆行列として与えられる．$n = 3$ の場合について，これを示せ．

3. 式 (4.58) の行列 $\boldsymbol{L}$ は式 (4.55) のシステムの可観測行列 $\bar{\boldsymbol{U}}_o$ の逆行列として与えられる．$n = 3$ の場合について，これを示せ．

4. 入出力伝達関数 $G(s)$ が次式で表わされるシステムがある．

$$G(s) = \frac{2s^2 + 12s + k}{s^3 + 9s^2 + 23s + 15}$$

(a) このシステムを可制御標準形で表わせ．
(b) このシステムを可観測標準形で表わせ．
(c) このシステムが可制御・可観測でなくなる k の値はいくらか．

5. 式 (4.49) の $\boldsymbol{A}_c, \boldsymbol{b}_c, \boldsymbol{c}_c$ は式 (4.54) の行列 $\boldsymbol{T}$ により式 (4.53) の形に変換される．$n = 3$ の場合について，これを示せ．

第 5 章

システムの安定性

初期値にのみ依存する自由系の応答が時間の経過と共に減衰するならば，システムは安定である．この安定性はシステム固有の性質であり，自由系の係数行列 $\boldsymbol{A}$ の固有値により定まる．面倒な固有値の計算を避けて安定性を判別する方法として，ラウスの判別法とリアプノフの判別法を説明する．前者は古典制御論でもよく知られているもので，行列 $\boldsymbol{A}$ の特性方程式の係数間の性質から安定性を判別するものである．後者は現代制御論特有のもので，状態変数に関して適当な正定関数を設定し，その時間変化から安定性を判別するものである．ここでは，線形系に焦点を絞って，リアプノフの判別法を説明する．

5.1 定係数線形システムの安定性

次式で記述される定係数線形の自由系を考える．

$$\dot{\boldsymbol{x}}(t) = \boldsymbol{A}\boldsymbol{x}(t) \ ; \ \boldsymbol{x}(0) = \boldsymbol{x}_0 \tag{5.1}$$

ここに，$\boldsymbol{x}(t)$ は n 次元の状態ベクトル，$\boldsymbol{A}$ は $n \times n$ の定数行列である．上式の解は，第 3 章の式 (3.9) より明らかなように，次式で与えられる．

$$\boldsymbol{x}(t) = e^{\boldsymbol{A}t}\boldsymbol{x}_0 \tag{5.2}$$

式 (5.1) のシステムは，上の解 $\boldsymbol{x}(t)$ が $t \to \infty$ と共に $\boldsymbol{0}$ に漸近するならば，**漸近安定**，$t \to \infty$ と共に発散するならば，**不安定**であるという．式 (5.2) より明らかなように，システムの安定，不安定は $e^{\boldsymbol{A}t} \to \boldsymbol{0}$ となるかどうかによる．これは行列 $\boldsymbol{A}$ の性質により定まる．

定理 5.1　式 (5.1) のシステムが漸近安定であるための必要十分条件は，行列 $\boldsymbol{A}$ の固有値，すなわち，特性方程式

$$|s\boldsymbol{I} - \boldsymbol{A}| = 0 \tag{5.3}$$

の根がすべて負の実数部を有することである．

証明　必要性：はじめに，漸近安定 (すなわち，$t \to \infty$ で $e^{\boldsymbol{A}t} \to \boldsymbol{0}$) となるためには，式 (5.3) の特性方程式の根の実数部がすべて負でなければならないことを示す．第3章でも述べたように，行列 $e^{\boldsymbol{A}t}$ は

$$e^{\boldsymbol{A}t} = \mathscr{L}^{-1}\left[(s\boldsymbol{I} - \boldsymbol{A})^{-1}\right] = \mathscr{L}^{-1}\left[\frac{\mathrm{adj}(s\boldsymbol{I} - \boldsymbol{A})}{|s\boldsymbol{I} - \boldsymbol{A}|}\right] \tag{5.4}$$

のように表わされる．ここに，分母の $|s\boldsymbol{I} - \boldsymbol{A}|$ は行列 $(s\boldsymbol{I} - \boldsymbol{A})$ の行列式でその次数は n，また，分子の $\mathrm{adj}(s\boldsymbol{I} - \boldsymbol{A})$ は行列 $(s\boldsymbol{I} - \boldsymbol{A})$ の余因子行列でその要素の次数はたかだか $(n-1)$ である．行列式 $|s\boldsymbol{I} - \boldsymbol{A}|$ は n 次の多項式 (**特性多項式**と呼ばれる) としてつぎのように表わされる．

$$|s\boldsymbol{I} - \boldsymbol{A}| = s^n + \alpha_1 s^{n-1} + \alpha_2 s^{n-2} + \cdots + \alpha_n \tag{5.5}$$

したがって，式 (5.4) の行列 $e^{\boldsymbol{A}t}$ の i 行 j 列の要素は，

$$(e^{\boldsymbol{A}t})_{ij} = \mathscr{L}^{-1}\left[\frac{\beta_{ij0}s^{n-1} + \beta_{ij1}s^{n-2} + \cdots + \beta_{ijn-1}}{s^n + \alpha_1 s^{n-1} + \alpha_2 s^{n-2} + \cdots + \alpha_n}\right] \tag{5.6}$$

上式右辺の [ ] 内は，特性方程式

$$s^n + \alpha_1 s^{n-1} + \alpha_2 s^{n-2} + \cdots + \alpha_n = 0 \tag{5.7}$$

の根を相異なる単根 λ_i ; $i = 1, 2, \cdots, n$ とすると，つぎのように部分分数に展開される．

$$\frac{\beta_{ij0}s^{n-1} + \beta_{ij1}s^{n-2} + \cdots + \beta_{ijn-1}}{s^n + \alpha_1 s^{n-1} + \alpha_2 s^{n-2} + \cdots + \alpha_n} = \frac{C_{ij1}}{s - \lambda_1} + \frac{C_{ij2}}{s - \lambda_2} + \cdots + \frac{C_{ijn}}{s - \lambda_n} \tag{5.8}$$

したがって，

$$\mathscr{L}^{-1}\left[\frac{1}{s - \lambda_i}\right] = e^{\lambda_i t} \ ; i = 1, 2, \cdots, n \tag{5.9}$$

であることに留意すると，式 (5.6) は，

$$\left(e^{\boldsymbol{A}t}\right)_{ij} = C_{ij1}e^{\lambda_1 t} + C_{ij2}e^{\lambda_2 t} + \cdots + C_{ijn}e^{\lambda_n t} \tag{5.10}$$

式 (5.7) の根 λ_i は一般に複素根としてつぎのように表わされる．

$$\lambda_i = \sigma_i + j\omega_i \ ; i = 1, 2, \cdots, n \tag{5.11}$$

行列 $e^{\boldsymbol{A}t}$ が $t \to \infty$ で $\boldsymbol{0}$ となるためには，$e^{\boldsymbol{A}t}$ の各要素がすべて 0 に漸近すればよい．そのためには，特性方程式の根 λ_i ; $i = 1, 2, \cdots, n$ の実数部 σ_i はすべて負でなければならない．

十分性：式 (5.3) の特性方程式の根 λ_i ; $i = 1, 2, \cdots, n$ の実数部 σ_i がすべて負ならば，式 (5.10) の右辺の各項はすべて 0 に漸近する．これは，行列 $e^{\boldsymbol{A}t}$ が $\boldsymbol{0}$ に漸近することを意味する．したがって，式 (5.1) のシステムの漸近安定性がいえる．

上では，式 (5.7) の特性方程式の根は，簡単のため，単根としたが，重根がある場合にも上と同様のことがいえる．

例題 5.1　式 (5.1) の行列 $\boldsymbol{A}$ が

$$\boldsymbol{A} = \begin{bmatrix} -2 & 1 \\ 2 & -3 \end{bmatrix}$$

として与えられるシステムの安定性を $\boldsymbol{A}$ の固有値の観点から論ぜよ．

解　まず，この場合の特性多項式 $|s\boldsymbol{I} - \boldsymbol{A}|$ は，

$$\begin{aligned} |s\boldsymbol{I} - \boldsymbol{A}| &= \begin{vmatrix} s+2 & -1 \\ -2 & s+3 \end{vmatrix} \\ &= (s+2)(s+3) - 2 = (s+1)(s+4) \end{aligned} \qquad ①$$

したがって，$(s\boldsymbol{I} - \boldsymbol{A})^{-1}$ は次式で与えられる．

$$\begin{aligned} (s\boldsymbol{I} - \boldsymbol{A})^{-1} &= \begin{bmatrix} s+2 & -1 \\ -2 & s+3 \end{bmatrix}^{-1} \\ &= \frac{1}{(s+1)(s+4)} \begin{bmatrix} s+3 & 1 \\ 2 & s+2 \end{bmatrix} \end{aligned} \qquad ②$$

これより，$e^{\boldsymbol{A}t}$ はつぎのように求められる．

$$\begin{aligned} e^{\boldsymbol{A}t} &= \mathscr{L}^{-1}[(s\boldsymbol{I} - \boldsymbol{A})^{-1}] = \mathscr{L}^{-1}\left[\begin{bmatrix} \dfrac{s+3}{(s+1)(s+4)} & \dfrac{1}{(s+1)(s+4)} \\ \dfrac{2}{(s+1)(s+4)} & \dfrac{s+2}{(s+1)(s+4)} \end{bmatrix}\right] \\ &= \mathscr{L}^{-1}\left[\begin{bmatrix} \dfrac{2/3}{s+1} + \dfrac{1/3}{s+4} & \dfrac{1/3}{s+1} - \dfrac{1/3}{s+4} \\ \dfrac{2/3}{s+1} - \dfrac{2/3}{s+4} & \dfrac{1/3}{s+1} + \dfrac{2/3}{s+4} \end{bmatrix}\right] \\ &= \begin{bmatrix} \dfrac{2}{3}e^{-t} + \dfrac{1}{3}e^{-4t} & \dfrac{1}{3}e^{-t} - \dfrac{1}{3}e^{-4t} \\ \dfrac{2}{3}e^{-t} - \dfrac{2}{3}e^{-4t} & \dfrac{1}{3}e^{-t} + \dfrac{2}{3}e^{-4t} \end{bmatrix} \end{aligned} \qquad ③$$

上の行列 $e^{\boldsymbol{A}t}$ の各要素は，特性方程式 $|s\boldsymbol{I} - \boldsymbol{A}| = 0$ の根 (すなわち，行列 $\boldsymbol{A}$ の固有値) が $-1, -4$ の負の実根なので，$t \to \infty$ と共に 0 に漸近する．したがって，このシステムは漸近安定である．

5.2 ラウスの安定判別法

式 (5.1) のシステムが漸近安定であるためには，行列 $\boldsymbol{A}$ の固有値はすべて負でなければならない．行列 $\boldsymbol{A}$ の固有値は式 (5.7) の特性方程式の根として求められるが，特性方程式が 3 次以上の場合には，その根を解析的に求めることは一般には容易ではない．特性方程式の根そのものを求めるのではなく，根の実数部が負であるかどうか (すなわち，システムが安定かどうか) ということだけならば，特性方程式の係数の値から容易に知ることができる．そのための方法としては，ラウス (Routh) の方法とフルビッツ (Hurwitz) の方法がよく知られている．これらの方法は共に，行列 $\boldsymbol{A}$ の特性方程式

$$|s\boldsymbol{I} - \boldsymbol{A}| = s^n + \alpha_1 s^{n-1} + \alpha_2 s^{n-2} + \cdots + \alpha_n = 0 \tag{5.12}$$

の根がすべて負の実数部を有するための条件を与えるもので，本質的には等価である．これらの方法についてはすでに周知のことと思われるので，以下ではラウスの方法についてのみ簡単に述べておく．

ラウスによれば，つぎの二つの条件 i)， ii) が満足されるならば，式 (5.12) の特性方程式の根の実数部はすべて負である．

i) 係数 $\alpha_1, \alpha_2, \cdots, \alpha_n$ がすべて正である．

ii) つぎのラウスの数列における第 1 列の要素 $\alpha_1, \alpha_{31}, \cdots, \alpha_{n1}$ がすべて正である．

ラウスの数列：

$$\begin{array}{c|ccccc}
s^n & 1 & \alpha_2 & \alpha_4 & \alpha_6 & \cdots \\
s^{n-1} & \alpha_1 & \alpha_3 & \alpha_5 & \alpha_7 & \cdots \\
s^{n-2} & \alpha_{31} & \alpha_{32} & \alpha_{33} & \alpha_{34} & \cdots \\
s^{n-3} & \alpha_{41} & \alpha_{42} & \alpha_{43} & \alpha_{44} & \cdots \\
\cdot & \cdot & \cdot & \cdot & \cdot & \cdots \\
\cdot & \cdot & \cdot & \cdot & \cdot & \cdots
\end{array} \tag{5.13}$$

ただし，

$$\begin{aligned}
&\alpha_{31} = \frac{\alpha_1\alpha_3 - \alpha_3}{\alpha_1}, \qquad \alpha_{32} = \frac{\alpha_1\alpha_4 - \alpha_5}{\alpha_1}, \qquad \cdots \\
&\alpha_{41} = \frac{\alpha_{31}\alpha_3 - \alpha_1\alpha_{32}}{\alpha_{31}}, \quad \alpha_{42} = \frac{\alpha_{31}\alpha_5 - \alpha_1\alpha_{33}}{\alpha_{31}}, \quad \cdots \\
&\cdots\cdots\cdots\cdots
\end{aligned} \tag{5.14}$$

例題 5.2　図 5.1 の (a) に示す閉ループ制御系が安定に動作するためのゲイン K の範囲をラウスの方法により求めよ．

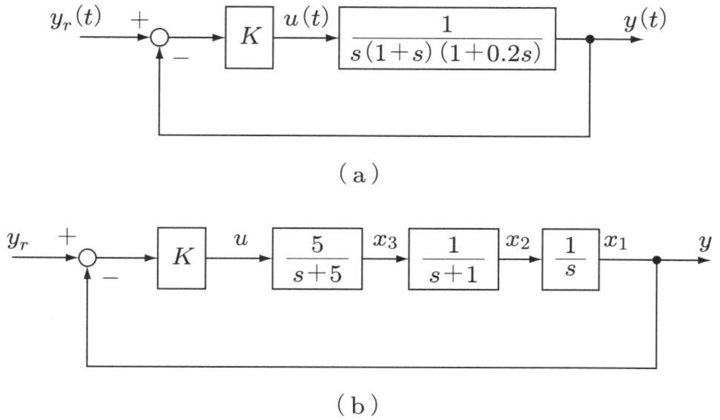

図 5.1　閉ループの制御系

解　状態変数を図 5.1 の (b) に示すように選ぶと，この閉ループ制御系は次式で記述される．

$$\begin{bmatrix} \dot{x}_1(t) \\ \dot{x}_2(t) \\ \dot{x}_3(t) \end{bmatrix} = \begin{bmatrix} 0 & 1 & 0 \\ 0 & -1 & 1 \\ -5K & 0 & -5 \end{bmatrix} \begin{bmatrix} x_1(t) \\ x_2(t) \\ x_3(t) \end{bmatrix} + \begin{bmatrix} 0 \\ 0 \\ 5K \end{bmatrix} y_r(t) \qquad ①$$

したがって，この系の係数行列 $\boldsymbol{A}$ の特性方程式は次式で与えられる．

$$|s\boldsymbol{I} - \boldsymbol{A}| = \begin{vmatrix} s & -1 & 0 \\ 0 & s+1 & -1 \\ 5K & 0 & s+5 \end{vmatrix}$$

$$= s(s+1)(s+5) + 5K = s^3 + 6s^2 + 5s + 5K = 0 \qquad ②$$

したがって，安定条件は，まず条件 i) より，$K > 0$ でなければならない．つぎに，条件 ii) を調べる．この場合のラウスの数列はつぎのようになる．

$$\begin{array}{c|cc} s^3 & 1 & 5 \\ s^2 & 6 & 5K \\ s^1 & \dfrac{30-5K}{6} & 0 \\ s^0 & 5K & 0 \end{array} \qquad ③$$

第 1 列がすべて正であるためには，$30 - 5K > 0$，$5K > 0$ でなければならない．

かくして，この制御系が安定に動作するためには，ゲイン K の値は

$$0 < K < 6 \qquad ④$$

の範囲でなければならない．

5.3 リアプノフの安定理論

リアプノフの安定理論は1899年にリアプノフ (Liapunov) により提唱されたもので，線形のシステムのみならず非線形のシステムにも広く適用できるものである[17)]. この安定理論の主体をなすものはリアプノフの安定定理であるが，これを説明するに当たってはまず安定の定義が必要である.

5.3.1 安定の定義

次式で記述されるような非線形システムを考える.

$$\dot{\boldsymbol{x}}(t) = \boldsymbol{f}(\boldsymbol{x}(t), t)\ ;\ \boldsymbol{x}(t_0) = \boldsymbol{x}_0 \tag{5.15}$$

ここに，$\boldsymbol{f}$ は状態 $\boldsymbol{x}$ と同じ n 次元の関数ベクトル ($\boldsymbol{x}$ と t に依存) で，時間 t に関して区分的に連続であるとする.

ある領域内のすべての状態ベクトル $\boldsymbol{x}_1, \boldsymbol{x}_2$ に対して，

$$\|\boldsymbol{f}(\boldsymbol{x}_2, t) - \boldsymbol{f}(\boldsymbol{x}_1, t)\| \leq K\|\boldsymbol{x}_2 - \boldsymbol{x}_1\| \tag{5.16}$$

となるような定数 K が存在するならば，関数 $\boldsymbol{f}$ はリプシッツ (Lipschitz) であるという (ここに，$\|\cdot\|$ はベクトルのノルムを意味する). 上の不等式は**リプシッツ条件**と呼ばれる. 関数 $\boldsymbol{f}$ がリプシッツ条件を満足するならば，式 (5.15) の解は一意に存在することが知られている.

式 (5.15) のシステムにおいて，すべての t に対して $\boldsymbol{f}(\boldsymbol{x}_e, t) = 0$ を満足する点 (状態) $\boldsymbol{x}_e$ は**平衡点** (**平衡状態**, equilibrium) と呼ばれる. このような平衡点は一般には複数個存在しうる. 一つの平衡点 $\boldsymbol{x}_e$ に注目した場合，適当な座標移動により状態空間の原点 $\boldsymbol{x} = \boldsymbol{0}$ を平衡点の位置に移動して考えることができる. 以下では，平衡点は原点にあるものとして，その安定性について考える.

平衡点の安定性は，平衡点からのずれに伴なう式 (5.15) の解の挙動として論じられる. 平衡点の安定性に関しては，以下に示すような種々の定義が設けられている.

定義 5.1　安定　式 (5.15) の平衡点は，つぎの場合に**安定** (stable) であるという.

任意の $\varepsilon > 0$, t_0 に対して $\delta(\varepsilon, t_0) > 0$ が存在し，$\|\boldsymbol{x}_0\| \leq \delta$ なる任意の初期値 x_0 から出発した解 $\boldsymbol{x}(t\ ;\ \boldsymbol{x}_0, t_0)$ なるすべての t に対して

$$\|\boldsymbol{x}(t\ ;\ \boldsymbol{x}_0, t_0)\| \leq \varepsilon \tag{5.17}$$

となるような δ を ε, t_0 の関数として指定できる.

図5.2はこの安定の概念を図示したものである. この定義では，δ はいくら小さくても存在すればよいのであって，δ の大きさについてはなんら言及していない.

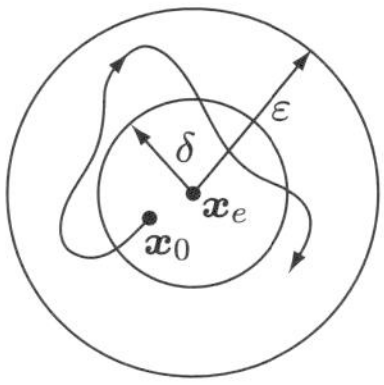

図 5.2 安 定

すなわち，上の安定の概念は平衡点の近傍に限られた**局所的** (local) な概念である．この種の安定は**リアプノフの意味における安定** (stable in the sense of Liapunov) とも呼ばれる．上の定義では，δ は ε, t_0 に依存するとしていたが，t_0 には依存しない場合には，平衡点は**一様に安定** (uniformly stable) であるという．

定義 5.2 漸近安定　式 (5.15) の平衡点は，つぎの場合に**漸近安定** (asymptotically stable) であるという．

(i) 平衡点は安定である．

(ii) 平衡点の近傍から出発した解が $t \to \infty$ と共に平衡点に収束する．すなわち，任意の t_0 において $\|\boldsymbol{x}_0\| \le r(t_0)$ なる任意の x_0 より出発した解 $\boldsymbol{x}(t\,;\,\boldsymbol{x}_0, t_0)$ が，$t \ge t_0 + T$ なるすべての t に対して

$$\|\boldsymbol{x}(t\,;\,\boldsymbol{x}_0, t_0)\| \le \mu \tag{5.18}$$

となるような $r(t_0)$ が存在すると共に，そのような $T\ (= T(\mu, \boldsymbol{x}_0, t_0))$ が任意の μ に対して指定できる．

図 5.3 にこの漸近安定の概念を示す．この場合にも平衡点への収束が可能な初期値 $\boldsymbol{x}_0$ の存在範囲についてはなんら言及していない．すなわち，この漸近安定の概念も局所的なものである．上の定義において，δ, r, T が $\boldsymbol{x}_0, t_0$ に関して一様に定まる (すなわち，$\delta = \delta(\varepsilon), T = T(\mu, r)$) 場合には，平衡点は**一様に漸近安定** (uniformly asymptotically stable) であるという．

上の漸近安定の概念は局所的なものであったが，つぎに示す漸近安定の概念は，平

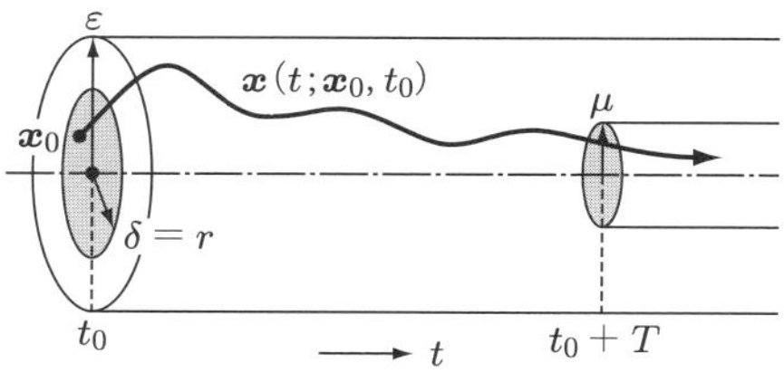

図 5.3 漸近安定

衡点への収束を保証する $\boldsymbol{x}_0$ の存在範囲が状態空間の全領域に及ぶ大域的 (global) な概念である.

定義 5.3　大域的漸近安定　式 (5.15) の平衡点は, つぎの場合に**大域的に漸近安定** (globally asymptotically stable) であるという.

(i) 平衡点は安定である.

(ii) 解 $\boldsymbol{x}(t\,;\boldsymbol{x}_0,t_0)$ は一様に有界である (すなわち, $\|\boldsymbol{x}_0\| \le r$ なるすべての初期値 $\boldsymbol{x}_0$ に対して $\|\boldsymbol{x}(t\,;\boldsymbol{x}_0,t_0)\| \le b(r)$ であるような定数 $b(r)$ が存在する).

(iii) $\|\boldsymbol{x}_0\| \le r$ なる初期値 $\boldsymbol{x}_0$ より出発した解 $\boldsymbol{x}(t\,;\boldsymbol{x}_0,t_0)$ が $\boldsymbol{x}_0, t_0$ に関して一様に $t \to \infty$ と共に平衡点に収束する.

以上種々の安定の定義についてのべたが, 定係数の線形システムに対しては, 安定性は初期条件 $\boldsymbol{x}_0, t_0$ に依存しないので, 局所的な安定と大域的な安定を区別する必要はない.

5.3.2　リアプノフの安定定理

一般に安定な物理系では, システムのもつエネルギーは時間の経過と共に増加することはない. 漸近安定な物理系では, エネルギーは時間の経過と共に減少し, 最終的にはシステムの平衡状態に到って最小となる. リアプノフの安定理論はこの概念を一般化したもので, 物理系のエネルギーに相当する適当な正のスカラー関数を用いて平衡点の安定性を論じようとするものである. 以下では, 式 (5.15) のシステムを対象として, リアプノフの安定定理を説明する.

定理 5.2　$\boldsymbol{x}, t$ に関して連続な1次偏微係数を有するスカラー関数 $V(\boldsymbol{x},t)$ が存在するものとする. このとき, $V(\boldsymbol{x},t)$ が以下に示す条件をすべて満足するならば, 式 (5.15) のシステムの平衡点 $\boldsymbol{x} = \boldsymbol{0}$ は大域的に一様漸近安定である.

(i) $V(\boldsymbol{0},t) = 0$ で, すべての $\boldsymbol{x} \ne \boldsymbol{0}, t$ に対して

$$V(\boldsymbol{x},t) \ge \alpha(\|\boldsymbol{x}\|) > 0 \tag{5.19}$$

を満足するような $\alpha(0) = 0$ なる連続な非減少関数 $\alpha(\|\boldsymbol{x}\|)$ が存在する.

(ii) 式 (5.15) の解軌道に沿っての $V(\boldsymbol{x},t)$ の時間微分

$$\dot{V}(\boldsymbol{x},t) = \frac{\partial V}{\partial t} + \frac{\partial V}{\partial \boldsymbol{x}}\boldsymbol{f}(\boldsymbol{x},t)\,; \quad \frac{\partial V}{\partial \boldsymbol{x}} = \left[\frac{\partial V}{\partial x_1}\frac{\partial V}{\partial x_2}\cdots\frac{\partial V}{\partial x_n}\right] \tag{5.20}$$

が, すべての $\boldsymbol{x} \ne \boldsymbol{0}, t$ に対して

$$\dot{V}(\boldsymbol{x},t) \le -\gamma(\|\boldsymbol{x}\|) < 0 \tag{5.21}$$

を満足するような $\gamma(0) = 0$ なる連続な関数 $\gamma(\|\boldsymbol{x}\|)$ が存在する.

(iii) すべての $\boldsymbol{x} \neq \mathbf{0}, t$ に対して

$$V(\boldsymbol{x}, t) \leq \beta(\|\boldsymbol{x}\|) \tag{5.22}$$

を満足するような $\beta(0) = 0$ なる連続な非減少関数 $\beta(\|\boldsymbol{x}\|)$ が存在する．

(iv) $\|\boldsymbol{x}\| \to \infty$ のとき，$\alpha(\|\boldsymbol{x}\|) \to \infty$ となる．

系 5.1　上の条件 (ii) はつぎの条件で置き換えることができる．

(ii–1) すべての $\boldsymbol{x} \neq \mathbf{0}, t$ に対して

$$\dot{V}(\boldsymbol{x}, t) \leq 0 \tag{5.23}$$

(ii–2) 任意の $\boldsymbol{x}_0 \neq \mathbf{0}, t_0$ から出発した解 $\boldsymbol{x}(t\,;\boldsymbol{x}_0, t_0)$ に対し，$t \geq t_0$ なる t において恒等的には $\dot{V}(\boldsymbol{x}(t\,;\boldsymbol{x}_0, t_0), t) = 0$ とならない．

上の定理は大域的漸近安定という極めて強い意味での安定性に関するものであるが，$V(\boldsymbol{x}, t)$ に課せられる条件を緩めれば，以下に示すようなより弱い意味での安定性に関する系が得られる．

系 5.2　式 (5.15) のシステムの平衡点 $\boldsymbol{x} = \mathbf{0}$ は，

(a) 条件 (i)，(ii)，(iii) が満足されるならば，一様漸近安定である．

(b) 条件 (i)，(ii-1)，(iii) が満足されるならば，一様安定である．

(c) 条件 (i)，(ii-1) が満足されるならば，一様安定である．

上の定理に現われた $V > 0$ で $\dot{V} < 0$ (または，$\dot{V} \leq 0$) なるスカラー関数 $V(\boldsymbol{x}, t)$ は**リアプノフ関数** (Liapunov function) と呼ばれる．リアプノフの安定定理は，与えられたシステムに対して適当なリアプノフ関数が存在するならば，その性質に応じてそれぞれの意味における平衡点の安定性がいえることを示すものである．上の定理は安定のための十分条件を与えるものであって，適当なリアプノフ関数が見つからないからといって，システムが不安定であると結論することはできない．上の定理の妥当性はリアプノフ関数が時間 t の非増加関数であることから直感的に理解できると思われる (上の安定定理の厳密な証明に関しては文献 18 を参照されたい)．

5.4　線形系に対するリアプノフの安定定理

上述のリアプノフの安定定理は，当然のことながら，線形系に対しても適用できる．線形系に対しては，リアプノフの安定定理は安定 (大域的) のための必要十分条件を与える．

式 (5.1) で表わされる定係数線形自由系の解 $\boldsymbol{x}(t)$ は式 (5.2)(すなわち，$\boldsymbol{x}(t) = e^{\boldsymbol{A}t}\boldsymbol{x}_0$) として与えられる．この解の平衡点 $\boldsymbol{x} = \boldsymbol{0}$ への漸近安定性は $e^{\boldsymbol{A}t} \to \boldsymbol{0}$ を意味する．式 (5.1) の線形システムの漸近安定性に関しては，つぎの定理が成り立つ．

定理 5.3　式 (5.1) の線形システムの平衡点 $\boldsymbol{x} = \boldsymbol{0}$ が漸近安定となるための必要十分条件は，任意の正定行列 $\boldsymbol{Q} = \boldsymbol{Q}^{\mathrm{T}} > 0$ に対して

$$\boldsymbol{A}^{\mathrm{T}}\boldsymbol{P} + \boldsymbol{P}\boldsymbol{A} = -\boldsymbol{Q} \tag{5.24}$$

を満足するような正定行列 $\boldsymbol{P} = \boldsymbol{P}^{\mathrm{T}} > 0$ が存在することである．

証明　十分性：まず，式 (5.24) を満足するような正定行列 $\boldsymbol{P}$ が存在するならば，式 (5.1) のシステムが漸近安定となることを示す．リアプノフ関数の候補として，

$$V(\boldsymbol{x}(t)) = \boldsymbol{x}^{\mathrm{T}}(t)\boldsymbol{P}\boldsymbol{x}(t) \tag{5.25}$$

を考える．上式の時間微分 $\dot{V}(\boldsymbol{x}(t))$ は，式 (5.1),(5.24) を用いると，

$$\begin{aligned}\dot{V}(\boldsymbol{x}(t)) &= \dot{\boldsymbol{x}}^{\mathrm{T}}(t)\boldsymbol{P}\boldsymbol{x}(t) + \boldsymbol{x}^{\mathrm{T}}(t)\boldsymbol{P}\dot{\boldsymbol{x}}(t)\\ &= \boldsymbol{x}^{\mathrm{T}}(t)(\boldsymbol{A}^{\mathrm{T}}\boldsymbol{P} + \boldsymbol{P}\boldsymbol{A})\boldsymbol{x}(t) = -\boldsymbol{x}^{\mathrm{T}}(t)\boldsymbol{Q}\boldsymbol{x}(t)\end{aligned} \tag{5.26}$$

上式は，$\boldsymbol{Q}$ が正定という仮定により，$\boldsymbol{x} \neq \boldsymbol{0}$ に対してはつねに負である．したがって，定理 5.2 により，平衡点 $\boldsymbol{x} = \boldsymbol{0}$ は漸近安定となる．

必要性：つぎに，平衡点 $\boldsymbol{x} = \boldsymbol{0}$ は漸近安定ならば，式 (5.24) を満足するような正定行列 $\boldsymbol{P}$ が存在することを示す．平衡点 $\boldsymbol{x} = \boldsymbol{0}$ が漸近安定ということは，$t \to \infty$ で $e^{\boldsymbol{A}t} \to \boldsymbol{0}$ となることを意味する．このとき，定数行列 $\boldsymbol{P}$ を

$$\boldsymbol{P} = \int_0^\infty (e^{\boldsymbol{A}t})^{\mathrm{T}}\boldsymbol{Q}e^{\boldsymbol{A}t}\,dt \tag{5.27}$$

により定義すれば，この $\boldsymbol{P}$ は，$e^{\boldsymbol{A}t}$ の正則性を考えると，行列 $\boldsymbol{Q}$ の正定性により正定である．また，この $\boldsymbol{P}$ が式 (5.24) を満足することは，式 (5.27) を式 (5.24) の左辺に代入して得られるつぎの関係より明らかである．

$$\begin{aligned}\boldsymbol{A}^{\mathrm{T}}\boldsymbol{P} + \boldsymbol{P}\boldsymbol{A} &= \int_0^\infty \left\{\boldsymbol{A}^{\mathrm{T}}(e^{\boldsymbol{A}t})^{\mathrm{T}}\boldsymbol{Q}e^{\boldsymbol{A}t} + (e^{\boldsymbol{A}t})^{\mathrm{T}}\boldsymbol{Q}(e^{\boldsymbol{A}t})\boldsymbol{A}\right\}dt\\ &= \int_0^\infty \frac{d}{dt}\left\{(e^{\boldsymbol{A}t})^{\mathrm{T}}\boldsymbol{Q}e^{\boldsymbol{A}t}\right\}dt = (e^{\boldsymbol{A}t})^{\mathrm{T}}\boldsymbol{Q}e^{\boldsymbol{A}t}\Big|_0^\infty = -\boldsymbol{Q}\end{aligned} \tag{5.28}$$

ここに，$\boldsymbol{A}e^{\boldsymbol{A}t} = e^{\boldsymbol{A}t}\boldsymbol{A}$ なる関係に注意されたい．

式 (5.24) の関係は**リアプノフの行列方程式**とよばれる．この方程式は，両辺の要素ごと相等しいとおけば，$n(n+1)/2$ 個の線形代数方程式を意味し，これから与えられた行列 $\boldsymbol{Q}(q_{ij} = q_{ji})$ に対して行列 $\boldsymbol{P}$ の要素 p_{ij} $(= p_{ji})$ を一意に求めることができる．このようにして求められた行列 $\boldsymbol{P}$ の正定性はシルベスターの判別法 (1.5 節参照) を用いて確かめることができる．行列方程式を満足する $\boldsymbol{P}$ を求めるに当たっては，通常，$\boldsymbol{Q}$ は単位行列 $\boldsymbol{I}$ に選ばれる．

例題 5.3　式 (5.1) における行列 $\boldsymbol{A}$ が

$$\boldsymbol{A}=\begin{bmatrix}-2 & 1\\ 2 & -3\end{bmatrix}$$

として与えられる線形システムの安定性を，$\boldsymbol{Q}=\boldsymbol{I}$ として，式 (5.24) により判別せよ．

解　正定行列 $\boldsymbol{Q}$ を単位行列 $\boldsymbol{I}$ とすると，この場合の式 (5.24) の行列方程式は次式で与えられる．

$$\begin{bmatrix}-2 & 2\\ 1 & -3\end{bmatrix}\begin{bmatrix}p_{11} & p_{12}\\ p_{12} & p_{22}\end{bmatrix}+\begin{bmatrix}p_{11} & p_{12}\\ p_{12} & p_{22}\end{bmatrix}\begin{bmatrix}-2 & 1\\ 2 & -3\end{bmatrix}=-\begin{bmatrix}1 & 0\\ 0 & 1\end{bmatrix} \quad ①$$

これより，つぎの連立方程式が得られる．

$$\begin{bmatrix}2 & -2 & 0\\ 1 & -5 & 2\\ 0 & -1 & 3\end{bmatrix}\begin{bmatrix}p_{11}\\ p_{12}\\ p_{22}\end{bmatrix}=\begin{bmatrix}1/2\\ 0\\ 1/2\end{bmatrix} \quad ②$$

上式を解くと，解 p_{11},p_{12},p_{22} は，

$$p_{11}=\frac{17}{40},\quad p_{12}=\frac{7}{40},\quad p_{22}=\frac{9}{40} \quad ③$$

これより，

$$p_{11}>0,\quad p_{11}p_{22}-(p_{12})^2=\frac{13}{200}>0 \quad ④$$

となるので，シルベスターの判別法により，行列 $\boldsymbol{P}$ の正定性がいえる．したがって，このシステムは漸近安定である．

例題 5.4　図 5.1 の (a) に示した閉ループ制御系が安定に動作するためのゲイン K の値を式 (5.24) により求めよ．

解　図 5.1 の閉ループ制御系では，例題 5.2 で示したように，行列 A は次式で与えられる．

$$\boldsymbol{A}=\begin{bmatrix}0 & 1 & 0\\ 0 & -1 & 1\\ -5K & 0 & -5\end{bmatrix} \quad ①$$

したがって，この場合には $\boldsymbol{P}$ は 3×3 の行列となる．$\boldsymbol{Q}$ を単位行列 ($\boldsymbol{Q}=\boldsymbol{I}$) とすると，式 (5.24) の行列方程式は，

$$\begin{bmatrix}0 & 0 & -5K\\ 1 & -1 & 0\\ 0 & 1 & -5\end{bmatrix}\begin{bmatrix}p_{11} & p_{12} & p_{13}\\ p_{12} & p_{22} & p_{23}\\ p_{13} & p_{23} & p_{33}\end{bmatrix}$$

$$+\begin{bmatrix} p_{11} & p_{12} & p_{13} \\ p_{12} & p_{22} & p_{23} \\ p_{13} & p_{23} & p_{33} \end{bmatrix}\begin{bmatrix} 0 & 1 & 0 \\ 0 & -1 & 1 \\ -5K & 0 & -5 \end{bmatrix} = -\begin{bmatrix} 1 & 0 & 0 \\ 0 & 1 & 0 \\ 0 & 0 & 1 \end{bmatrix} \qquad ②$$

これよりつぎの連立1次方程式が得られる．

$$\begin{bmatrix} 0 & 0 & 5K & 0 & 0 & 0 \\ 1 & -1 & 0 & 0 & -5K & 0 \\ 0 & 1 & -5 & 0 & 0 & -5K \\ 0 & -1 & 0 & 1 & 0 & 0 \\ 0 & 0 & 1 & 1 & -6 & 0 \\ 0 & 0 & 0 & 0 & -1 & 5 \end{bmatrix}\begin{bmatrix} p_{11} \\ p_{12} \\ p_{13} \\ p_{22} \\ p_{23} \\ p_{33} \end{bmatrix} = \begin{bmatrix} 1/2 \\ 0 \\ 0 \\ 1/2 \\ 0 \\ 1/2 \end{bmatrix} \qquad ③$$

上式より，$\boldsymbol{P}$ の要素 p_{ij} はつぎのように求められる．

$$\begin{aligned} &p_{11} = \frac{25K^3 + 60K^2 + 31K + 30}{10K(6-K)}, \quad && p_{12} = \frac{35K^2 + K + 30}{10K(6-K)} \\ &p_{13} = \frac{1}{10K}\left(= \frac{6-K}{10K(6-K)}\right), && p_{22} = \frac{30K^2 + 31K + 30}{10K(6-K)} \\ &p_{23} = \frac{5K^2 + 5K + 6}{10K(6-K)}, && p_{33} = \frac{7K + 1.2}{10K(6-K)} \end{aligned} \qquad ④$$

シルベスターの判別法によれば，行列 $\boldsymbol{P}$ が正定であるためには，

$$\begin{aligned} p_{11} &= \frac{25K^3 + 60K^2 + 31K + 30}{10K(6-K)} > 0 \\ p_{11}p_{22} - p_{12}^2 &= \frac{750K^4 + 1950K^3 + 3490K^2 + 2160K + 1800}{100K(6-K)^2} > 0 \\ |\boldsymbol{P}| &= \frac{\begin{matrix} -625K^6 + 2500K^5 + 8400K^4 + 19080K^3 \\ + 13752K^2 + 13032K + 2160 \end{matrix}}{1000K^2(6-K)^3} > 0 \end{aligned} \qquad ⑤$$

が成り立たなければならない．そのためには，ゲイン K の値が

$$0 < K < 6 \qquad ⑥$$

の範囲にあればよい．この条件は，当然のことながら，例題5.2で求めた結果と同じである．

ノート　上の例題からもわかるように，次数が大きい場合には (次数が3の場合でさえも)，式 (5.24) のリアプノフの行列方程式から安定条件を求めることは，前述のラウスの方法に比べ，かなり面倒である．リアプノフの行列方程式は，安定判別のためよりはむしろ，理論展開の中で安定性を保証するための条件として使われることが多い．

定理5.3では $\boldsymbol{Q}$ は正定行列としたが，ベクトル $\boldsymbol{c}$ が可観測条件を満足する場合には，$\boldsymbol{Q}$ を $\boldsymbol{c}\boldsymbol{c}^{\mathrm{T}}$ のような準正定行列とすることができる．

定理 5.4　与えられた行列 $\boldsymbol{A}$ に対して，対 $(\boldsymbol{A}, \boldsymbol{c})$ が可観測となるように bc を選ぶならば，式 (5.1) のシステムの平衡点 $\boldsymbol{x} = \boldsymbol{0}$ が漸近安定となるための必要十分条件は，

$$\boldsymbol{A}^{\mathrm{T}}\boldsymbol{P} + \boldsymbol{P}\boldsymbol{A} = -\boldsymbol{c}\boldsymbol{c}^{\mathrm{T}} \tag{5.29}$$

を満足する行列 $\boldsymbol{P}$ が正定となることである．

証明　十分性：まず，式 (5.29) を満足する行列 $\boldsymbol{P}$ が正定ならば，式 (5.1) のシステムが漸近安定となることを示す．前の定理の証明におけると同様，リアプノフ関数の候補として，

$$V(\boldsymbol{x}(t)) = \boldsymbol{x}^{\mathrm{T}}(t)\boldsymbol{P}\boldsymbol{x}(t) \tag{5.30}$$

を考える．上式の時間微分 $\dot{V}(\boldsymbol{x}(t))$ は，式 (5.1),(5.29) を用いると，

$$\begin{aligned}\dot{V}(\boldsymbol{x}(t)) &= \dot{\boldsymbol{x}}^{\mathrm{T}}(t)\boldsymbol{P}\boldsymbol{x}(t) + \boldsymbol{x}^{\mathrm{T}}(t)\boldsymbol{P}\dot{\boldsymbol{x}}(t) \\ &= \boldsymbol{x}^{\mathrm{T}}(t)(\boldsymbol{A}^{\mathrm{T}}\boldsymbol{P} + \boldsymbol{P}\boldsymbol{A})\boldsymbol{x}(t) = -\boldsymbol{x}^{\mathrm{T}}(t)\boldsymbol{c}\boldsymbol{c}^{\mathrm{T}}\boldsymbol{x}(t)\end{aligned} \tag{5.31}$$

上の $\dot{V}(\boldsymbol{x}(t))$ は $\dot{V}(\boldsymbol{x}(t)) \leq 0$ であるが，$\boldsymbol{c}\boldsymbol{c}^{\mathrm{T}}$ が準正定行列なので，$\boldsymbol{x}(t) = \boldsymbol{0}$ 以外の $\boldsymbol{x}(t)$ に対しても $\dot{V}(\boldsymbol{x}(t)) = 0$ となりうる．しかし，この $\dot{V}(\boldsymbol{x}(t))$ は，対 $(\boldsymbol{A}, \boldsymbol{c})$ が可観測の場合には，$\boldsymbol{x}(t) = \boldsymbol{0}$ 以外の $\boldsymbol{x}(t)$ に対して恒等的に $\dot{V}(\boldsymbol{x}(t)) = 0$ になるということはない．これは背理法によりつぎのように示される．

初期値 $\boldsymbol{x}_0(\neq \boldsymbol{0})$ に対する式 (5.1) の解 $\boldsymbol{x}(t)$ $(= e^{\boldsymbol{A}t}\boldsymbol{x}_0)$ が $\boldsymbol{x}^{\mathrm{T}}(t)\boldsymbol{c}\boldsymbol{c}^{\mathrm{T}}\boldsymbol{x}(t) = 0$ を恒等的に満足するものと仮定する．これはつぎの関係を意味する．

$$\boldsymbol{c}^{\mathrm{T}}\boldsymbol{x}(t) = \boldsymbol{c}^{\mathrm{T}}e^{\boldsymbol{A}t}\boldsymbol{x}_0 = 0 \tag{5.32}$$

上式を $(n-1)$ まで微分すると，

$$\boldsymbol{c}^{\mathrm{T}}\boldsymbol{A}^{i}e^{\boldsymbol{A}t}\boldsymbol{x}_0 = 0\ ;\ i = 1, 2, \cdots, n-1 \tag{5.33}$$

式 (5.32)，(5.33) をまとめると，次式が得られる．

$$\boldsymbol{U}_o e^{\boldsymbol{A}t}\boldsymbol{x}_0 = \boldsymbol{0}\ ;\ \boldsymbol{U}_o = \begin{bmatrix} \boldsymbol{c}^{\mathrm{T}} \\ \boldsymbol{c}^{\mathrm{T}}\boldsymbol{A} \\ \vdots \\ \boldsymbol{c}^{\mathrm{T}}\boldsymbol{A}^{n-1} \end{bmatrix} \tag{5.34}$$

対 $(\boldsymbol{A}, \boldsymbol{c})$ は可観測なので，上の行列 $\boldsymbol{U}_o$ は正則，また，$e^{\boldsymbol{A}t}$ も正則である．したがって，式 (5.34) は $\boldsymbol{x}_0 = \boldsymbol{0}$ に対してのみ満足される．$\boldsymbol{x}_0 = \boldsymbol{0}$ は $\boldsymbol{x}(t) = \boldsymbol{0}$ を意味する．これは上の仮定に矛盾する．すなわち，$\dot{V}(\boldsymbol{x}(t)) = 0$ が $\boldsymbol{x}(t) = \boldsymbol{0}$ 以外の $\boldsymbol{x}(t)$ に対して恒等的に成り立つということはない．したがって，$V(\boldsymbol{x}(t))$ は定理 5.2 の系の条件 (ⅱ-1) を満足し，平衡点 $\boldsymbol{x} = \boldsymbol{0}$ の漸近安定性がいえる．

必要性：つぎに，平衡点 $\boldsymbol{x} = \boldsymbol{0}$ が漸近安定ならば，式 (5.29) を満足するような正定行列 $\boldsymbol{P}$ が存在することを示す．第 4 章の定理 4.2 の証明で示したように，対 $(\boldsymbol{A}, \boldsymbol{c})$ が可観測の場合には，次式で定義される行列

$$\boldsymbol{W}_o(0, t_f) = \int_0^{t_f} (e^{\boldsymbol{A}t})^{\mathrm{T}}\boldsymbol{c}\boldsymbol{c}^{\mathrm{T}}e^{\boldsymbol{A}t}\,dt \tag{5.35}$$

は正定である．この結果と平衡点の漸近安定性 ($e^{\boldsymbol{A}t} \to \boldsymbol{0}$; $t \to \infty$) より，

$$\boldsymbol{P} \equiv \boldsymbol{W}_o(0, \infty) = \int_0^\infty (e^{\boldsymbol{A}t})^{\mathrm{T}} \boldsymbol{c}\boldsymbol{c}^{\mathrm{T}} e^{\boldsymbol{A}t}\, dt \tag{5.36}$$

として定義される行列 $\boldsymbol{P}$ の正定性がいえる．これより，定理 5.3 におけると同様にして，

$$\begin{aligned}\boldsymbol{A}^{\mathrm{T}}\boldsymbol{P} + \boldsymbol{P}\boldsymbol{A} &= \int_0^\infty \left\{\boldsymbol{A}^{\mathrm{T}}(e^{\boldsymbol{A}t})^{\mathrm{T}}\boldsymbol{c}\boldsymbol{c}^{\mathrm{T}}e^{\boldsymbol{A}t} + (e^{\boldsymbol{A}t})^{\mathrm{T}}\boldsymbol{c}\boldsymbol{c}^{\mathrm{T}}(e^{\boldsymbol{A}t})\boldsymbol{A}\right\} dt \\ &= \int_0^\infty \frac{d}{dt}\left\{(e^{\boldsymbol{A}t})^{\mathrm{T}}\boldsymbol{c}\boldsymbol{c}^{\mathrm{T}}(e^{\boldsymbol{A}t})\right\} dt = (e^{\boldsymbol{A}t})^{\mathrm{T}}\boldsymbol{c}\boldsymbol{c}^{\mathrm{T}}(e^{\boldsymbol{A}t})\Big|_0^\infty \\ &= -\boldsymbol{c}\boldsymbol{c}^{\mathrm{T}}\end{aligned} \tag{5.37}$$

なる関係が導かれ，式 (5.29) が成り立つことがわかる．

例題 5.5　例題 5.3 の行列 $\boldsymbol{A}$ に対して，$\boldsymbol{c} = [0 \quad 1]^{\mathrm{T}}$ として，式 (5.29) により安定性を判別せよ．

解　ベクトル $\boldsymbol{c}$ を $\boldsymbol{c}^{\mathrm{T}} = [0 \quad 1]$ のように選ぶと，第 4 章の例題 4.2 で示したように，対 $(\boldsymbol{A}, \boldsymbol{c})$ は可観測である．したがって，式 (5.29) により安定性を判別することができる．この場合には

$$\boldsymbol{c}\boldsymbol{c}^{\mathrm{T}} = \begin{bmatrix} 0 & 0 \\ 0 & 1 \end{bmatrix} \tag{①}$$

となるので，式 (5.29) は次式となる．

$$\begin{bmatrix} -2 & 2 \\ 1 & -3 \end{bmatrix}\begin{bmatrix} p_{11} & p_{12} \\ p_{12} & p_{22} \end{bmatrix} + \begin{bmatrix} p_{11} & p_{12} \\ p_{12} & p_{22} \end{bmatrix}\begin{bmatrix} -2 & 1 \\ 2 & -3 \end{bmatrix} = -\begin{bmatrix} 0 & 0 \\ 0 & 1 \end{bmatrix} \tag{②}$$

これより，つぎの連立方程式が得られる．

$$\begin{bmatrix} 1 & -1 & 0 \\ 1 & -5 & 2 \\ 0 & -1 & 3 \end{bmatrix}\begin{bmatrix} p_{11} \\ p_{12} \\ p_{22} \end{bmatrix} = \begin{bmatrix} 0 \\ 0 \\ 1/2 \end{bmatrix} \tag{③}$$

上式を解くと，

$$p_{11} = \frac{1}{10}, \quad p_{12} = \frac{1}{10}, \quad p_{22} = \frac{1}{5} \tag{④}$$

これより，

$$p_{11} > 0, \quad p_{11}p_{22} - p_{12}^2 = \frac{1}{100} > 0 \tag{⑤}$$

すなわち，この行列 $\boldsymbol{P}$ は正定である．したがって，このシステムは漸近安定である．

5.5 演習問題

1. 図 5.4 に示す閉ループ制御系について，系が安定に動作するためのゲイン K の値をラウスの方法により求めよ．

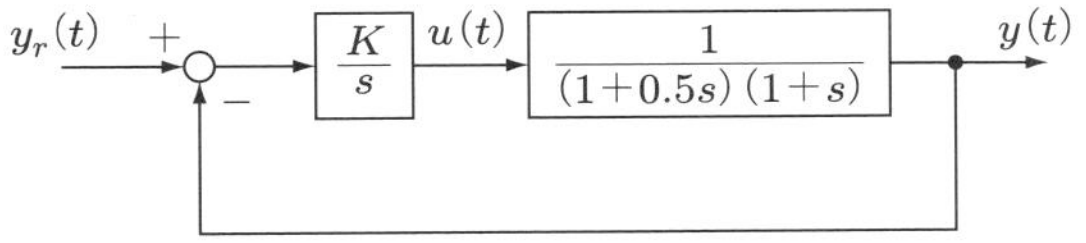

図 5.4　2 次系の積分制御

2. 式 (5.1) の行列 $\boldsymbol{A}$ が次式で与えられるものとする．行列 $\boldsymbol{Q}$ を単位行列 $\boldsymbol{I}$ として，リアプノフの方法により安定性を判別せよ．

(a) $\boldsymbol{A} = \begin{bmatrix} -1 & 1 \\ 2 & -3 \end{bmatrix}$　　　(b) $\boldsymbol{A} = \begin{bmatrix} 0 & -1 \\ 1 & -4 \end{bmatrix}$

3. 行列 $\boldsymbol{Q}$ を $\boldsymbol{Q} = \boldsymbol{c}\boldsymbol{c}^{\mathrm{T}}$ (ただし，$\boldsymbol{c} = [0\ \ 1]^{\mathrm{T}}$) として，上の行列 $\boldsymbol{A}$ の安定性を判別せよ．

4. 行列 $\boldsymbol{A}$ が，例題 5.2 と同様，つぎのように与えられるものとする．

$$\boldsymbol{A} = \begin{bmatrix} 0 & 1 & 0 \\ 0 & -1 & 1 \\ -5K & 0 & -5 \end{bmatrix}$$

(a) $\boldsymbol{c} = [0\ \ 0\ \ 1]^{\mathrm{T}}$ として，$K \neq 0$ ならば，対 $(\boldsymbol{A}, \boldsymbol{c})$ が可観測であることを示せ．

(b) $\boldsymbol{Q} = \boldsymbol{c}\boldsymbol{c}^{\mathrm{T}}$ (ただし，$\boldsymbol{c} = [0\ \ 0\ \ 1]^{\mathrm{T}}$) として，上の行列 $\boldsymbol{A}$ の安定性を判別せよ．

5. 次式で与えられる行列 $\boldsymbol{A}$ について，下記の問に答えよ．

$$\boldsymbol{A} = \begin{bmatrix} a_{11} & a_{12} \\ a_{21} & a_{22} \end{bmatrix}$$

(a) 行列 $\boldsymbol{A}$ の安定条件をラウスの判別法により求めよ．

(b) 行列 $\boldsymbol{A}$ の安定条件を，$\boldsymbol{Q} = \boldsymbol{I}$ として，リアプノフの判別法により求め，これが上の (a) の結果と同じであることを確かめよ．

第 6 章

状態フィードバックと状態観測器

閉ループ制御系の過渡特性は制御系としての伝達関数の極の配置により決定される．この極の配置は，制御対象が可制御ならば，状態変数をフィードバックすることにより操作できる．本章ではまず，状態フィードバック系の構成法について説明する．状態フィードバックを実現するには，状態変数の測定が必要である．状態変数が直接利用できない場合には，推定値を得るために状態観測器を構成しなければならない．6.2 節以降では，全次元型と最小次元型の状態観測器の構成法について述べると共に，状態観測器を併用した状態フィードバック系についても言及する．

6.1 状態フィードバックによる制御系

6.1.1 状態フィードバックによる極配置

はじめに，直流モータを用いた簡単なサーボ機構を例にとって，状態フィードバックによる閉ループ系の極配置法を紹介する．

例題 6.1 図 6.1 は直流モータを用いた位置制御系の一例である．直流モータを電機子制御形とすると，この制御対象は次式で記述される (例題 2.2 参照).

$$\begin{bmatrix} \dot{x}_1(t) \\ \dot{x}_2(t) \end{bmatrix} = \begin{bmatrix} 0 & 1 \\ 0 & -\alpha \end{bmatrix} \begin{bmatrix} x_1(t) \\ x_2(t) \end{bmatrix} + \begin{bmatrix} 0 \\ \beta \end{bmatrix} u(t) \ ; \alpha, \beta > 0 \qquad ①$$

$$y(t) = [1 \ \ 0] \begin{bmatrix} x_1(t) \\ x_2(t) \end{bmatrix} = x_1(t) \qquad ②$$

ここに，$x_1(t), x_2(t)$ はモータの回転角度と回転速度で，それぞれポテンショメータ，タコジェネレータにより測定される．制御系への指令入力を $y_r(t)$ として，制御入力 $u(t)$ を

$$u(t) = -f_1 x_1(t) - f_2 x_2(t) + K y_r(t)$$

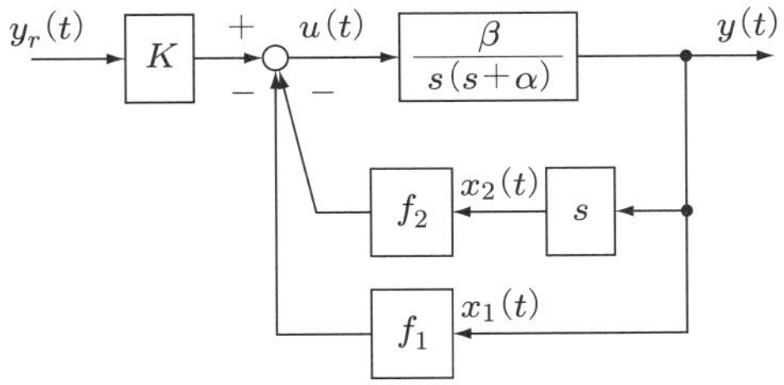

図 6.1 状態フィードバックにによる位置制御

$$= -[\, f_1 \quad f_2\,]\begin{bmatrix} x_1(t) \\ x_2(t) \end{bmatrix} + Ky_r(t) \qquad ③$$

のように与えると，指令入力 $y_r(t)$ から出力 $y(t)$ に至る閉ループ伝達関数の極がフィードバックゲイン f_1, f_2 の選定により任意に指定できることを示せ.

解 式 ① の $u(t)$ に式 ③ の $u(t)$ を代入すると，

$$\begin{bmatrix} \dot{x}_1(t) \\ \dot{x}_2(t) \end{bmatrix} = \begin{bmatrix} 0 & 1 \\ -\beta f_1 & -\alpha - \beta f_2 \end{bmatrix}\begin{bmatrix} x_1(t) \\ x_2(t) \end{bmatrix} + \begin{bmatrix} 0 \\ \beta K \end{bmatrix} y_r(t) \qquad ④$$

式④と式②より，$y_r(t)$ から $y(t)$ に至る伝達関数 $G(s)$ は，

$$G(s) = [\,1 \quad 0\,]\begin{bmatrix} s & -1 \\ \beta f_1 & s + \alpha + \beta f_2 \end{bmatrix}^{-1}\begin{bmatrix} 0 \\ \beta K \end{bmatrix}$$

$$= \frac{\beta K}{s^2 + (\alpha + \beta f_2)s + \beta f_1} \qquad ⑤$$

この伝達関数の極は

$$s^2 + (\alpha + \beta f_2)s + \beta f_1 = 0$$

の根である．したがって，制御系としての極を $-\lambda_1, -\lambda_2$ に指定したいならば，

$$\begin{aligned} \alpha + \beta f_2 &= \lambda_1 + \lambda_2 \quad \therefore \quad f_2 = (\lambda_1 + \lambda_2 - \alpha)/\beta \\ \beta f_1 &= \lambda_1\lambda_2 \quad \therefore \quad f_1 = \lambda_1\lambda_2/\beta \end{aligned} \qquad ⑥$$

となるように，f_1, f_2 の値を調整すればよい．なお，この場合には，比例ゲイン K を $K = f_1$ のように決めるならば，制御系としての定常ゲインの値を 1 とすることも可能である．

上では状態変数のフィードバックにより閉ループ系としての極を随意に配置できることを示したが，これができるためには，制御対象が可制御であることが必要である．この例題では，可制御行列 $\boldsymbol{U}_c$ は

$$\boldsymbol{U}_c = [\,\boldsymbol{b} \quad \boldsymbol{Ab}\,] = \begin{bmatrix} 0 & \beta \\ \beta & -\alpha\beta \end{bmatrix} \qquad ⑦$$

として与えられる．この $\boldsymbol{U}_c$ は，$\beta > 0$ ならば，明らかに正則であり，制御対象は可制御である．

つぎに，制御対象が次式で記述される一般の場合について考える．

$$\dot{\boldsymbol{x}}(t) = \boldsymbol{A}\boldsymbol{x}(t) + \boldsymbol{b}u(t) \tag{6.1a}$$

$$y(t) = \boldsymbol{c}^{\mathrm{T}}\boldsymbol{x}(t) \tag{6.1b}$$

これまでと同様，$\boldsymbol{x}(t)$ は n 次元ベクトル，$u(t), y(t)$ はスカラー，$\boldsymbol{A}$ は $n \times n$ の行列，$\boldsymbol{b}, \boldsymbol{c}$ は n 次元の定数ベクトルとする．

上の式 (6.1) のシステムが可制御 (すなわち，対 $(\boldsymbol{A}, \boldsymbol{b})$ が可制御) ならば，制御入力 $u(t)$ を

$$u(t) = -\boldsymbol{f}^{\mathrm{T}}\boldsymbol{x}(t) + Ky_r(t) \tag{6.2}$$

のように与えることにより，$y_r(t)$ から $y(t)$ に至る閉ループ系としての伝達関数の極を係数ベクトル $\boldsymbol{f}$ $(= [\,f_1 \;\; f_2 \;\; \cdots \;\; f_n\,]^{\mathrm{T}})$ の選定により任意に指定することができる (図 6.2 参照)．これは，つぎのようにして証明される．

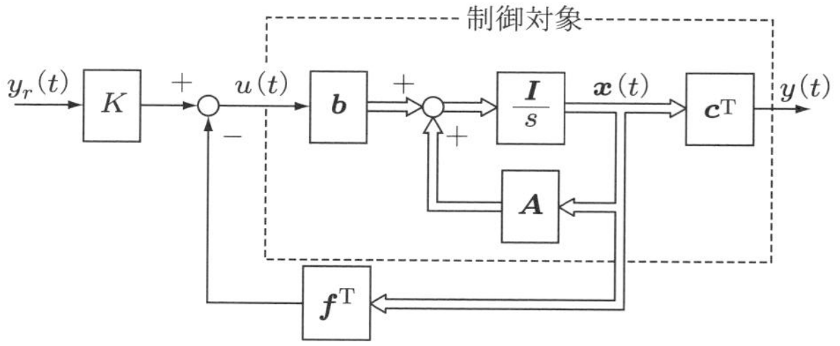

図 6.2　状態フィードバック系の構成

まず，式 (6.2) を式 (6.1a) に用いると，次式が得られる．

$$\dot{\boldsymbol{x}}(t) = \boldsymbol{A}_f\boldsymbol{x}(t) + \boldsymbol{b}Ky_r(t)\ ;\ \boldsymbol{A}_f = \boldsymbol{A} - \boldsymbol{b}\boldsymbol{f}^{\mathrm{T}} \tag{6.3}$$

上のシステムの対 $(\boldsymbol{A}_f, \boldsymbol{b})$ は，元の制御対象の対 $(\boldsymbol{A}, \boldsymbol{b})$ が可制御ならば，可制御である (可制御性は制御対象固有の性質であって，制御入力 $u(t)$ の選び方により変わるものではない．章末の演習問題 1 の解答を参照)．したがって，第 4 章の式 (4.51) に示した正則行列 $\boldsymbol{T}_c$ が存在し，式 (6.9) の行列 $\boldsymbol{A}_f$ $(= \boldsymbol{A} - \boldsymbol{b}\boldsymbol{f}^{\mathrm{T}})$ をつぎのように変換することができる．

$$\boldsymbol{A} - \boldsymbol{b}\boldsymbol{f}^{\mathrm{T}} = \boldsymbol{T}_c^{-1}\left(\boldsymbol{A}_c - \boldsymbol{b}_c\bar{\boldsymbol{f}}^{\mathrm{T}}\right)\boldsymbol{T}_c \tag{6.4}$$

ただし，

$$\boldsymbol{A}_c = \boldsymbol{T}_c\boldsymbol{A}\boldsymbol{T}_c^{-1} = \begin{bmatrix} 0 & 1 & \cdots & 0 \\ \cdots & \cdots & \cdots & \cdots \\ 0 & 0 & \cdots & 1 \\ -\alpha_n & -\alpha_{n-1} & \cdots & -\alpha_1 \end{bmatrix},$$

$$\boldsymbol{b}_c = \boldsymbol{T}_c \boldsymbol{b} = \begin{bmatrix} 0 \\ \vdots \\ 0 \\ 1 \end{bmatrix} \tag{6.5}$$

$$\bar{\boldsymbol{f}}^{\mathrm{T}} = \boldsymbol{f}^{\mathrm{T}} \boldsymbol{T}_c^{-1} = [\, \bar{f}_1 \quad \bar{f}_2 \quad \cdots \quad \bar{f}_n \,] \tag{6.6}$$

式 (6.3) の閉ループ系の極は，行列 $\boldsymbol{A}_f (= \boldsymbol{A} - \boldsymbol{b}\boldsymbol{f}^{\mathrm{T}})$ の特性方程式の根として定まる．この特性方程式は，式 (6.4) より，つぎのようになる．

$$\begin{aligned} \left| s\boldsymbol{I} - \left(\boldsymbol{A} - \boldsymbol{b}\boldsymbol{f}^{\mathrm{T}}\right) \right| &= \left| \boldsymbol{T}_c^{-1} \left(s\boldsymbol{I} - \left(\boldsymbol{A}_c - \boldsymbol{b}_c \bar{\boldsymbol{f}}^{\mathrm{T}} \right) \right) \boldsymbol{T}_c \right| \\ &= \left| \boldsymbol{T}_c^{-1} \right| \left| s\boldsymbol{I} - \left(\boldsymbol{A}_c - \boldsymbol{b}_c \bar{\boldsymbol{f}}^{\mathrm{T}} \right) \right| \left| \boldsymbol{T}_c \right| \\ &= \left| s\boldsymbol{I} - \left(\boldsymbol{A}_c - \boldsymbol{b}_c \bar{\boldsymbol{f}}^{\mathrm{T}} \right) \right| = 0 \end{aligned} \tag{6.7}$$

式 (6.5)，(6.6) の関係を考慮すると，上式はつぎのように表わされる．

$$s^n + (\alpha_1 + \bar{f}_n) s^{n-1} + \cdots + (\alpha_{n-1} + \bar{f}_2) s + (\alpha_n + \bar{f}_1) = 0 \tag{6.8}$$

上式より，$\bar{f}_i$; $i = 1, 2, \cdots, n$ の値を調整することにより，特性方程式の根が任意に指定できることがわかる．すなわち，状態フィードバックにより閉ループ系の極を任意に操作できるわけである．式 (6.2) の係数ベクトル $\boldsymbol{f}$ の値は，式 (6.6) の関係より，

$$\boldsymbol{f}^{\mathrm{T}} = \bar{\boldsymbol{f}}^{\mathrm{T}} \boldsymbol{T}_c \qquad \therefore \ \boldsymbol{f} = \boldsymbol{T}_c^{\mathrm{T}} \bar{\boldsymbol{f}} \tag{6.9}$$

として求められる．

なお，この場合の指令入力 $y_r(t)$ から出力 $y(t)$ に至る閉ループ伝達関数 $W(s)(= Y(s)/Y_r(s))$ は，式 (6.1)，(6.2) より次式で与えられる．

$$W(s) = \boldsymbol{c}^{\mathrm{T}} (s\boldsymbol{I} - (\boldsymbol{A} - \boldsymbol{b}\boldsymbol{f}^{\mathrm{T}}))^{-1} \boldsymbol{b} K \tag{6.10}$$

例題 6.2 式 (6.1) における $\boldsymbol{A}, \boldsymbol{b}, \boldsymbol{c}$ がつぎのように与えられる 2 次の制御対象がある．

$$\boldsymbol{A} = \begin{bmatrix} -2 & 1 \\ 2 & -3 \end{bmatrix}, \ \boldsymbol{b} = \begin{bmatrix} 1 \\ 0 \end{bmatrix}, \ \boldsymbol{c} = \begin{bmatrix} 0 \\ 1 \end{bmatrix} \qquad ①$$

制御入力 $u(t)$ を

$$u(t) = -\boldsymbol{f}^{\mathrm{T}} \boldsymbol{x}(t) + K y_r(t) \ ; \ \boldsymbol{f}^{\mathrm{T}} = [\, f_1 \quad f_2 \,] \qquad ②$$

として与えた場合，閉ループ系の特性多項式が

$$\left| s\boldsymbol{I} - \left(\boldsymbol{A} - \boldsymbol{b}\boldsymbol{f}^{\mathrm{T}} \right) \right| = s^2 + 6s + 9 \ (= (s+3)^2) \qquad ③$$

となるように f_1, f_2 の値を決定せよ．

解　式 ① の制御対象の可制御行列 $\boldsymbol{U}_c$ は，第4章の例題4.1でも示したように，

$$\boldsymbol{U}_c = [\,\boldsymbol{b}\quad \boldsymbol{A}\boldsymbol{b}\,] = \begin{bmatrix} 1 & -2 \\ 0 & 2 \end{bmatrix} \qquad ④$$

この $\boldsymbol{U}_c$ は正則 ($|\boldsymbol{U}_c| = 2 \neq 0$) なので，上の制御対象は可制御である．したがって，可制御標準形にするような変換行列 $\boldsymbol{T}_c$ が存在する．この $\boldsymbol{T}_c$ はつぎのようにして求められる．まず，式 ① の $\boldsymbol{A}$ に対する特性多項式は，

$$|s\boldsymbol{I} - \boldsymbol{A}| = \begin{vmatrix} s+2 & -1 \\ -2 & s+3 \end{vmatrix} = s^2 + 5s + 4 \ (= (s+1)(s+4)) \qquad ⑤$$

すなわち，$\alpha_1 = 5, \alpha_2 = 4$ である．したがって，行列 L は，

$$\boldsymbol{L} = \begin{bmatrix} \alpha_1 & 1 \\ 1 & 0 \end{bmatrix} = \begin{bmatrix} 5 & 1 \\ 1 & 0 \end{bmatrix} \qquad ⑥$$

式 ④ と ⑥ より，行列 $\boldsymbol{T}_c^{-1}, \boldsymbol{T}_c$ は，

$$\boldsymbol{T}_c^{-1} = \boldsymbol{U}_c\boldsymbol{L} = \begin{bmatrix} 1 & -2 \\ 0 & 2 \end{bmatrix}\begin{bmatrix} 5 & 1 \\ 1 & 0 \end{bmatrix} = \begin{bmatrix} 3 & 1 \\ 2 & 0 \end{bmatrix},$$

$$\boldsymbol{T}_c = \begin{bmatrix} 0 & 1/2 \\ 1 & -3/2 \end{bmatrix} \qquad ⑦$$

上の変換行列 $\boldsymbol{T}_c$ によれば，式 ① の $\boldsymbol{A}, \boldsymbol{b}$ はつぎのように変換される．

$$\boldsymbol{A}_c = \boldsymbol{T}_c\boldsymbol{A}\boldsymbol{T}_c^{-1} = \begin{bmatrix} 0 & 1 \\ -\alpha_2 & -\alpha_1 \end{bmatrix} = \begin{bmatrix} 0 & 1 \\ -4 & -5 \end{bmatrix},$$

$$\boldsymbol{b}_c = \boldsymbol{T}_c\boldsymbol{b} = \begin{bmatrix} 0 \\ 1 \end{bmatrix} \qquad ⑧$$

式 (6.7) によれば，閉ループ系の特性多項式は次式で与えられる．

$$\left|s\boldsymbol{I} - \left(\boldsymbol{A}_c - \boldsymbol{b}_c\bar{\boldsymbol{f}}^{\mathrm{T}}\right)\right| = s^2 + (5 + \bar{f}_2)s + (4 + \bar{f}_1) \qquad ⑨$$

上式が目標の多項式 $s^2 + 6s + 9$ に等しくなるためには，$\bar{f}_1, \bar{f}_2$ を

$$\bar{f}_1 = 9 - 4 = 5,\ \bar{f}_2 = 6 - 5 = 1 \qquad ⑩$$

のように決めればよい．したがって，係数ベクトル $\boldsymbol{f}$ ($= [\,f_1\quad f_2\,]^{\mathrm{T}}$) は，式 (6.9) の関係より，つぎのように求められる．

$$[\,f_1\quad f_2\,] = \bar{\boldsymbol{f}}^{\mathrm{T}}\boldsymbol{T}_c = [\,5\quad 1\,]\begin{bmatrix} 0 & 1/2 \\ 1 & -3/2 \end{bmatrix} = [\,1\quad 1\,] \qquad ⑪$$

上述の設計結果を検証するため，MATLABを用いてシミュレーションを行なった．

図6.3にその結果を示す．この図は指令入力 $y_r(t)$ を単位ステップ信号 $\mathbb{1}(t)$，状態 $\boldsymbol{x}(t)$ の初期値を $\boldsymbol{x}_0 = [\,0\quad 0\,]^{\mathrm{T}}, [\,1\quad 0\,]^{\mathrm{T}}$ とした場合のもので，図の (a)，(b) にはそれぞれ出力 $y(t)$，制御入力 $u(t)$ の応答が示されている．

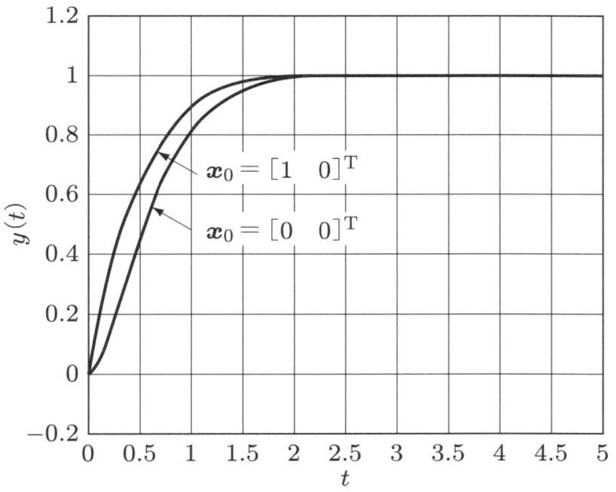

（a）出力$y(t)$の応答

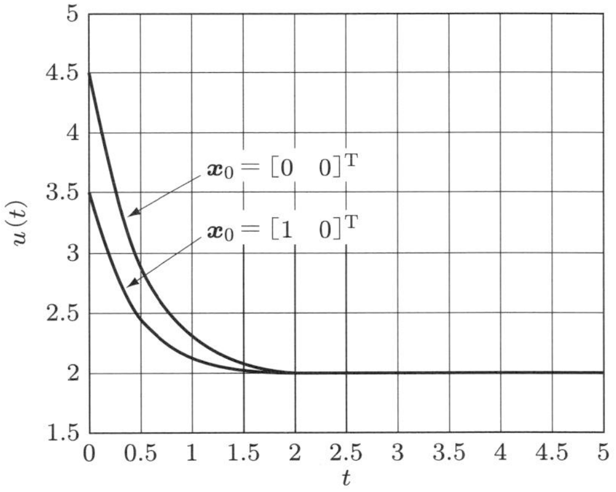

（b）制御入力$u(t)$の応答

図 6.3 状態フィードバック系のシミュレーション結果

6.1.2 アッカーマンの極配置アルゴリズム

式 (6.9) の $\boldsymbol{f}$ の値を計算するためには可制御標準形を求める必要があったが，次式によれば，可制御標準形を求めることなしに，任意の極配置を与えるための $\boldsymbol{f}$ の値を容易に計算することができる．

$$\boldsymbol{f}^{\mathrm{T}} = [0 \ \ 0 \ \cdots \ 0 \ \ 1] \, \boldsymbol{U}_c^{-1}(\boldsymbol{A}^n + d_1\boldsymbol{A}^{n-1} + \cdots + d_{n-1}\boldsymbol{A} + d_n\boldsymbol{I}) \tag{6.11}$$

ここに，$\boldsymbol{U}_c$ は対 $(\boldsymbol{A}, \boldsymbol{b})$ の可制御行列 $(\boldsymbol{U}_c = [\boldsymbol{b} \;\; \boldsymbol{A}\boldsymbol{b} \;\; \cdots \;\; \boldsymbol{A}^{n-1}\boldsymbol{b}])$，$d_i$ $(i = 1, 2, \cdots, n)$ は指定したい閉ループ系としての極配置により定まる特性方程式の係数である．すなわち，指定したい閉ループ系の極を p_i $(i = 1, 2, \cdots, n)$ とすれば，係数 d_i は次式により定まる．

$$(s - p_1)(s - p_2) \cdots (s - p_n) \equiv s^n + d_1 s^{n-1} + \cdots + d_{n-1}s + d_n$$
$$\therefore \;\; d_1 = \sum_{i=1}^{n}(-p_i), \;\; \cdots, \;\; d_n = \prod_{i=1}^{n}(-p_i) \tag{6.12}$$

式 (6.11) による f の計算法は計算機向きのもので，アッカーマン (Ackerman) のアルゴリズムとして知られている[19]．

証明　式 (6.11) の関係が成り立つことを示すためには，式 (6.11) が成り立てば，式 (6.9)(すなわち，$\boldsymbol{f}^{\mathrm{T}}\boldsymbol{T}_c^{-1} = \bar{\boldsymbol{f}}^{\mathrm{T}}$) がいえることを示せばよい．まず，式 (6.11) より，$\boldsymbol{f}^{\mathrm{T}}\boldsymbol{T}_c^{-1}$ は，

$$\boldsymbol{f}^{\mathrm{T}}\boldsymbol{T}_c^{-1} = [0 \;\; 0 \; \cdots \; 0 \;\; 1] \times \boldsymbol{U}_c^{-1}(\boldsymbol{A}^n + d_1\boldsymbol{A}^{n-1} + \cdots + d_{n-1}\boldsymbol{A} + d_n\boldsymbol{I})\boldsymbol{T}_c^{-1} \tag{6.13}$$

第 4 章の式 (4.51) によれば，$\boldsymbol{U}_c^{-1} = \boldsymbol{L}\boldsymbol{T}_c$ である．したがって，行列 $\boldsymbol{L}$ の構造より，次式が成り立つ．

$$[0 \;\; 0 \; \cdots \; 0 \;\; 1]\boldsymbol{U}_c^{-1} = [0 \;\; 0 \; \cdots \; 0 \;\; 1]\boldsymbol{L}\boldsymbol{T}_c = [1 \;\; 0 \; \cdots \; 0 \;\; 0]\boldsymbol{T}_c \tag{6.14}$$

この関係を式 (6.12) に用いると，

$$\boldsymbol{f}^{\mathrm{T}}\boldsymbol{T}_c^{-1} = [1 \;\; 0 \; \cdots \; 0 \;\; 0]\boldsymbol{T}_c(\boldsymbol{A}^n + d_1\boldsymbol{A}^{n-1} + \cdots + d_{n-1}\boldsymbol{A} + d_n\boldsymbol{I})\boldsymbol{T}_c^{-1} \tag{6.15}$$

ここで，

$$\boldsymbol{T}_c\boldsymbol{T}_c^{-1} = \boldsymbol{I}, \quad \boldsymbol{T}_c\boldsymbol{A}^i\boldsymbol{T}_c^{-1} = \boldsymbol{A}_c^i \; ; i = 1, 2, \cdots, n$$

であることを考えると，上の式 (6.15) はつぎのようになる．

$$\boldsymbol{f}^{\mathrm{T}}\boldsymbol{T}_c^{-1} = [1 \;\; 0 \; \cdots \; 0 \;\; 0](\boldsymbol{A}_c^n + d_1\boldsymbol{A}_c^{n-1} + \cdots + d_{n-1}\boldsymbol{A}_c + d_n\boldsymbol{I}) \tag{6.16}$$

上式右辺の各項は，式 (6.5) に示した行列 $\boldsymbol{A}_c$ の構造より，つぎのように表わされる．

$$\begin{aligned}
&[1 \;\; 0 \; \cdots \; 0 \;\; 0] \, d_n\boldsymbol{I} = [d_n \;\; 0 \; \cdots \; 0 \;\; 0] \\
&[1 \;\; 0 \; \cdots \; 0 \;\; 0] \, d_{n-1}\boldsymbol{A}_c = [0 \;\; d_{n-1} \; \cdots \; 0 \;\; 0] \\
&\qquad \cdots\cdots\cdots \\
&[1 \;\; 0 \; \cdots \; 0 \;\; 0] \, d_1\boldsymbol{A}_c^{n-1} = [0 \;\; 0 \; \cdots \; 0 \;\; d_1] \\
&[1 \;\; 0 \; \cdots \; 0 \;\; 0]\boldsymbol{A}_c^n = [-\alpha_n \;\; -\alpha_{n-1} \; \cdots \; -\alpha_1]
\end{aligned} \tag{6.17}$$

かくして，式 (6.16) は

$$\begin{aligned}
\boldsymbol{f}^{\mathrm{T}}\boldsymbol{T}_c^{-1} &= [d_n - \alpha_n \;\; d_{n-1} - \alpha_{n-1} \; \cdots \; d_1 - \alpha_1] \\
&= [\bar{f}_1 \;\; \bar{f}_2 \; \cdots \; \bar{f}_n] = \bar{\boldsymbol{f}}^{\mathrm{T}}
\end{aligned} \tag{6.18}$$

となる．すなわち，$\boldsymbol{f}^{\mathrm{T}}\boldsymbol{T}_c^{-1} = \bar{\boldsymbol{f}}^{\mathrm{T}}$ なる関係が成り立つことが示された．

例題 6.3 例題 6.2 に示した問題をアッカーマンのアルゴリズムを用いて解け.

解 この場合には $n = 2$ なので，式 (6.11) は次式となる.

$$\boldsymbol{f}^{\mathrm{T}} = [0 \quad 1]\boldsymbol{U}_c^{-1}(\boldsymbol{A}^2 + d_1\boldsymbol{A} + d_2\boldsymbol{I}) \qquad ①$$

上式の d_1, d_2 は，$(s+3)^2 = s^2 + 6s + 9$ より，$d_1 = 6, d_2 = 9$ として与えられる. この場合の可制御行列 $\boldsymbol{U}_c$ は，例題 6.2 でも示したように，

$$\boldsymbol{U}_c = [\,\boldsymbol{b} \quad \boldsymbol{Ab}\,] = \begin{bmatrix} 1 & -2 \\ 0 & 2 \end{bmatrix} \qquad ②$$

したがって，$\boldsymbol{U}_c$ の逆行列はつぎのように求められる.

$$\boldsymbol{U}_c^{-1} = \begin{bmatrix} 1 & -2 \\ 0 & 2 \end{bmatrix}^{-1} = \begin{bmatrix} 1 & 1 \\ 0 & 0.5 \end{bmatrix} \qquad ③$$

また，行列 $\boldsymbol{A}^2 + d_1\boldsymbol{A} + d_2\boldsymbol{I}$ は，

$$\begin{aligned}\boldsymbol{A}^2 + d_1\boldsymbol{A} + d_2\boldsymbol{I} &= \begin{bmatrix} -2 & 1 \\ 2 & -3 \end{bmatrix}^2 + 6\begin{bmatrix} -2 & 1 \\ 2 & -3 \end{bmatrix} + 9\begin{bmatrix} 1 & 0 \\ 0 & 1 \end{bmatrix} \\ &= \begin{bmatrix} 6 & -5 \\ -10 & 11 \end{bmatrix} + \begin{bmatrix} -12 & 6 \\ 12 & -18 \end{bmatrix} + \begin{bmatrix} 9 & 0 \\ 0 & 9 \end{bmatrix} \\ &= \begin{bmatrix} 3 & 1 \\ 2 & 2 \end{bmatrix} \qquad ④\end{aligned}$$

したがって，式 ① より $\boldsymbol{f}^{\mathrm{T}}$ はつぎのように求められる.

$$\boldsymbol{f}^{\mathrm{T}} = [0 \quad 1]\begin{bmatrix} 1 & 1 \\ 0 & 0.5 \end{bmatrix}\begin{bmatrix} 3 & 1 \\ 2 & 2 \end{bmatrix} = [0 \quad 0.5]\begin{bmatrix} 3 & 1 \\ 2 & 2 \end{bmatrix} = [1 \quad 1] \qquad ⑤$$

上の結果は，当然のことながら，例題 6.2 の結果と同じである.

6.2 全次元状態観測器

前節では制御対象の状態ベクトル $\boldsymbol{x}(t)$ は利用可能であるとして，状態フィードバック系を構成した．しかし，一般には制御対象の内部状態 $\boldsymbol{x}(t)$ は利用不可能であって，利用できるのは入力 $u(t)$ と出力 $y(t)$ のみである．したがって，状態フィードバック系を構成するためには，状態ベクトル $\boldsymbol{x}(t)$ を近似的に実現する方法が必要である．本節で述べる**状態観測器** (state observer) は，制御対象の可観測性の仮定の下に，出力の測定値 $y(t)$ を用いて状態ベクトル $\boldsymbol{x}(t)$ を推定値 $\hat{\boldsymbol{x}}(t)$ として実現しようとするものである．この状態観測では，以下に述べるように，設計が適切になされさえすれば，$\hat{\boldsymbol{x}}(t)$ は指数関数的に制御対象の真の状態ベクトル $\boldsymbol{x}(t)$ に漸近

する．状態観測器には，状態変数のすべてを推定する**全次元状態観測器** (full order state observer) と出力 $y(t)$ を状態の一部とみなしてそれ以外の状態変数を推定する**最小次元状態観測器** (reduced order state obsever) とがある．本節では，全次元状態観測器について述べる．

この場合の状態観測器は，式 (6.1a) の表現に対応して，つぎのように構成される．

$$\dot{\hat{\boldsymbol{x}}}(t) = \boldsymbol{A}\hat{\boldsymbol{x}}(t) + \boldsymbol{b}u(t) + \boldsymbol{g}(y(t) - \hat{y}(t)) \tag{6.19a}$$

$$\hat{y}(t) = \boldsymbol{c}^{\mathrm{T}}\hat{\boldsymbol{x}}(t) \tag{6.19b}$$

ここに，$\hat{\boldsymbol{x}}(t)$ と $\hat{y}(t)$ は状態観測器の状態ベクトル，出力であり，$\boldsymbol{g}$ は $\hat{\boldsymbol{x}}(t)$ と同じ n 次元の定数ベクトルである．式 (6.19a) では，右辺の第3項に $\boldsymbol{g}(y(t) - \hat{y}(t))$ なる項が存在していることに注意されたい．図6.4にこの状態観測器のシステム構成を示す．

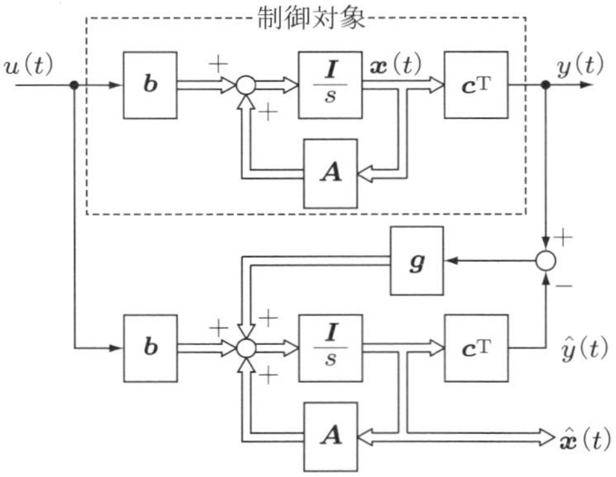

図6.4　全次元状態観測器の構成

式 (6.19a) は，式 (6.1b)，(6.19b) を用いると，つぎのように表わされる．

$$\dot{\hat{\boldsymbol{x}}}(t) = \boldsymbol{A}\hat{\boldsymbol{x}}(t) + \boldsymbol{b}u(t) + \boldsymbol{g}\boldsymbol{c}^{\mathrm{T}}(\boldsymbol{x}(t) - \hat{\boldsymbol{x}}(t)) \tag{6.20}$$

上式から式 (6.1a) を引き，

$$\boldsymbol{x}(t) - \hat{\boldsymbol{x}}(t) = \boldsymbol{e}(t) \tag{6.21}$$

とおくと，

$$\dot{\boldsymbol{e}}(t) = (\boldsymbol{A} - \boldsymbol{g}\boldsymbol{c}^{\mathrm{T}})\boldsymbol{e}(t) \tag{6.22}$$

上式の解 $\boldsymbol{e}(t)$ は，初期値を $\boldsymbol{e}(0)$ とすると，次式で与えられる．

$$\boldsymbol{e}(t) = e^{(\boldsymbol{A} - \boldsymbol{g}\boldsymbol{c}^{\mathrm{T}})t}\boldsymbol{e}(0) \ ; \ \boldsymbol{e}(0) = \boldsymbol{x}(0) - \hat{\boldsymbol{x}}(0) \tag{6.23}$$

推定誤差 $\boldsymbol{e}(t)$ の過渡応答は，行列 $(\boldsymbol{A} - \boldsymbol{g}\boldsymbol{c}^{\mathrm{T}})$ の固有値 (特性根) に依存する．この特性根の値は，対 $(\boldsymbol{A}, \boldsymbol{c})$ が可観測ならば，係数ベクトル $\boldsymbol{g}$ の選定により任意

に指定することができる．したがって，係数ベクトル $\boldsymbol{g}$ が適切に選定されるならば，式 (6.23) の $\boldsymbol{e}(t)$ は安定に減衰性よく指数関数的に $\boldsymbol{0}$ に収束する．すなわち，$\hat{\boldsymbol{x}}(t) \to \boldsymbol{x}(t)$ が達成され，$\hat{\boldsymbol{x}}(t)$ を $\boldsymbol{x}(t)$ の推定値とみなすことができるわけである．係数ベクトル $\boldsymbol{g}$ の選定はつぎのようにしてなされる．

行列 $(\boldsymbol{A}-\boldsymbol{g}\boldsymbol{c}^{\mathrm{T}})$ は，対 $(\boldsymbol{A},\boldsymbol{c})$ が可観測ならば，第 4 章の式 (4.58) に示した正則行列 $\boldsymbol{T}_o$ によりつぎのように変換することができる．

$$\boldsymbol{A}-\boldsymbol{g}\boldsymbol{c}^{\mathrm{T}} = \boldsymbol{T}_o^{-1}(\boldsymbol{A}_o - \bar{\boldsymbol{g}}\boldsymbol{c}_o^{\mathrm{T}})\boldsymbol{T}_o \tag{6.24}$$

ただし，

$$\boldsymbol{A}_o = \boldsymbol{T}_o\boldsymbol{A}\boldsymbol{T}_o^{-1} = \left[\begin{array}{c|c} \boldsymbol{0}^{\mathrm{T}} & -\alpha_n \\ \hline & -\alpha_{n-1} \\ \boldsymbol{I} & \vdots \\ & -\alpha_1 \end{array}\right],\ \boldsymbol{c}_o = (\boldsymbol{T}_o^{-1})^{\mathrm{T}}\boldsymbol{c} = \begin{bmatrix} 0 \\ 0 \\ \vdots \\ 1 \end{bmatrix} \tag{6.25}$$

$$\bar{\boldsymbol{g}}^{\mathrm{T}} = (\boldsymbol{T}_o\boldsymbol{g})^{\mathrm{T}} = \begin{bmatrix} \bar{g}_1 & \bar{g}_2 & \cdots & \bar{g}_n \end{bmatrix} \tag{6.26}$$

行列 $(\boldsymbol{A}-\boldsymbol{g}\boldsymbol{c}^{\mathrm{T}})$ の特性方程式は，式 (6.24) より，次式で与えられる．

$$\left|\lambda\boldsymbol{I} - (\boldsymbol{A}-\boldsymbol{g}\boldsymbol{c}^{\mathrm{T}})\right| = \left|\lambda\boldsymbol{I} - (\boldsymbol{A}_o - \bar{\boldsymbol{g}}\boldsymbol{c}_o^{\mathrm{T}})\right| = 0 \tag{6.27}$$

上式は，式 (6.25),(6.26) の関係により，つぎのように表わされる．

$$\lambda^n + (\alpha_1 + \bar{g}_n)\lambda^{n-1} + \cdots + (\alpha_{n-1} + \bar{g}_2)\lambda + (\alpha_n + \bar{g}_1) = 0 \tag{6.28}$$

これより，特性方程式の根が $\bar{g}_i\ ;\ i = 1, 2, \cdots, n$ の値により任意に指定できることがわかる．係数ベクトル $\boldsymbol{g}$ の値は，式 (6.26) の関係より，

$$\boldsymbol{g} = \boldsymbol{T}_o^{-1}\bar{\boldsymbol{g}} \tag{6.29}$$

として求められる．

例題 6.4 例題 6.2 の制御対象に対して，上述の方法により全次元形の状態観測器を構成せよ．ただし，観測器の特性多項式は $s^2 + 10s + 25$ として与えられるものとする．

解 この制御対象の可観測行列 $\boldsymbol{U}_o$ は，第 4 章の例題 4.2 でも示したように，

$$\boldsymbol{U}_o = \begin{bmatrix} \boldsymbol{c}^{\mathrm{T}} \\ \boldsymbol{c}^{\mathrm{T}}\boldsymbol{A} \end{bmatrix} = \begin{bmatrix} 0 & 1 \\ 2 & -3 \end{bmatrix} \quad ①$$

この $\boldsymbol{U}_o$ は正則 ($|\boldsymbol{U}_o| = -2 \neq 0$) なので，この制御対象は可観測である．したがって，可観測標準形にするような変換行列 $\boldsymbol{T}_o$ が存在する．このような $\boldsymbol{T}_o$ はつぎのようにして求められる．まず，行列 $\boldsymbol{L}$ は，例題 6.2 におけると同様，

$$\boldsymbol{L} = \begin{bmatrix} \alpha_1 & 1 \\ 1 & 0 \end{bmatrix} = \begin{bmatrix} 5 & 1 \\ 1 & 0 \end{bmatrix} \quad ②$$

である．したがって，式 ① と ② より，$\boldsymbol{T}_o, \boldsymbol{T}_o^{-1}$ は，

$$\boldsymbol{T}_o = \boldsymbol{L}\boldsymbol{U}_o = \begin{bmatrix} 5 & 1 \\ 1 & 0 \end{bmatrix}\begin{bmatrix} 0 & 1 \\ 2 & -3 \end{bmatrix} = \begin{bmatrix} 2 & 2 \\ 0 & 1 \end{bmatrix},$$

$$\boldsymbol{T}_o^{-1} = \begin{bmatrix} 1/2 & -1 \\ 0 & 1 \end{bmatrix} \qquad ③$$

上の行列 $\boldsymbol{T}_o$ によれば，$\boldsymbol{A}, \boldsymbol{c}$ はつぎのように $\boldsymbol{A}_o, \boldsymbol{c}_o$ に変換される．

$$\boldsymbol{A}_o = \boldsymbol{T}_o\boldsymbol{A}\boldsymbol{T}_o^{-1} = \begin{bmatrix} 0 & -4 \\ 1 & -5 \end{bmatrix}, \quad \boldsymbol{c}_o = (\boldsymbol{T}_o^{-1})^{\mathrm{T}}\boldsymbol{c} = \begin{bmatrix} 0 \\ 1 \end{bmatrix} \qquad ④$$

したがって，行列 $(\boldsymbol{A} - \boldsymbol{g}\boldsymbol{c}^{\mathrm{T}})$ の特性多項式は，

$$\begin{aligned} \left|s\boldsymbol{I} - \left(\boldsymbol{A} - \boldsymbol{g}\boldsymbol{c}^{\mathrm{T}}\right)\right| &= \left|\boldsymbol{T}_o^{-1}\left\{s\boldsymbol{I} - \left(\boldsymbol{A}_o - \bar{\boldsymbol{g}}\boldsymbol{c}_o^{\mathrm{T}}\right)\right\}\boldsymbol{T}_o\right| \\ &= \left|s\boldsymbol{I} - \left(\boldsymbol{A}_o - \bar{\boldsymbol{g}}\boldsymbol{c}_o^{\mathrm{T}}\right)\right| \\ &= \begin{vmatrix} s & 4 + \bar{g}_1 \\ -1 & s + 5 + \bar{g}_2 \end{vmatrix} \\ &= s^2 + (5 + \bar{g}_2)s + (4 + \bar{g}_1) \qquad ⑤ \end{aligned}$$

上式が $s^2 + 10s + 25$ に等しくなるためには，$\bar{g}_1, \bar{g}_2$ を

$$\bar{g}_1 = 25 - 4 = 21, \quad \bar{g}_2 = 10 - 5 = 5 \qquad ⑥$$

とすればよい．したがって，式 (6.29) より，$\boldsymbol{g}$ $\left(= [g_1 \quad g_2]^{\mathrm{T}}\right)$ の値は

$$\begin{aligned} \boldsymbol{g}^{\mathrm{T}} \ (= [\,\boldsymbol{g}_1 \quad \boldsymbol{g}_2\,]) &= \bar{\boldsymbol{g}}^{\mathrm{T}}(\boldsymbol{T}_o^{-1})^{\mathrm{T}} \\ &= [\,21 \quad 5\,]\begin{bmatrix} 1/2 & 0 \\ -1 & 1 \end{bmatrix} \\ &= [\,11/2 \quad 5\,] \qquad ⑦ \end{aligned}$$

のように求められる．上述の観測器の応答の模様については，後述の例題 6.6 に示すシミュレーション例 (図 6.7 の (c)) を参照されたい．

第 4 章で述べた双対性の原理によれば，対 $(\boldsymbol{A}, \boldsymbol{c})$ が可観測ならば，対 $(\boldsymbol{A}^{\mathrm{T}}, \boldsymbol{c})$ は可制御である．対 $(\boldsymbol{A}^{\mathrm{T}}, \boldsymbol{c})$ の可制御性に着目すれば，前節で述べた状態フィードバック系における係数ベクトル $\boldsymbol{f}$ と同様の手法で状態観測器の係数ベクトル $\boldsymbol{g}$ の値を決定することができる．これについては，章末の演習問題 5 の解答を参照されたい．

6.3 最小次元状態観測器

前述の状態観測器は n 個の状態変数のすべてを推定するものであった．システムの出力 $y(t)$ は一般に状態変数 $\boldsymbol{x}(t)$ の線形結合であり，$y(t)$ の中にはすでに状態変数の情報が一部反映されている．以下に述べる状態観測器は，出力 $y(t)$ $(= z_n(t))$ を除いた残りの $(n-1)$ 個の状態変数を推定しようとするものである．このような最小次元の状態観測器の構成法にも種々のものが考えられるが，ここでは可観測標準形表現を利用する方法についてのみ述べる．

まず，与えられた状態方程式を $\boldsymbol{z} = \boldsymbol{T}_o\boldsymbol{x}$ なる関係によりつぎの可観測正準形に変換する．

$$\dot{\boldsymbol{z}}(t) = \boldsymbol{A}_o\boldsymbol{z}(t) + \boldsymbol{b}_o u(t) \tag{6.30a}$$

$$y(t) = \boldsymbol{c}_o^{\mathrm{T}}\boldsymbol{z}(t) \tag{6.30b}$$

ここに，$\boldsymbol{A}_o, \boldsymbol{b}_o, \boldsymbol{c}_o$ は次式で与えられる．

$$\boldsymbol{A}_o = \begin{bmatrix} 0 & 0 & \cdots & 0 & -\alpha_n \\ 1 & 0 & \cdots & 0 & -\alpha_{n-1} \\ \cdots & \cdots & \cdots & \cdots & \cdots \\ 0 & 0 & \cdots & 1 & -\alpha_1 \end{bmatrix}, \quad \boldsymbol{b}_o = \begin{bmatrix} \beta_n \\ \beta_{n-1} \\ \vdots \\ \beta_1 \end{bmatrix}, \quad \boldsymbol{c}_o = \begin{bmatrix} 0 \\ 0 \\ \vdots \\ 1 \end{bmatrix} \tag{6.31}$$

上の標準形の状態ベクトル $\boldsymbol{z}(t)$ の推定に当たり，まず $\boldsymbol{H}_1$ を $(n-1)\times n$ の行列として $(n-1)$ 次元のベクトル $\boldsymbol{w}(t) = \boldsymbol{H}_1\boldsymbol{z}(t)$ の推定値を $\hat{\boldsymbol{w}}(t)$ として求め，この $\hat{\boldsymbol{w}}(t)$ と出力 $y(t)$ から $\boldsymbol{z}(t)$ の推定値 $\hat{\boldsymbol{z}}(t)$ を次式により求める．

$$\hat{\boldsymbol{z}}(t) = \boldsymbol{M}_1\hat{\boldsymbol{w}}(t) + \boldsymbol{m}_1 y(t) = \boldsymbol{M}\begin{bmatrix} \hat{\boldsymbol{w}}(t) \\ y(t) \end{bmatrix} \tag{6.32}$$

ここに，$\boldsymbol{M}_1, \boldsymbol{m}_1$ は $n\times(n-1), n\times 1$ の行列であり，$\boldsymbol{M}$ は次式を意味する．

$$\boldsymbol{M} = [\,\boldsymbol{M}_1 \quad \boldsymbol{m}_1\,] \tag{6.33}$$

元の状態変数 $\boldsymbol{x}(t)$ の推定値 $\hat{\boldsymbol{x}}(t)$ は，上の $\hat{\boldsymbol{z}}(t)$ から次式により求められる．

$$\hat{\boldsymbol{x}}(t) = \boldsymbol{T}_o^{-1}\hat{\boldsymbol{z}}(t) \tag{6.34}$$

式 (6.32) における $\hat{\boldsymbol{w}}(t)$ を求めるための観測器は次式により構成される．

$$\dot{\hat{\boldsymbol{w}}}(t) = \boldsymbol{D}_1\hat{\boldsymbol{w}}(t) + \boldsymbol{b}_1 u(t) + \boldsymbol{g}_1 y(t) \tag{6.35}$$

ただし，

$$\boldsymbol{D}_1 = \begin{bmatrix} 0 & 0 & \cdots & 0 & -d_{n-1} \\ 1 & 0 & \cdots & 0 & -d_{n-2} \\ \cdots & \cdots & \cdots & \cdots & \cdots \\ 0 & 0 & \cdots & 1 & -d_1 \end{bmatrix} \tag{6.36}$$

ここに，d_i ; $i = 1, 2, \cdots, n-1$ は観測器の多項式の係数であり，観測器が望ましい過渡応答を呈するように指定される．また，$\boldsymbol{b}_1, \boldsymbol{g}_1$ は後述する行列 $\boldsymbol{H}_1$ の選定結果を用いて決められる (図 6.5 参照).

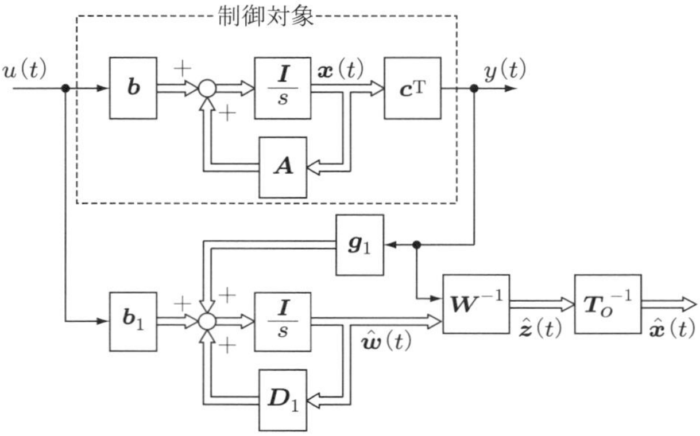

図 6.5　最小次元状態観測器の構成

ベクトル $\boldsymbol{H}_1\boldsymbol{z}(t)$ $(= \boldsymbol{w}(t))$ に関しては，式 (6.30a) より，次式が成り立つ.

$$\boldsymbol{H}_1\dot{\boldsymbol{z}}(t) = \boldsymbol{H}_1\boldsymbol{A}_o\boldsymbol{z}(t) + \boldsymbol{H}_1\boldsymbol{b}_o u(t) \tag{6.37}$$

式 (6.35) と式 (6.37) の差をとり，式 (6.30b) の関係を考慮すると，

$$\begin{aligned} &\dot{\hat{\boldsymbol{w}}}(t) - \boldsymbol{H}_1\dot{\boldsymbol{z}}(t) \\ &\quad = \boldsymbol{D}_1\hat{\boldsymbol{w}}(t) + \boldsymbol{b}_1 u(t) + \boldsymbol{g}_1\boldsymbol{c}_o^{\mathrm{T}}\boldsymbol{z}(t) - \boldsymbol{H}_1\boldsymbol{A}_o\boldsymbol{z}(t) - \boldsymbol{H}_1\boldsymbol{b}_o u(t) \end{aligned} \tag{6.38}$$

ここで，

$$\boldsymbol{H}_1\boldsymbol{A}_o - \boldsymbol{D}_1\boldsymbol{H}_1 = \boldsymbol{g}_1\boldsymbol{c}_o^{\mathrm{T}} \tag{6.39}$$

$$\boldsymbol{b}_1 = \boldsymbol{H}_1\boldsymbol{b}_o \tag{6.40}$$

なる関係が成り立つものとすると，式 (6.38) は，

$$\dot{\hat{\boldsymbol{w}}}(t) - \boldsymbol{H}_1\dot{\boldsymbol{z}}(t) = \boldsymbol{D}_1(\hat{\boldsymbol{w}}(t) - \boldsymbol{H}_1\boldsymbol{z}(t)) \tag{6.41}$$

上式より，行列 $\boldsymbol{D}_1$ の固有値がすべて負の実数部を有するならば，$\hat{\boldsymbol{w}}(t)$ は $\boldsymbol{H}_1\boldsymbol{z}(t)$ に漸近することがわかる．したがって，式 (6.32) より，

$$\boldsymbol{M}_1\boldsymbol{H}_1 + \boldsymbol{m}_1\boldsymbol{c}_o^{\mathrm{T}} = \boldsymbol{I} \tag{6.42}$$

なる関係が成り立つならば，推定値 $\hat{\boldsymbol{z}}(t)$ は $\boldsymbol{z}(t)$ に漸近する．上式は，

$$\begin{bmatrix} \boldsymbol{H}_1 \\ \boldsymbol{c}_o^{\mathrm{T}} \end{bmatrix} = \boldsymbol{W} \tag{6.43}$$

とすれば，式 (6.33) より，$\boldsymbol{MW} = \boldsymbol{I}$ として表わされる．したがって，式 (6.43) の行列 $\boldsymbol{W}$ が正則ならば，式 (6.32) の推定値 $\hat{\boldsymbol{z}}(t)$ は

$$\hat{\boldsymbol{z}}(t) = \boldsymbol{W}^{-1} \begin{bmatrix} \hat{\boldsymbol{w}}(t) \\ y(t) \end{bmatrix} \tag{6.44}$$

として与えられる (上の行列 $\boldsymbol{W}$ は，対 $(\boldsymbol{A}, \boldsymbol{c})$ が可観測で対 $(\boldsymbol{D}_1, \boldsymbol{g}_1)$ が可制御ならば，正則となることが知られている[20])．状態変数 $\boldsymbol{x}(t)$ の推定値 $\hat{\boldsymbol{x}}(t)$ は，上の $\hat{\boldsymbol{z}}(t)$ から式 (6.34) により求められる．

上述の方法では，式 (6.39) の関係を満足する行列 $\boldsymbol{H}_1$ の求解が必要となる．式 (6.39) は，行列 $\boldsymbol{A}_o$ と $\boldsymbol{D}_1$ が共通の固有値を持たなければ，$\boldsymbol{H}_1$ について一意に解くことができる．まず，$\boldsymbol{H}_1$ を

$$\boldsymbol{H}_1 = [\, \boldsymbol{h}_1 \;\; \boldsymbol{h}_2 \;\; \cdots \;\; \boldsymbol{h}_n \,] \quad (h_i : (n-1)\ \text{次元ベクトル}) \tag{6.45}$$

とすると，式 (6.39) はつぎのように表わされる．

$$\boldsymbol{h}_i - \boldsymbol{D}_1 \boldsymbol{h}_{i-1} = \boldsymbol{0}\ ;\ i = 2, 3, \cdots, n \tag{6.46a}$$

$$\sum_{i=1}^{n} \alpha_i \boldsymbol{h}_{n+1-i} + \boldsymbol{D}_1 \boldsymbol{h}_n = -\, \boldsymbol{g}_1 \tag{6.46b}$$

ここで，

$$\boldsymbol{h}_1 = [\, 1 \;\; 0 \;\; \cdots \;\; 0 \,]^{\mathrm{T}} \tag{6.47}$$

とすると，式 (6.46a) より，$\boldsymbol{H}_1$ は

$$\boldsymbol{H}_1 = \begin{bmatrix} 1 & 0 & \cdots & 0 & -d_{n-1} \\ 0 & 1 & \cdots & 0 & -d_{n-2} \\ \cdots & \cdots & \cdots & \cdots & \cdots \\ 0 & 0 & \cdots & 1 & -d_1 \end{bmatrix} \tag{6.48}$$

として得られる．したがって，$\boldsymbol{g}_1$ は，式 (6.46b) より，

$$\boldsymbol{g}_1 = \begin{bmatrix} -\alpha_n & & + d_{n-1}(\alpha_1 - d_1) \\ -\alpha_{n-1} & + d_{n-1} & + d_{n-2}(\alpha_1 - d_1) \\ \cdots & \cdots & \cdots \\ -\alpha_2 & + d_2 & + d_1(\alpha_1 - d_1) \end{bmatrix} \tag{6.49}$$

となる．また，$\boldsymbol{b}_1$ はつぎのように求められる．

$$\boldsymbol{b}_1 = \boldsymbol{H}_1 \boldsymbol{b}_o = \begin{bmatrix} \beta_n - d_{n-1}\beta_1 \\ \beta_{n-1} - d_{n-2}\beta_1 \\ \cdots\cdots \\ \beta_2 - d_1\beta_1 \end{bmatrix} \tag{6.50}$$

例題 6.5　例題 6.2 の制御対象に対して，最小次元の状態観測器を上述の方法により構成せよ．ただし，観測器の特性多項式は $s+5$ とする．

解　例題 6.2 の制御対象の $\boldsymbol{A}, \boldsymbol{b}, \boldsymbol{c}$ は，正則行列

$$\boldsymbol{T}_o = \begin{bmatrix} 2 & 2 \\ 0 & 1 \end{bmatrix} \quad \left(\boldsymbol{T}_o^{-1} = \begin{bmatrix} 1/2 & -1 \\ 0 & 1 \end{bmatrix}\right) \qquad ①$$

により，つぎの $\boldsymbol{A}_o, \boldsymbol{b}_o, \boldsymbol{c}_o$ に変換される．

$$\boldsymbol{A}_o = \boldsymbol{T}_o\boldsymbol{A}\boldsymbol{T}_o^{-1} = \begin{bmatrix} 0 & -4 \\ 1 & -5 \end{bmatrix}, \quad \boldsymbol{b}_o = \boldsymbol{T}_o\boldsymbol{b} = \begin{bmatrix} 2 \\ 0 \end{bmatrix},$$

$$\boldsymbol{c}_o = (\boldsymbol{T}_o^{-1})^{\mathrm{T}}\boldsymbol{c} = \begin{bmatrix} 0 \\ 1 \end{bmatrix} \qquad ②$$

この場合には $y(t) = z_2(t)$ なので，推定の対象となる状態変数は $z_1(t)$ のみである．観測器の行列 $\boldsymbol{D}_1$ の特性多項式は $s+5$ とするので，$\boldsymbol{D}_1 = -5$．したがって，この場合の式 (6.35) は次式となる．

$$\dot{\hat{\boldsymbol{w}}}(t) = -5\hat{\boldsymbol{w}}(t) + \boldsymbol{b}_1u(t) + \boldsymbol{g}_1y(t)\ ;\ \boldsymbol{b}_1 = \boldsymbol{H}_1\boldsymbol{b}_o \qquad ③$$

上式における H_1 は 1×2 の行列であり，

$$\boldsymbol{H}_1 = [\,h_1 \quad h_2\,] \qquad ④$$

とすると，式 (6.39) はつぎのように表わされる．

$$[\,h_1 \quad h_2\,]\begin{bmatrix} 0 & -4 \\ 1 & -5 \end{bmatrix} + 5[\,h_1 \quad h_2] = g_1[\,0 \quad 1\,]$$

$$\therefore\ h_2 + 5h_1 = 0, \quad -4h_1 = g_1 \qquad ⑤$$

したがって，$h_1 = 1$ とすると，

$$h_2 = -5, \quad g_1 = -4 \qquad ⑥$$

となる．すなわち，$\boldsymbol{H}_1 = [\,1 \ \ -5\,]$ であり，式 ③ の $\boldsymbol{b}_1$ は

$$\boldsymbol{b}_1 = \boldsymbol{H}_1\boldsymbol{b}_o = [\,1 \ \ -5\,]\begin{bmatrix} 2 \\ 0 \end{bmatrix} = 2 \qquad ⑦$$

として求められる．かくして，上の式 ③ は次式となる．

$$\dot{\hat{w}}(t) = -5\hat{w}(t) + 2u(t) - 4y(t) \qquad ⑧$$

また，この場合の $\boldsymbol{W}, \boldsymbol{W}^{-1}$ はつぎのように与えられる．

$$\boldsymbol{W} = \begin{bmatrix} \boldsymbol{H}_1 \\ \boldsymbol{c}_o^{\mathrm{T}} \end{bmatrix} = \begin{bmatrix} 1 & -5 \\ 0 & 1 \end{bmatrix}, \quad \boldsymbol{W}^{-1} = \begin{bmatrix} 1 & 5 \\ 0 & 1 \end{bmatrix} \qquad ⑨$$

したがって，$\hat{\boldsymbol{z}}(t)$ は，式 (6.44) より，

$$\hat{\boldsymbol{z}}(t) = \begin{bmatrix} 1 & 5 \\ 0 & 1 \end{bmatrix}\begin{bmatrix} \hat{w}(t) \\ y(t) \end{bmatrix} = \begin{bmatrix} \hat{w}(t) + 5y(t) \\ y(t) \end{bmatrix} \qquad ⑩$$

この結果，$\hat{\boldsymbol{x}}(t)$ は，式 (6.34) より，

$$\hat{\boldsymbol{x}}(t) = \begin{bmatrix} 2 & 2 \\ 0 & 1 \end{bmatrix}^{-1} \hat{\boldsymbol{z}}(t) = \begin{bmatrix} \dfrac{1}{2} & -1 \\ 0 & 1 \end{bmatrix} \begin{bmatrix} \hat{\boldsymbol{w}}(t) + 5y(t) \\ y(t) \end{bmatrix}$$

$$= \begin{bmatrix} \dfrac{1}{2}\hat{w}(t) + \dfrac{3}{2}y(t) \\ y(t) \end{bmatrix} \qquad ⑪$$

として求められる.

6.4 観測器を用いた状態フィードバック系

つぎに，状態観測器による状態の推定値 $\hat{\boldsymbol{x}}(t)$ を $\boldsymbol{x}(t)$ の代わりに用いたフィードバック制御系について考える．状態観測器は 6.2 節で述べた全次元形式によるものとする (図 6.6 参照).

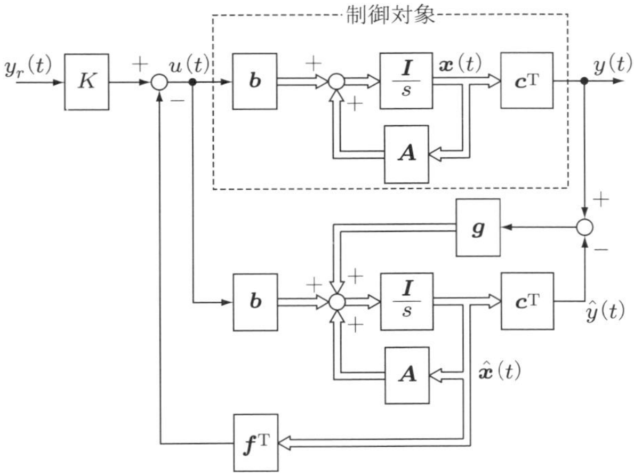

図 6.6 観測器を用いた状態フィードバック系

式 (6.2) における $\boldsymbol{x}(t)$ を推定値 $\hat{\boldsymbol{x}}(t)$ で置き換えて，制御入力 $u(t)$ を次式により作成するものとする.

$$u(t) = -\boldsymbol{f}^{\mathrm{T}}\hat{\boldsymbol{x}}(t) + Ky_r(t) \tag{6.51}$$

このとき，式 (6.1a) と式 (6.19a) はつぎのようになる.

$$\dot{\boldsymbol{x}}(t) = \boldsymbol{A}\boldsymbol{x}(t) - \boldsymbol{b}\boldsymbol{f}^{\mathrm{T}}\hat{\boldsymbol{x}}(t) + \boldsymbol{b}Ky_r(t) \tag{6.52}$$

$$\dot{\hat{\boldsymbol{x}}}(t) = \boldsymbol{A}\hat{\boldsymbol{x}}(t) + \boldsymbol{b}(-\boldsymbol{f}^{\mathrm{T}}\hat{\boldsymbol{x}}(t) + Ky_r(t)) + \boldsymbol{g}\boldsymbol{c}^{\mathrm{T}}(\boldsymbol{x}(t) - \hat{\boldsymbol{x}}(t)) \tag{6.53}$$

ここで，推定誤差 $\boldsymbol{e}(t)$ を，前と同様，$\boldsymbol{e}(t) = \boldsymbol{x}(t) - \hat{\boldsymbol{x}}(t)$ のように定義すると，上の式 (6.52)，(6.53) の 2 式はつぎの $2n$ 次元の状態方程式として表わされる.

$$\begin{bmatrix} \dot{\boldsymbol{x}}(t) \\ \dot{\boldsymbol{e}}(t) \end{bmatrix} = \begin{bmatrix} \boldsymbol{A}-\boldsymbol{b}\boldsymbol{f}^{\mathrm{T}} & \boldsymbol{b}\boldsymbol{f}^{\mathrm{T}} \\ \boldsymbol{0} & \boldsymbol{A}-\boldsymbol{g}\boldsymbol{c}^{\mathrm{T}} \end{bmatrix} \begin{bmatrix} \boldsymbol{x}(t) \\ \boldsymbol{e}(t) \end{bmatrix} + \begin{bmatrix} \boldsymbol{b}K \\ \boldsymbol{0} \end{bmatrix} y_r(t) \tag{6.54a}$$

$$y(t) = \begin{bmatrix} \boldsymbol{c}^{\mathrm{T}} & \boldsymbol{0} \end{bmatrix} \begin{bmatrix} \boldsymbol{x}(t) \\ \boldsymbol{e}(t) \end{bmatrix} \tag{6.54b}$$

式 (6.54a) の特性方程式は次式で与えられる.

$$\begin{vmatrix} s\boldsymbol{I}-(\boldsymbol{A}-\boldsymbol{b}\boldsymbol{f}^{\mathrm{T}}) & -\boldsymbol{b}\boldsymbol{f}^{\mathrm{T}} \\ \boldsymbol{0} & s\boldsymbol{I}-(\boldsymbol{A}-\boldsymbol{g}\boldsymbol{c}^{\mathrm{T}}) \end{vmatrix} = \left|s\boldsymbol{I}-\left(\boldsymbol{A}-\boldsymbol{b}\boldsymbol{f}^{\mathrm{T}}\right)\right| \left|s\boldsymbol{I}-\left(\boldsymbol{A}-\boldsymbol{g}\boldsymbol{c}^{\mathrm{T}}\right)\right| = 0$$

すなわち,

$$\left|s\boldsymbol{I}-\left(\boldsymbol{A}-\boldsymbol{b}\boldsymbol{f}^{\mathrm{T}}\right)\right| = 0, \quad \left|s\boldsymbol{I}-\left(\boldsymbol{A}-\boldsymbol{g}\boldsymbol{c}^{\mathrm{T}}\right)\right| = 0 \tag{6.55}$$

前者は状態フィードバック系の特性方程式, 後者は状態観測器の特性方程式である. 第4章でも述べたように, 対 $(\boldsymbol{A}, \boldsymbol{b})$ が可制御ならば, 係数ベクトル $\boldsymbol{f}$ の選定によりフィードバック系としての特性根を随意に安定な値に指定することができる. また, 状態観測器の特性根は, すでに述べたように, 係数ベクトル $\boldsymbol{g}$ の選定により随意に安定化することができる.

式 (6.54) より明らかなように, 指令入力 $y_r(t)$ から出力 $y(t)$ に至る閉ループ伝達関数 $W(s)$ $(= Y(s)/Y_r(s))$ はつぎのように求められる.

$$W(s) = \begin{bmatrix} \boldsymbol{c}^{\mathrm{T}} & \boldsymbol{0} \end{bmatrix} \begin{bmatrix} s\boldsymbol{I}-(\boldsymbol{A}-\boldsymbol{b}\boldsymbol{f}^{\mathrm{T}}) & -\boldsymbol{b}\boldsymbol{f}^{\mathrm{T}} \\ \boldsymbol{0} & s\boldsymbol{I}-(\boldsymbol{A}-\boldsymbol{g}\boldsymbol{c}^{\mathrm{T}}) \end{bmatrix}^{-1} \begin{bmatrix} \boldsymbol{b}K \\ \boldsymbol{0} \end{bmatrix} \tag{6.56}$$

上式は,

$$\begin{bmatrix} s\boldsymbol{I}-\left(\boldsymbol{A}-\boldsymbol{b}\boldsymbol{f}^{\mathrm{T}}\right) & -\boldsymbol{b}\boldsymbol{f}^{\mathrm{T}} \\ \boldsymbol{0} & s\boldsymbol{I}-\left(\boldsymbol{A}-\boldsymbol{g}\boldsymbol{c}^{\mathrm{T}}\right) \end{bmatrix}^{-1} = \begin{bmatrix} \left(s\boldsymbol{I}-\left(\boldsymbol{A}-\boldsymbol{b}\boldsymbol{f}^{\mathrm{T}}\right)\right)^{-1} & \boldsymbol{E} \\ \boldsymbol{0} & \left(s\boldsymbol{I}-\left(\boldsymbol{A}-\boldsymbol{g}\boldsymbol{c}^{\mathrm{T}}\right)\right)^{-1} \end{bmatrix};$$

$$\boldsymbol{E} = \left(s\boldsymbol{I}-\left(\boldsymbol{A}-\boldsymbol{b}\boldsymbol{f}^{\mathrm{T}}\right)\right)^{-1}\boldsymbol{b}\boldsymbol{f}^{\mathrm{T}}\left(s\boldsymbol{I}-\left(\boldsymbol{A}-\boldsymbol{g}\boldsymbol{c}^{\mathrm{T}}\right)\right)^{-1} \tag{6.57}$$

なる関係に留意すれば, つぎのように表わされる.

$$W(s) = \boldsymbol{c}^{\mathrm{T}}(s\boldsymbol{I}-(\boldsymbol{A}-\boldsymbol{b}\boldsymbol{f}^{\mathrm{T}}))^{-1}\boldsymbol{b}K \tag{6.58}$$

すなわち, この場合の閉ループ伝達関数 $W(s)$ は, 6.1 節で述べた真の状態 $\boldsymbol{x}(t)$ を直接フィードバックしたときの伝達関数と同じである.

例題 6.6　例題 6.2 の状態フィードバック制御系を, 例題 6.4 に示した全次元形の状態観測器を用いて構成せよ.

解 例題 6.2 の制御対象に対する状態フィードバック制御系を例題 6.4 に示した全次元形の状態観測器を用いて構成する場合には，図 6.6 の制御系の各パラメータをつぎのように設定すればよい．

$$\boldsymbol{A} = \begin{bmatrix} -2 & 1 \\ 2 & -3 \end{bmatrix}, \quad \boldsymbol{b} = \begin{bmatrix} 1 \\ 0 \end{bmatrix}, \quad \boldsymbol{c} = \begin{bmatrix} 0 \\ 1 \end{bmatrix}, \quad \boldsymbol{g} = \begin{bmatrix} 11/2 \\ 5 \end{bmatrix},$$

$$\boldsymbol{f} = \begin{bmatrix} 1 \\ 1 \end{bmatrix}, \quad K = 4.5$$

図 6.7 に上の制御系の MATLAB によるシミュレーション結果を示す．図の (a), (b) は $y_r(t)$ を $\mathbb{1}(t)$, $\boldsymbol{x}(t)$ の初期値を $\boldsymbol{x}_0 = [0 \;\; 0]^{\mathrm{T}}, [1 \;\; 0]^{\mathrm{T}}$, $\hat{\boldsymbol{x}}(t)$ の初期値を $\hat{\boldsymbol{x}}_0 = [0 \;\; 0]^{\mathrm{T}}$ とした場合の $y(t), u(t)$ の応答を示したものである．$\boldsymbol{x}_0 = [0 \;\; 0]^{\mathrm{T}}$ の場合の応答は図 6.3 の応答と同じである．また，図の (c) には $\boldsymbol{x}(t)$ の初期値を $\boldsymbol{x}_0 = [1 \;\; 0]^{\mathrm{T}}$ とした場合の状態観測器の応答 $\hat{x}_1(t), \hat{x}_2(t)$ を示す．制御対象の状態 $x_1(t), x_2(t)$ が正しく推定されていることがわかる．

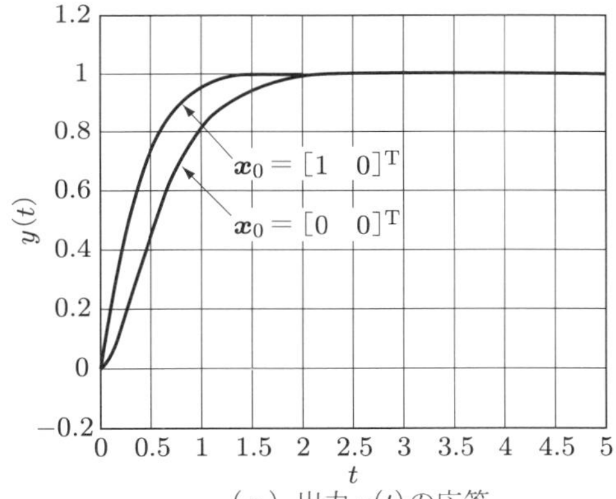

（a）出力 $y(t)$ の応答

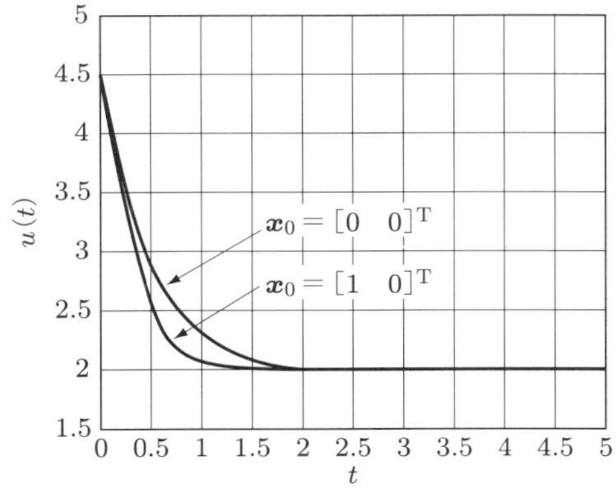

（b）制御入力 $u(t)$ の応答

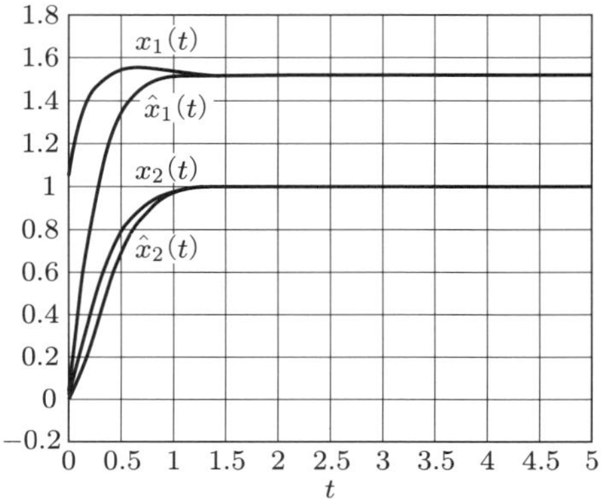

（c）状態推定値 $\hat{x}_1(t)$, $\hat{x}_2(t)$ の応答
($\boldsymbol{x}_0 = [1 \quad 0]^{\mathrm{T}}$, $\hat{\boldsymbol{x}}_0 = [0 \quad 0]^{\mathrm{T}}$)

図 6.7　観測器を用いた状態フィードバック系のシミュレーション結果

6.5 演習問題

1. 対 $(\boldsymbol{A}, \boldsymbol{b})$ が可制御ならば，$(\boldsymbol{A} - \boldsymbol{b}\boldsymbol{f}^{\mathrm{T}}, \boldsymbol{b})$ も可制御となることを示せ．
2. 対 $(\boldsymbol{A}, \boldsymbol{c})$ が可観測ならば，$(\boldsymbol{A} - \boldsymbol{g}\boldsymbol{c}^{\mathrm{T}}, \boldsymbol{c})$ も可観測となることを示せ．
3. $\boldsymbol{A}, \boldsymbol{b}, \boldsymbol{c}$ が

$$\boldsymbol{A} = \begin{bmatrix} 0 & 1 \\ 0 & -1 \end{bmatrix}, \quad \boldsymbol{b} = \begin{bmatrix} 0 \\ 1 \end{bmatrix}, \quad \boldsymbol{c} = \begin{bmatrix} 1 \\ 0 \end{bmatrix}$$

で与えられる制御対象に対して，全次元型の状態観測器を設計せよ．観測器の特性方程式は $s^2 + 10s + 25$ とする．

4. 上の問 3 の制御対象に対して，最小次元型の状態観測器を例題 6.5 と同様の方法により設計せよ．観測器の特性多項式は $s + 5$ とする．
5. 例題 6.2 の制御対象に対する全次元型の状態観測器を，対 $(\boldsymbol{A}^{\mathrm{T}}, \boldsymbol{c})$ の可制御性に着目して，設計せよ．観測器の特性多項式は $s^2 + 10s + 25$ とする．

第7章 最適制御

適当な評価関数を最小にするような制御は最適制御と呼ばれる．評価関数としてよく用いられるものは制御誤差と制御入力の大きさを考慮した2次形式である．本章ではまず，出力を一定に保つレギュレータの最適設計法を述べる．最適レギュレータは状態フィードバックにより実現されるが，その際のゲインはリカッチ方程式の解により決定される．続いて，外乱の存在下でも指令入力に追従しうるサーボ系の設計法について述べる．外乱除去のためには内部モデル原理の概念が重要である．ここではステップ外乱を考慮したサーボ系の最適設計法を紹介する．この場合の制御装置のゲインは制御装置内の積分器を考慮に入れた拡大系を基に最適レギュレータと同様の手法により決定される．

7.1 最適レギュレータ

制御対象は次式で記述されるものとする．

$$\dot{\boldsymbol{x}}(t) = \boldsymbol{A}\boldsymbol{x}(t) + \boldsymbol{b}u(t) \tag{7.1a}$$

$$y(t) = \boldsymbol{c}^{\mathrm{T}}\boldsymbol{x}(t) \tag{7.1b}$$

ここに，$\boldsymbol{x}(t)$ は n 次元の状態ベクトル，$u(t), y(t)$ はスカラーの入力と出力で，$\boldsymbol{A}$ は $n \times n$ の定数行列，$\boldsymbol{b}, \boldsymbol{c}$ は n 次元の定数ベクトルである．また，この制御対象は可制御，可観測であるとする．

上の制御対象に対して，つぎの2次形式の評価関数を考える．

$$J = \int_0^{\infty} \{\boldsymbol{x}^{\mathrm{T}}(t)\boldsymbol{Q}\boldsymbol{x}(t) + ru^2(t)\}\, dt \tag{7.2}$$

ここに，$\boldsymbol{Q}$ は $n \times n$ の正定または準正定の定数行列 (準正定の場合には後述の条件が必要)，r は正の定数である．$\boldsymbol{Q}$ は状態に対する重みを，r は入力に対する重みを表わす．

式 (7.2) の評価関数では状態変数 $\boldsymbol{x}(t)$ が考慮されているが，次式に示すように状態変数に代わって出力 $y(t)$ を考えることもできる．

$$J = \int_0^\infty \{qy^2(t) + ru^2(t)\}\,dt \tag{7.3}$$

ここに，q は正の定数で出力に対する重みを表わす．上式は，式 (7.1b) の関係を考えると，つぎのように書き改められる．

$$J = \int_0^\infty \{q\boldsymbol{x}^{\mathrm{T}}(t)\boldsymbol{c}\boldsymbol{c}^{\mathrm{T}}x(t) + ru^2(t)\}\,dt$$

すなわち，式 (7.3) の評価関数は，$\boldsymbol{Q} = q\boldsymbol{c}\boldsymbol{c}^{\mathrm{T}}$ と考えれば，式 (7.2) の形になる．ただし，この場合には $\boldsymbol{Q}$ は準正定行列となるので，後述するように，最適制御解の漸近安定性を保証するためには，対 $(\boldsymbol{A}, \boldsymbol{c})$ の可観測条件が必要である．この条件を満足すれば，式 (7.2) の $\boldsymbol{Q}$ は準正定でもよいというわけである．

式 (7.2) の評価関数を最小にするように制御系を構成したい．そのためには，$t \to \infty$ で $\boldsymbol{x}(t) \to \boldsymbol{0}, u(t) \to 0$ となるように制御系を構成しなければならない．このような制御はレギュレータ問題と呼ばれる．式 (7.2) の評価関数を最小にするようなレギュレータは**最適レギュレータ** (optimal regulater) と呼ばれる．式 (7.2) の評価関数を最小にするような制御入力 $u(t)$ は次式で与えられる．

$$u(t) = -\boldsymbol{f}^{\mathrm{T}}x(t)\ ;\ \boldsymbol{f} = r^{-1}\boldsymbol{P}\boldsymbol{b} \tag{7.4}$$

ここに，$\boldsymbol{P}$ は次式を満足するような $n \times n$ の正定行列である．

$$\boldsymbol{A}^{\mathrm{T}}\boldsymbol{P} + \boldsymbol{P}\boldsymbol{A} - r^{-1}\boldsymbol{P}\boldsymbol{b}\boldsymbol{b}^{\mathrm{T}}\boldsymbol{P} + \boldsymbol{Q} = \boldsymbol{\mathrm{O}} \tag{7.5}$$

上式は**リカッチ方程式** (Riccati equation) と呼ばれる．行列 $\boldsymbol{P}$ は対称なので，上式は $\boldsymbol{P}$ の要素 p_{ij} $(= p_{ji}\ ;\ i,j = 1, 2, \cdots, n)$ に関する $n(n+1)/2$ 個の方程式を意味する．これらの方程式は，式 (7.5) の左辺第 3 項の存在からも明らかなように，p_{ij} に関する 2 次の非線形方程式である．

式 (7.4) の $u(t)$ が式 (7.2) の評価関数 J を最小にすることは，つぎのようにして示すことができる．まず，つぎの恒等式に着目する．

$$\begin{aligned}\int_0^\infty \frac{d}{dt}\bigl\{\boldsymbol{x}^{\mathrm{T}}(t)\boldsymbol{P}\boldsymbol{x}(t)\bigr\}\,dt &= \boldsymbol{x}^{\mathrm{T}}(t)\boldsymbol{P}\boldsymbol{x}(t)\Bigr|_0^\infty \\ &= \boldsymbol{x}^{\mathrm{T}}(\infty)\boldsymbol{P}\boldsymbol{x}(\infty) - \boldsymbol{x}^{\mathrm{T}}(0)\boldsymbol{P}\boldsymbol{x}(0)\end{aligned}$$

レギュレータ問題では $\boldsymbol{x}(\infty) = 0$ でなければならないから，上式よりつぎの関係が成り立つ．

$$\int_0^\infty \frac{d}{dt}\{\boldsymbol{x}^{\mathrm{T}}(t)\boldsymbol{P}\boldsymbol{x}(t)\}dt + \boldsymbol{x}^{\mathrm{T}}(0)\boldsymbol{P}\boldsymbol{x}(0) = 0 \tag{7.6}$$

また，式 (7.1) よりつぎの関係が得られる．

$$\begin{aligned}\frac{d}{dt}\bigl\{\boldsymbol{x}^{\mathrm{T}}(t)\boldsymbol{P}\boldsymbol{x}(t)\bigr\} &= \dot{\boldsymbol{x}}^{\mathrm{T}}(t)\boldsymbol{P}\boldsymbol{x}(t) + \boldsymbol{x}^{\mathrm{T}}(t)\boldsymbol{P}\dot{\boldsymbol{x}}(t) \\ &= \boldsymbol{x}^{\mathrm{T}}(t)(\boldsymbol{A}^{\mathrm{T}}\boldsymbol{P} + \boldsymbol{P}\boldsymbol{A})\boldsymbol{x}(t) + 2u(t)\boldsymbol{b}^{\mathrm{T}}\boldsymbol{P}\boldsymbol{x}(t)\end{aligned} \tag{7.7}$$

上式を式 (7.6) に用いると，

$$\int_0^\infty \{\boldsymbol{x}^{\mathrm{T}}(t)(\boldsymbol{A}^{\mathrm{T}}\boldsymbol{P} + \boldsymbol{P}\boldsymbol{A})\boldsymbol{x}(t) + 2u(t)\boldsymbol{b}^{\mathrm{T}}\boldsymbol{P}\boldsymbol{x}(t)\}\,dt + \boldsymbol{x}^{\mathrm{T}}(0)\boldsymbol{P}\boldsymbol{x}(0) = 0 \tag{7.8}$$

上の関係を式 (7.2) に用いると，

$$\begin{aligned} J &= \int_0^\infty \{\boldsymbol{x}^{\mathrm{T}}(t)(\boldsymbol{Q} + \boldsymbol{A}^{\mathrm{T}}\boldsymbol{P} + \boldsymbol{P}\boldsymbol{A})\boldsymbol{x}(t) + ru^2(t) \\ &\quad + 2u(t)\boldsymbol{b}^{\mathrm{T}}\boldsymbol{P}\boldsymbol{x}(t)\}\,dt + \boldsymbol{x}^{\mathrm{T}}(0)\boldsymbol{P}\boldsymbol{x}(0) \\ &= \int_0^\infty \{\boldsymbol{x}^{\mathrm{T}}(t)(\boldsymbol{Q} + \boldsymbol{A}^{\mathrm{T}}\boldsymbol{P} + \boldsymbol{P}\boldsymbol{A} - r^{-1}\boldsymbol{P}\boldsymbol{b}\boldsymbol{b}^{\mathrm{T}}\boldsymbol{P})\boldsymbol{x}(t) + ru^2(t) \\ &\quad + 2u(t)\boldsymbol{b}^{\mathrm{T}}\boldsymbol{P}\boldsymbol{x}(t) + r^{-1}\boldsymbol{x}^{\mathrm{T}}(t)\boldsymbol{P}\boldsymbol{b}\boldsymbol{b}^{\mathrm{T}}\boldsymbol{P}\boldsymbol{x}(t)\}\,dt + \boldsymbol{x}^{\mathrm{T}}(0)\boldsymbol{P}\boldsymbol{x}(0) \\ &= \int_0^\infty \{\boldsymbol{x}^{\mathrm{T}}(t)(\boldsymbol{Q} + \boldsymbol{A}^{\mathrm{T}}\boldsymbol{P} + \boldsymbol{P}\boldsymbol{A} - r^{-1}\boldsymbol{P}\boldsymbol{b}\boldsymbol{b}^{\mathrm{T}}\boldsymbol{P})\boldsymbol{x}(t) + r(u(t) \\ &\quad + r^{-1}\boldsymbol{b}^{\mathrm{T}}\boldsymbol{P}\boldsymbol{x}(t))^2\}\,dt + \boldsymbol{x}^{\mathrm{T}}(0)\boldsymbol{P}\boldsymbol{x}(0) \end{aligned} \tag{7.9}$$

したがって，上の評価関数 J は，正定行列 $\boldsymbol{P}$ を式 (7.5) のように選び，制御入力 $u(t)$ を式 (7.4) のように定めるならば，最小となる．このときの J の最小値は次式で与えられる．

$$J = \boldsymbol{x}^{\mathrm{T}}(0)\boldsymbol{P}\boldsymbol{x}(0) \tag{7.10}$$

最適レギュレータのシステム構成は式 (7.1) の制御対象と式 (7.4) の制御装置を一体としたもので，図 7.1 にこれを示す．最適レギュレータにおける制御入力 $u(t)$ は，図に示されるように，状態ベクトル $\boldsymbol{x}(t)$ のフィードバックとして与えられる．この制御系の動作は，式 (7.1) に式 (7.4) を代入することにより，次式で表わされる．

$$\dot{\boldsymbol{x}}(t) = (\boldsymbol{A} - \boldsymbol{b}\boldsymbol{f}^{\mathrm{T}})\boldsymbol{x}(t)\ ;\ \boldsymbol{f} = r^{-1}\boldsymbol{P}\boldsymbol{b} \tag{7.11}$$

この制御系は漸近安定であり，$t \to \infty$ で $\boldsymbol{x}(t) \to \boldsymbol{0}$ が達成される (このとき，式 (7.4) より，$u(t) \to 0$ も達成される)．これはつぎのようにして示される．

まず，式 (7.5) はつぎのように表わすことができる．

$$\left(\boldsymbol{A} - r^{-1}\boldsymbol{b}\boldsymbol{b}^{\mathrm{T}}\boldsymbol{P}\right)^{\mathrm{T}}\boldsymbol{P} + \boldsymbol{P}\left(\boldsymbol{A} - r^{-1}\boldsymbol{b}\boldsymbol{b}^{\mathrm{T}}\boldsymbol{P}\right) = -\boldsymbol{Q} - r^{-1}\boldsymbol{P}\boldsymbol{b}\boldsymbol{b}^{\mathrm{T}}\boldsymbol{P}$$

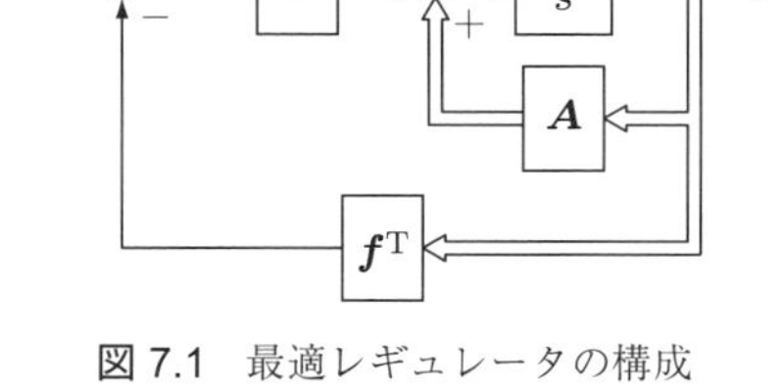

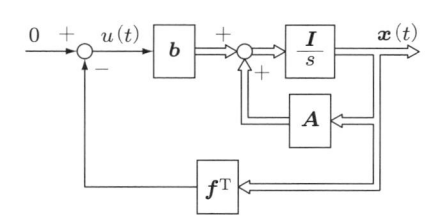

図 7.1　最適レギュレータの構成

上式は，$\boldsymbol{f} = r^{-1}\boldsymbol{P}\boldsymbol{b}$ なる関係より，次式を意味する．

$$(\boldsymbol{A} - \boldsymbol{b}\boldsymbol{f}^{\mathrm{T}})^{\mathrm{T}}\boldsymbol{P} + \boldsymbol{P}(\boldsymbol{A} - \boldsymbol{b}\boldsymbol{f}^{\mathrm{T}}) = -\boldsymbol{Q} - r^{-1}\boldsymbol{P}\boldsymbol{b}\boldsymbol{b}^{\mathrm{T}}\boldsymbol{P} \tag{7.12}$$

上式右辺第1項の行列 $\boldsymbol{Q}$ は仮定により正定または準正定 (ただし，対 $(\boldsymbol{A}, \boldsymbol{c})$ は可観測)，第2項の行列 $r^{-1}\boldsymbol{P}\boldsymbol{b}\boldsymbol{b}^{\mathrm{T}}\boldsymbol{P}$ は，$r > 0$，$\boldsymbol{P}\boldsymbol{b}\boldsymbol{b}^{\mathrm{T}}\boldsymbol{P} = (\boldsymbol{P}\boldsymbol{b})(\boldsymbol{P}\boldsymbol{b})^{\mathrm{T}}$ より明らかなように，準正定である．したがって，第5章で述べた線形系の安定性に関する定理5.3または定理5.4により，式 (7.11) の系は漸近安定である．すなわち，$t \to \infty$ で $\boldsymbol{x}(t) \to \boldsymbol{0}$ となる．式 (7.11) の系の漸近安定性は係数行列 $\boldsymbol{A} - \boldsymbol{b}\boldsymbol{f}^{\mathrm{T}}$ の固有値が負の実数部を有することを意味する．

例題 7.1　式 (7.1) の $\boldsymbol{A}, \boldsymbol{b}, \boldsymbol{c}$ が

$$\boldsymbol{A} = 1,\ \boldsymbol{b} = 1,\ \boldsymbol{c} = 1 \tag{①}$$

として表わされる1次の制御対象がある．式 (7.2) の評価関数の $\boldsymbol{Q}, r$ が

$$\boldsymbol{Q} = 1,\ r = 1,\ 4,\ 1/4 \tag{②}$$

として与えられる場合について，評価関数を最小とするような最適レギュレータを設計せよ．

解　この例では，$\boldsymbol{A} = 1, \boldsymbol{b} = 1, \boldsymbol{Q} = 1$ である．したがって，式 (7.2) の評価関数を最小とするような最適制御入力は，式 (7.4) より，次式で与えられる．

$$u(t) = -fx(t)\ ;\ f = \frac{1}{r}\boldsymbol{P} \tag{③}$$

ここに，$\boldsymbol{P}$ はスカラー量 p で，つぎのリカッチ方程式を満足する正の値として求められる．

$$2p - \frac{1}{r}p^2 + 1 = 0 \quad \therefore\ p^2 - 2rp - r = 0 \tag{④}$$

上式の解は

$$p = r \pm \sqrt{r^2 + r} \tag{⑤}$$

として求められる．しかし，$\boldsymbol{P}$ の正定性より，$p > 0$ でなければならないので，$p = r - \sqrt{r^2 + r}$ は採用されず，$p = r + \sqrt{r^2 + r}$ だけが求めるべき解となる．

この場合のレギュレータの過渡応答は，閉ループ系

$$\dot{x}(t) = (1 - f)x(t) \tag{⑥}$$

の初期値 $\boldsymbol{x}(0)$ に対する応答として，つぎのように求められる．

$$x(t) = e^{(1-f)t}x(0) \tag{⑦}$$

表7.1に r の値を変えた場合の p, f の値と閉ループ系の極 $s\ (= 1 - f)$ の値を示す．この表から明らかなように，閉ループ系の極 s は，r のいかんにかかわらず，負であり，閉ループ系はつねに漸近安定であることがわかる．また，閉ループ系の極の値は，

重み係数 r が小さいと，負の方向に大きくなって過渡応答が速められ，r を大きくすると，-1 に近づくこともわかる．

上述の設計結果を検証するため，MATLAB を用いてシミュレーションを行なった．図 7.2 にその結果を示す．この図は $x(t)$ の初期値 x_0 を 1.0 とし，重み係数 r を

表 7.1 1 次最適レギュレータのパラメータ値

r	1/4	1	4	∞
p	0.809	2.414	8.472	∞
f	3.236	2.414	2.118	2
s	-2.236	-1.414	-1.118	-1

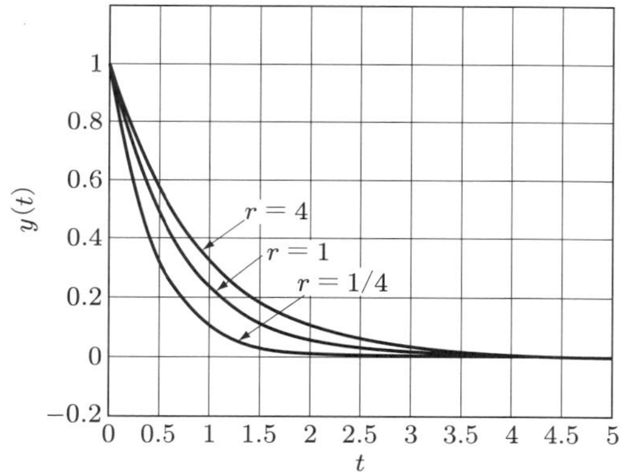

（a）出力 $y(t)$ の応答

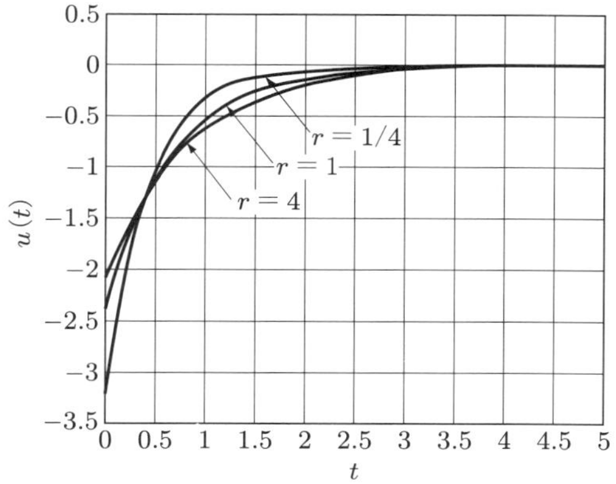

（b）制御入力 $u(t)$ の応答

図 7.2 最適レギュレータのシミュレーション結果 (1 次系の場合)

1/4, 1, 4 とした場合のもので，(a), (b) にそれぞれ $y(t), u(t)$ の応答が示されている．

例題 7.2　式 (7.1) の $\boldsymbol{A}, \boldsymbol{b}, \boldsymbol{c}$ が

$$\boldsymbol{A} = \begin{bmatrix} 0 & 1 \\ 0 & -1 \end{bmatrix}, \quad \boldsymbol{b} = \begin{bmatrix} 0 \\ 1 \end{bmatrix}, \quad \boldsymbol{c} = \begin{bmatrix} 1 \\ 0 \end{bmatrix} \qquad ①$$

として表わされるような2次の制御対象がある．式 (7.2) の評価関数の $\boldsymbol{Q}, r$ が

$$\boldsymbol{Q} = \begin{bmatrix} 1 & 0 \\ 0 & 1 \end{bmatrix}, \quad r = 1,\ 1/4,\ 4 \qquad ②$$

で与えられるものとして，この評価関数を最小とするような最適レギュレータを設計せよ．

解　この例では $n = 2$ なので，$\boldsymbol{P}$ は 2×2 の

$$\boldsymbol{P} = \begin{bmatrix} p_{11} & p_{12} \\ p_{12} & p_{22} \end{bmatrix} \qquad ③$$

なる正定行列で，式 ①，② の $\boldsymbol{A}, \boldsymbol{b}, \boldsymbol{Q}, r$ より，つぎのリカッチ方程式を満足する．

$$\begin{bmatrix} 0 & 0 \\ 1 & -1 \end{bmatrix}\begin{bmatrix} p_{11} & p_{12} \\ p_{12} & p_{22} \end{bmatrix} + \begin{bmatrix} p_{11} & p_{12} \\ p_{12} & p_{22} \end{bmatrix}\begin{bmatrix} 0 & 1 \\ 0 & -1 \end{bmatrix}$$
$$- \frac{1}{r}\begin{bmatrix} p_{11} & p_{12} \\ p_{12} & p_{22} \end{bmatrix}\begin{bmatrix} 0 \\ 1 \end{bmatrix}[0 \ \ 1]\begin{bmatrix} p_{11} & p_{12} \\ p_{12} & p_{22} \end{bmatrix} + \begin{bmatrix} 1 & 0 \\ 0 & 1 \end{bmatrix} = \begin{bmatrix} 0 & 0 \\ 0 & 0 \end{bmatrix}$$

$$\therefore \left.\begin{aligned} &-\frac{1}{r}p_{12}^2 + 1 = 0 \\ &p_{11} - p_{12} - \frac{1}{r}p_{12}p_{22} = 0 \\ &2(p_{12} - p_{22}) - \frac{1}{r}p_{22}^2 + 1 = 0 \end{aligned}\right\} \qquad ④$$

この場合の最適制御入力 $u(t)$ は，上式を満足する正定行列 $\boldsymbol{P}$ を用いて，次式で与えられる．

$$u(t) = -\frac{1}{r}[0 \ \ 1]\begin{bmatrix} p_{11} & p_{12} \\ p_{12} & p_{22} \end{bmatrix}\begin{bmatrix} x_1(t) \\ x_2(t) \end{bmatrix} = -\frac{1}{r}(p_{12}x_1(t) + p_{22}x_2(t)) \qquad ⑤$$

まず，$r = 1$ の場合について考える．この場合には，式 ④ より，つぎの関係が得られる．

$$p_{12}^2 = 1 \qquad ⑥$$

$$p_{11} - p_{12} - p_{12}p_{22} = 0 \qquad ⑦$$

$$2(p_{12} - p_{22}) - p_{22}^2 + 1 = 0 \qquad ⑧$$

上の式⑥より，$p_{12} = \pm 1$．$p_{12} = 1$ を式 ⑧ に代入すると，次式が得られる．

$$p_{22}^2 + 2p_{22} - 3 = 0 \quad ⑨$$

上式の解は $p_{22} = 1, -3$ であるが，行列 $\boldsymbol{P}$ は正定でなければならないので，$p_{22} = 1$ が採用される．このとき，式 ⑦ より，$p_{11} = 2$ が得られる．

式 ⑥ のもう一つの解 $p_{12} = -1$ を式 ⑧ に代入すると，

$$p_{22}^2 + 2p_{22} + 1 = 0 \quad ⑩$$

が得られ，この方程式の解は $p_{22} = -1$ である．この値は正定条件 $p_{22} > 0$ に反するので，$p_{12} = -1$ は採用されない．

かくして，行列 $\boldsymbol{P}$ は

$$\boldsymbol{P} = \begin{bmatrix} p_{11} & p_{12} \\ p_{12} & p_{22} \end{bmatrix} = \begin{bmatrix} 2 & 1 \\ 1 & 1 \end{bmatrix} \quad ⑪$$

として求められる．この $\boldsymbol{P}$ の正定性は，$p_{11} > 0,\ p_{11}p_{22} - p_{12}^2 > 0$ であることから確かめられる．この結果を用いると，フィードバックゲイン $\boldsymbol{f}$ $(= r^{-1}\boldsymbol{Pb})$ はつぎのように定まる．

$$\boldsymbol{f}^{\mathrm{T}}\ (= [\,f_1 \quad f_2\,]) = [\,0 \quad 1\,] \begin{bmatrix} 2 & 1 \\ 1 & 1 \end{bmatrix} = [\,1 \quad 1\,] \quad ⑫$$

この場合の閉ループ系の極は，行列

$$\boldsymbol{A} - \boldsymbol{b}\boldsymbol{f}^{\mathrm{T}} = \begin{bmatrix} 0 & 1 \\ 0 & -1 \end{bmatrix} - \begin{bmatrix} 0 \\ 1 \end{bmatrix} [\,1 \quad 1\,] = \begin{bmatrix} 0 & 1 \\ -1 & -2 \end{bmatrix} \quad ⑬$$

の固有値として，つぎのように求められる．

$$\left| s\boldsymbol{I} - \left(\boldsymbol{A} - \boldsymbol{b}\boldsymbol{f}^{\mathrm{T}}\right) \right| = \begin{vmatrix} s & -1 \\ 1 & s+2 \end{vmatrix} = s^2 + 2s + 1 = 0 \qquad \therefore\ s_{1,2} = -1 \quad ⑭$$

すなわち，この場合には閉ループ系の極は $s = -1$ の重極となる．

$r = 1/4,\ 4$ の場合にも，上と同様にして解が求められる．表 7.2 にその結果を示す．この結果より，前例題におけると同様，r の値が大きくなると，閉ループ系の極 s_1, s_2 の値が小さくなり，系の応答が遅くなることがわかる．

表 7.2　2 次最適レギュレータのパラメータ値

r	$1/4$	1	4
$\boldsymbol{P}$	$\begin{bmatrix} 1.5 & 0.5 \\ 0.5 & 0.5 \end{bmatrix}$	$\begin{bmatrix} 2 & 1 \\ 1 & 1 \end{bmatrix}$	$\begin{bmatrix} 3 & 2 \\ 2 & 2 \end{bmatrix}$
$\boldsymbol{f}^{\mathrm{T}}$	$[2 \quad 2]$	$[1 \quad 1]$	$[0.5 \quad 0.5]$
s_1, s_2	$-2,\ -1$	$-1,\ -1$	$-0.5,\ -1$

図7.3に上述の設計結果のシミュレーション例を示す．この図は $\boldsymbol{x}(t)$ の初期値を $\boldsymbol{x}_0 = [1 \quad 0]^{\mathrm{T}}$ とし，重み係数 r を，前と同様，1/4，1，4とした場合のものである．

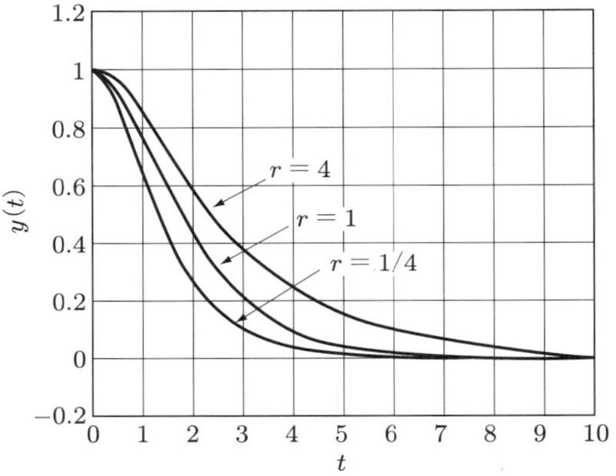

（a）出力 $y(t)$ の応答

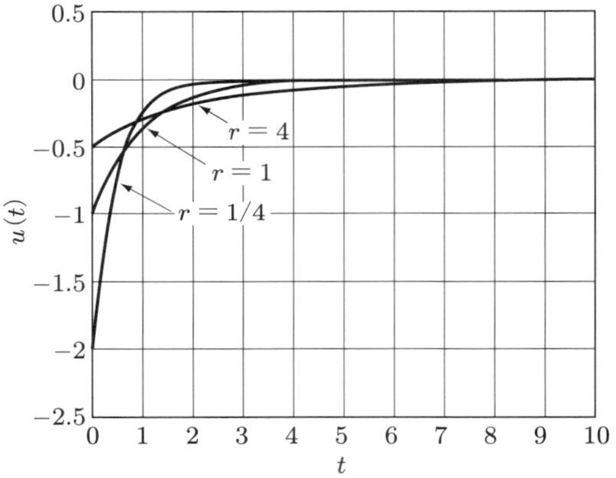

（b）制御入力 $u(t)$ の応答

図7.3　最適レギュレータのシミュレーション結果 (1次系の場合)

7.2 ▶ 最適サーボ系

任意の指令入力に追従しうるような制御系は**サーボ系**と呼ばれる．制御対象にはしばしばステップ状やランプ状などの外乱が加わる．サーボ系では，このような外乱の存在下でも，指令入力に安定に定常的な誤差なしに追従しうることが必要である．本節では，この目的を達成するために制御系をどのように構成すればよいかについて考える．

7.2.1 内部モデル原理

図 7.4 に示す閉ループ制御系において，制御偏差 $e(t)$ が指令入力 $y_r(t)$ と外乱 $d(t)$ にどのようにかかわるかについて考える．図の制御系では，制御対象と制御装置の伝達関数をそれぞれ $G_p(s), G_c(s)$ とし，信号 $f(t)$ のラプラス変換を $F(s)$ と記すと，つぎの関係が成り立つ．

$$\begin{aligned} E(s) &= Y_r(s) - Y(s) \\ Y(s) &= G_p(s)(U(s) + D(s)) \\ U(s) &= G_c(s)E(s) \end{aligned} \tag{7.13}$$

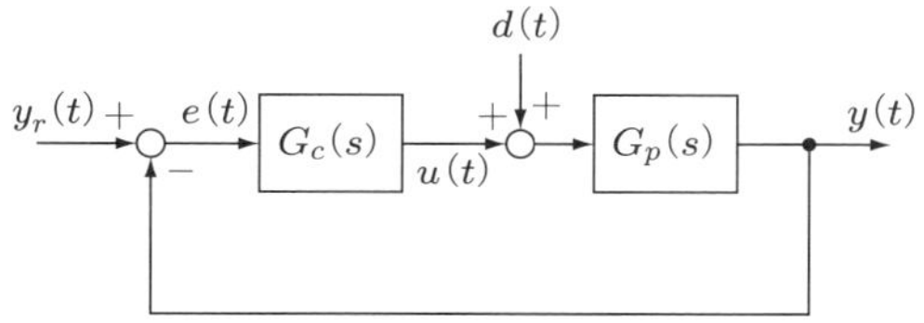

図 7.4 外乱が加わる閉ループ制御系

これより，$E(s)$ はつぎのように表わされる．

$$E(s) = \frac{1}{1 + G_c(s)G_p(s)} Y_r(s) - \frac{G_p(s)}{1 + G_c(s)G_p(s)} D(s) \tag{7.14}$$

上式は，$G_c(s), G_p(s)$ を多項式の比として

$$G_c(s) = \frac{C_n(s)}{C_d(s)}, \quad G_p(s) = \frac{P_n(s)}{P_d(s)} \tag{7.15}$$

と記すと，つぎのように表わされる．

$$\begin{aligned} E(s) = &\frac{C_d(s)P_d(s)}{C_d(s)P_d(s) + C_n(s)P_n(s)} Y_r(s) \\ &- \frac{C_d(s)P_n(s)}{C_d(s)P_d(s) + C_n(s)P_n(s)} D(s) \end{aligned} \tag{7.16}$$

一般に指令入力や外乱としてはステップ状，ランプ状，正弦波状などの信号が考えられる．指令入力や外乱などの信号を $f(t)$ とすると，そのラプラス変換 $F(s)$ は次式で表わされる．

$$F(s) = \frac{\alpha}{M(s)} \ ; M(s) = s^q + m_1 s^{q-1} + \cdots + m_q \tag{7.17}$$

例えば，$f(t)$ がステップ ($f(t) = \alpha\mathbb{1}(t)$) の場合には $M(s) = s$，ランプ ($f(t) = \alpha t$) の場合には $M(s) = s^2$，正弦波 ($f(t) = \alpha\sin(\omega t)$) の場合には $M(s) = s^2 + \omega^2$ である．式 (7.17) は信号 $f(t)$ の**発生モデル**と呼ばれる．

以上の準備の下に，図 7.4 の制御系の定常偏差について考える．はじめに，外乱 $d(t)$ が存在しない ($D(s) \equiv 0$) 場合について考える．指令入力 $y_r(t)$ のラプラス変換 $Y_r(s)$ が式 (7.17) の $F(s)$ で表わされるとすると，この場合の $E(s)$ は次式となる．

$$E(s) = \frac{C_d(s)P_d(s)}{C_d(s)P_d(s) + C_n(s)P_n(s)}\frac{\alpha}{M(s)} \tag{7.18}$$

制御系が漸近安定ならば，$e(t)$ ($= \mathscr{L}^{-1}(E(s))$) の定常値 $e(\infty)$ は，ラプラス変換の最終値定理により，次式で与えられる．

$$e(\infty) = \lim_{s\to 0} sE(s) = \lim_{s\to 0} s\frac{C_d(s)P_d(s)}{C_d(s)P_d(s) + C_n(s)P_n(s)}\frac{\alpha}{M(s)} \tag{7.19}$$

上式によれば，制御系の開ループ伝達関数 $G_c(s)G_p(s)$ が指令入力 $y_r(t)$ の発生モデルを包含する，すなわち，$G_c(s)G_p(s)$ の分母多項式 $C_d(s)P_d(s)$ が

$$C_d(s)P_d(s) = M(s)\tilde{C}_d(s)\tilde{P}_d(s) \tag{7.20}$$

のように多項式 $M(s)$ を含むならば，上の式 (7.19) は

$$e(\infty) = \lim_{s\to 0} s\frac{\alpha\tilde{C}_d(s)\tilde{P}_d(s)}{C_d(s)P_d(s) + C_n(s)P_n(s)} = 0 \tag{7.21}$$

となって，$e(\infty) = 0$ が達成される．

つぎに，外乱が存在する場合について考える．この場合には，$E(s)$ は式 (7.16) で与えられるが，指令入力 $y_r(t)$ に対しては前と同じなので，簡単のため，$Y_r(s) \equiv 0$ とする．前と同様，外乱 $d(t)$ のラプラス変換 $D(s)$ が式 (7.17) の $F(s)$ で表わされるとすると，この場合の $E(s)$ は次式となる．

$$E(s) = -\frac{C_d(s)P_n(s)}{C_d(s)P_d(s) + C_n(s)P_n(s)}\frac{\alpha}{M(s)} \tag{7.22}$$

したがって，定常偏差 $e(\infty)$ は次式で与えられる．

$$e(\infty) = \lim_{s\to 0} sE(s) = -\lim_{s\to 0} s\frac{C_d(s)P_n(s)}{C_d(s)P_d(s) + C_n(s)P_n(s)}\frac{\alpha}{M(s)} \tag{7.23}$$

この場合には，制御装置の伝達関数 $G_c(s)$ が外乱の発生モデルを包含する，すなわち，$G_c(s)$ の分母多項式 $C_d(s)$ が

$$C_d(s) = M(s)\tilde{C}_d(s) \tag{7.24}$$

のように $M(s)$ を含むならば，上の式 (7.23) は

$$e(\infty) = -\lim_{s\to 0} s\frac{\alpha\tilde{C}_d(s)P_n(s)}{C_d(s)P_d(s)+C_n(s)P_n(s)} = 0 \tag{7.25}$$

となって，$e(\infty)=0$ が達成される．この場合には，前述の指令入力に対する場合とは異なり，定常偏差の除去のためには，制御装置の伝達関数が外乱の発生モデルを包含していることが必要である．

上では指令入力と外乱の場合を別々に論じたが，指令入力と外乱が同時に存在する場合には，制御対象ではなく，制御装置の伝達関数が指令入力と外乱の発生モデルを包含していることが必要である．

上述のように，図 7.4 の制御系では，開ループ伝達関数または制御装置の伝達関数が指令入力や外乱などの外部入力信号の発生モデルを包含するならば，定常偏差をなくすことができる．この性質は**内部モデル原理** (internal model principle) と呼ばれる

7.2.2 サーボ系の構成

以下では，制御対象の入力側にステップ状の外乱が加わるものとして，ステップ状の指令入力に定常偏差なしに追従しうるようなサーボ系の構成法について述べる．

制御対象の入力側にステップ状の外乱 d が加わるものとすると，制御対象はつぎのように表わされる．

$$\dot{\boldsymbol{x}}(t) = \boldsymbol{A}\boldsymbol{x}(t) + \boldsymbol{b}(u(t)+d) \tag{7.26a}$$

$$y(t) = \boldsymbol{c}^{\mathrm{T}}\boldsymbol{x}(t) \tag{7.26b}$$

ここに，$\boldsymbol{x}(t), u(t), y(t)$ などの信号の次元数は前と同様である．

ここで考える制御目的は，外乱 d の存在にかかわらず，制御対象の出力 $y(t)$ をステップ状の指令入力 y_r に追従させること，すなわち，$y(t)\to y_r$ を達成することである．内部モデル原理によれば，制御対象に加わるステップ状の外乱が除去できるためには，制御装置には積分器が含まれていなければならない．この積分器への入力を制御偏差 $e(t)$ $(= y_r - y(t))$ とし，出力を $z(t)$ とすると，次式が成り立つ．

$$\dot{z}(t) = e(t)\ ;\ e(t) = y_r - y(t) \tag{7.27}$$

上式は，式 (7.26b) を用いると，つぎのように表わされる．

$$\dot{z}(t) = y_r - \boldsymbol{c}^{\mathrm{T}}\boldsymbol{x}(t) \tag{7.28}$$

上式と式 (7.26a) をまとめると，つぎの拡大系が得られる．

$$\begin{bmatrix}\dot{\boldsymbol{x}}(t)\\ \dot{z}(t)\end{bmatrix} = \begin{bmatrix}\boldsymbol{A} & 0\\ -\boldsymbol{c}^{\mathrm{T}} & 0\end{bmatrix}\begin{bmatrix}\boldsymbol{x}(t)\\ z(t)\end{bmatrix} + \begin{bmatrix}\boldsymbol{b}\\ 0\end{bmatrix}u(t) + \begin{bmatrix}\boldsymbol{b}d\\ y_r\end{bmatrix} \tag{7.29}$$

この拡大系では状態変数は $[\boldsymbol{x}^{\mathrm{T}}(t) \quad z(t)]^{\mathrm{T}}$ である．したがって，制御入力 $u(t)$ をこの状態ベクトルのフィードバックとして

$$u(t) = -\boldsymbol{h}^{\mathrm{T}}\boldsymbol{x}(t) + kz(t) \tag{7.30}$$

のように合成することにより，安定化を図ることができる (次頁のノート 1 を参照)．図 7.5 にこのサーボ系の構成を示す．

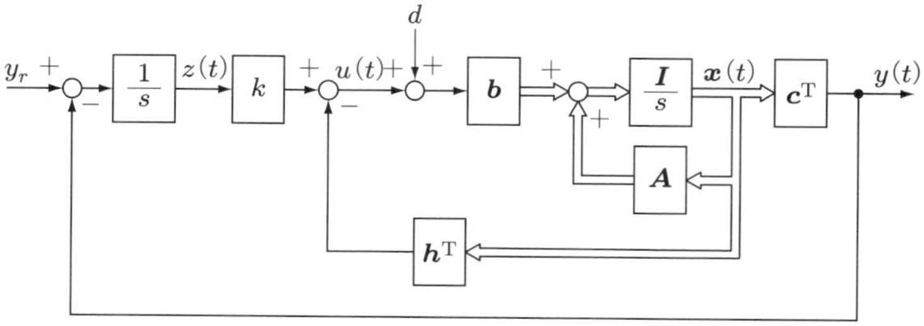

図 7.5　最適サーボ系の構成

上の式 (7.30) を式 (7.29) に代入し，制御偏差 $e(t)$ を出力と考えると，次式が得られる．

$$\begin{bmatrix} \dot{\boldsymbol{x}}(t) \\ \dot{z}(t) \end{bmatrix} = \begin{bmatrix} \boldsymbol{A} - \boldsymbol{b}\boldsymbol{h}^{\mathrm{T}} & \boldsymbol{b}k \\ -\boldsymbol{c}^{\mathrm{T}} & 0 \end{bmatrix} \begin{bmatrix} \boldsymbol{x}(t) \\ z(t) \end{bmatrix} + \begin{bmatrix} \boldsymbol{b}d \\ y_r \end{bmatrix} \tag{7.31a}$$

$$e(t) = y_r - [\boldsymbol{c}^{\mathrm{T}} \quad 0] \begin{bmatrix} \boldsymbol{x}(t) \\ z(t) \end{bmatrix} \tag{7.31b}$$

この系が漸近安定であるとすると，$t \to \infty$ で $e(t) \to 0$ となり，制御目的 $y(t) \to y_r$ が達成される．これはつぎのようにして示すことができる．

まず，上の系が漸近安定とすると，$t \to \infty$ では $\dot{\boldsymbol{x}}(t) \to \boldsymbol{0}, \dot{z}(t) \to 0$ となるので，次式が得られる (次頁のノート 2 を参照)．

$$\begin{bmatrix} \boldsymbol{A} - \boldsymbol{b}\boldsymbol{h}^{\mathrm{T}} & \boldsymbol{b}k \\ -\boldsymbol{c}^{\mathrm{T}} & 0 \end{bmatrix} \begin{bmatrix} \boldsymbol{x}(\infty) \\ z(\infty) \end{bmatrix} = -\begin{bmatrix} \boldsymbol{b}d \\ y_r \end{bmatrix}$$

$$\therefore \quad \begin{bmatrix} \boldsymbol{x}(\infty) \\ z(\infty) \end{bmatrix} = -\begin{bmatrix} \boldsymbol{A} - \boldsymbol{b}\boldsymbol{h}^{\mathrm{T}} & \boldsymbol{b}k \\ -\boldsymbol{c}^{\mathrm{T}} & 0 \end{bmatrix}^{-1} \begin{bmatrix} \boldsymbol{b}d \\ y_r \end{bmatrix} \tag{7.32}$$

上式を用いると，式 (7.31b) より，$e(\infty)$ はつぎのように表わされる．

$$\begin{aligned} e(\infty) &= y_r - \boldsymbol{c}^{\mathrm{T}}\boldsymbol{x}(\infty) = y_r + [-\boldsymbol{c}^{\mathrm{T}} \quad 0] \begin{bmatrix} \boldsymbol{x}(\infty) \\ z(\infty) \end{bmatrix} \\ &= y_r - [-\boldsymbol{c}^{\mathrm{T}} \quad 0] \begin{bmatrix} \boldsymbol{A} - \boldsymbol{b}\boldsymbol{h}^{\mathrm{T}} & \boldsymbol{b}k \\ -\boldsymbol{c}^{\mathrm{T}} & 0 \end{bmatrix}^{-1} \begin{bmatrix} \boldsymbol{b}d \\ y_r \end{bmatrix} \end{aligned} \tag{7.33}$$

ここで，

$$[-\boldsymbol{c}^{\mathrm{T}} \quad 0] = [0 \quad 1]\begin{bmatrix} \boldsymbol{A}-\boldsymbol{b}\boldsymbol{h}^{\mathrm{T}} & \boldsymbol{b}k \\ -\boldsymbol{c}^{\mathrm{T}} & 0 \end{bmatrix} \tag{7.34}$$

なる関係に着目すると，上の式 (7.33) は

$$e(\infty) = y_r - [\boldsymbol{0} \quad 1]\begin{bmatrix} \boldsymbol{b}d \\ y_r \end{bmatrix} = 0 \tag{7.35}$$

となり，$e(t)$ が $t \to \infty$ で 0 となることがわかる．

ノート 1 式 (7.29) の拡大系が式 (7.30) の $u(t)$ により安定化できるためには，この拡大系が可制御でなければならない．この拡大系は，元の制御対象が可制御 (すなわち，対 $(\boldsymbol{A}, \boldsymbol{b})$ が可制御) で伝達関数 $\boldsymbol{c}^{\mathrm{T}}(s\boldsymbol{I}-\boldsymbol{A})^{-1}\boldsymbol{b}$ が $s=0$ に零点を持たなければ，可制御である (証明は章末の演習問題 1 の解答を参照).

ノート 2 式 (7.32) の関係が得られるためには，行列 $\begin{bmatrix} \boldsymbol{A}-\boldsymbol{b}\boldsymbol{h}^{\mathrm{T}} & \boldsymbol{b}k \\ -\boldsymbol{c}^{\mathrm{T}} & 0 \end{bmatrix}$ が正則でなければならない．この行列は，伝達関数 $\boldsymbol{c}^{\mathrm{T}}(s\boldsymbol{I}-\boldsymbol{A})^{-1}\boldsymbol{b}$ が $s=0$ に零点をもたなければ，正則である (証明は章末の演習問題 3 の解答を参照).

7.2.3 最適サーボ系の設計

前節では，サーボ系としての漸近安定性が保証されるならば，制御入力 $u(t)$ を式 (7.30) のように合成することにより制御目的が達成できることを示した．問題は安定性を保証するために式 (7.30) のゲイン定数 $\boldsymbol{h}, k$ をいかに決定するかということである．これらの値は 7.1 節で述べたレギュレータの最適設計法に準拠して決めることができる (このようにして設計されたサーボ系は**最適サーボ系** (optimal servo-system) と呼ばれる).

まず，$\tilde{\boldsymbol{x}}(t), \tilde{z}(t)$ を

$$\tilde{\boldsymbol{x}}(t) = \boldsymbol{x}(t) - \boldsymbol{x}(\infty), \quad \tilde{z}(t) = z(t) - z(\infty) \tag{7.36}$$

のように定義する．このとき，式 (7.31a) は，式 (7.32) の関係を用いると，

$$\begin{aligned} \begin{bmatrix} \dot{\tilde{\boldsymbol{x}}}(t) \\ \dot{\tilde{z}}(t) \end{bmatrix} &= \begin{bmatrix} \boldsymbol{A}-\boldsymbol{b}\boldsymbol{h}^{\mathrm{T}} & \boldsymbol{b}k \\ -\boldsymbol{c}^{\mathrm{T}} & 0 \end{bmatrix}\begin{bmatrix} \tilde{\boldsymbol{x}}(t) \\ \tilde{z}(t) \end{bmatrix} \\ &\quad + \begin{bmatrix} \boldsymbol{A}-\boldsymbol{b}\boldsymbol{h}^{\mathrm{T}} & \boldsymbol{b}k \\ -\boldsymbol{c}^{\mathrm{T}} & 0 \end{bmatrix}\begin{bmatrix} \boldsymbol{x}(\infty) \\ z(\infty) \end{bmatrix} + \begin{bmatrix} \boldsymbol{b}d \\ y_r \end{bmatrix} \\ &= \begin{bmatrix} \boldsymbol{A}-\boldsymbol{b}\boldsymbol{h}^{\mathrm{T}} & \boldsymbol{b}k \\ -\boldsymbol{c}^{\mathrm{T}} & 0 \end{bmatrix}\begin{bmatrix} \tilde{\boldsymbol{x}}(t) \\ \tilde{z}(t) \end{bmatrix} \end{aligned} \tag{7.37}$$

のように表わすことができる．ここで，$\tilde{u}(t)$ を

$$\tilde{u}(t) = u(t) - u(\infty) \tag{7.38}$$

と定義し，式 (7.37) における $\tilde{z}(t)$ の代わりに，この $\tilde{u}(t)$ を状態変数に選ぶことにする．このような状態変数の変更は，式 (7.30) より得られる

$$\tilde{u}(t) = -\boldsymbol{h}^{\mathrm{T}}\tilde{\boldsymbol{x}}(t) + k\tilde{z}(t) \tag{7.39}$$

なる関係に着目すれば，つぎの変換により実現できる．

$$\begin{bmatrix} \tilde{\boldsymbol{x}}(t) \\ \tilde{u}(t) \end{bmatrix} = \boldsymbol{T}\begin{bmatrix} \tilde{\boldsymbol{x}}(t) \\ \tilde{z}(t) \end{bmatrix};\quad \boldsymbol{T} = \begin{bmatrix} \boldsymbol{I} & \boldsymbol{0} \\ -\boldsymbol{h}^{\mathrm{T}} & k \end{bmatrix} \tag{7.40}$$

この変換を用いると，式 (7.37) はつぎのように表わされる．

$$\begin{aligned} \begin{bmatrix} \dot{\tilde{\boldsymbol{x}}}(t) \\ \dot{\tilde{u}}(t) \end{bmatrix} &= \boldsymbol{T}\begin{bmatrix} \boldsymbol{A} - \boldsymbol{b}\boldsymbol{h}^{\mathrm{T}} & \boldsymbol{b}k \\ -\boldsymbol{c}^{\mathrm{T}} & 0 \end{bmatrix}\boldsymbol{T}^{-1}\begin{bmatrix} \tilde{\boldsymbol{x}}(t) \\ \tilde{u}(t) \end{bmatrix} \\ &= \begin{bmatrix} \boldsymbol{I} & 0 \\ -\boldsymbol{h}^{\mathrm{T}} & k \end{bmatrix}\begin{bmatrix} \boldsymbol{A} - \boldsymbol{b}\boldsymbol{h}^{\mathrm{T}} & \boldsymbol{b}k \\ -\boldsymbol{c}^{\mathrm{T}} & 0 \end{bmatrix}\begin{bmatrix} \boldsymbol{I} & \boldsymbol{0} \\ \boldsymbol{h}^{\mathrm{T}}/k & 1/k \end{bmatrix}\begin{bmatrix} \tilde{\boldsymbol{x}}(t) \\ \tilde{u}(t) \end{bmatrix} \\ &= \begin{bmatrix} \boldsymbol{A} & \boldsymbol{b} \\ -\boldsymbol{h}^{\mathrm{T}}\boldsymbol{A} - k\boldsymbol{c}^{\mathrm{T}} & -\boldsymbol{h}^{\mathrm{T}}\boldsymbol{b} \end{bmatrix}\begin{bmatrix} \tilde{\boldsymbol{x}}(t) \\ \tilde{u}(t) \end{bmatrix} \end{aligned} \tag{7.41}$$

ここで，

$$\begin{bmatrix} \boldsymbol{A} & \boldsymbol{b} \\ -\boldsymbol{h}^{\mathrm{T}}\boldsymbol{A} - k\boldsymbol{c}^{\mathrm{T}} & -\boldsymbol{h}^{\mathrm{T}}\boldsymbol{b} \end{bmatrix} = \begin{bmatrix} \boldsymbol{A} & \boldsymbol{b} \\ \boldsymbol{0} & 0 \end{bmatrix} - \begin{bmatrix} 0 \\ 1 \end{bmatrix}[\,\boldsymbol{h}^{\mathrm{T}} \quad k\,]\begin{bmatrix} \boldsymbol{A} & \boldsymbol{b} \\ \boldsymbol{c}^{\mathrm{T}} & 0 \end{bmatrix} \tag{7.42}$$

なる関係を用いると，式 (7.41) はつぎのように書き改められる．

$$\begin{bmatrix} \dot{\tilde{\boldsymbol{x}}}(t) \\ \dot{\tilde{u}}(t) \end{bmatrix} = \begin{bmatrix} \boldsymbol{A} & \boldsymbol{b} \\ \boldsymbol{0} & 0 \end{bmatrix}\begin{bmatrix} \tilde{\boldsymbol{x}}(t) \\ \tilde{u}(t) \end{bmatrix} + \begin{bmatrix} \boldsymbol{0} \\ 1 \end{bmatrix}\tilde{v}(t) \tag{7.43}$$

ただし，

$$\tilde{v}(t) = -[\,\boldsymbol{h}^{\mathrm{T}} \quad k\,]\begin{bmatrix} \boldsymbol{A} & \boldsymbol{b} \\ \boldsymbol{c}^{\mathrm{T}} & 0 \end{bmatrix}\begin{bmatrix} \tilde{\boldsymbol{x}}(t) \\ \tilde{u}(t) \end{bmatrix} \quad (= \dot{\tilde{u}}(t)) \tag{7.44}$$

すなわち，式 (7.41) の系は，式 (7.43) の系に式 (7.44) のような状態フィードバックを施したものとみなすことができる．この場合の制御目的は，$\tilde{\boldsymbol{x}}(t) \to \boldsymbol{0}, \tilde{u}(t) \to 0$ であるから，$\tilde{v}(t)$ (したがって，$\boldsymbol{h}, k$) の決定に当たっては，先に述べた最適レギュレータの考え方を適用することができる．

まず，評価関数 J として

$$J = \int_0^{\infty} \{\tilde{\boldsymbol{x}}^{\mathrm{T}}(t)\boldsymbol{Q}\tilde{\boldsymbol{x}}(t) + r\tilde{v}^2(t)\}\,dt \tag{7.45}$$

を考える (次頁のノート 1 を参照)．この評価関数 J を最小にするような $\tilde{v}(t)$ は，7.1 節の結果によれば，次式で与えられる．

$$\tilde{v}(t) = -\tilde{\boldsymbol{f}}^{\mathrm{T}}\begin{bmatrix} \tilde{\boldsymbol{x}}(t) \\ \tilde{u}(t) \end{bmatrix};\quad \tilde{\boldsymbol{f}} = \frac{1}{r}\tilde{\boldsymbol{P}}\begin{bmatrix} 0 \\ 1 \end{bmatrix} \tag{7.46}$$

上式における行列 $\tilde{\boldsymbol{P}}$ は

$$\tilde{\boldsymbol{A}}^{\mathrm{T}}\tilde{\boldsymbol{P}} + \tilde{\boldsymbol{P}}\tilde{\boldsymbol{A}} - \frac{1}{r}\tilde{\boldsymbol{P}}\tilde{\boldsymbol{b}}\tilde{\boldsymbol{b}}^{\mathrm{T}}\tilde{\boldsymbol{P}} + \tilde{\boldsymbol{Q}} = \boldsymbol{0} \tag{7.47}$$

ただし，

$$\tilde{\boldsymbol{A}} = \begin{bmatrix} \boldsymbol{A} & \boldsymbol{b} \\ \boldsymbol{0} & 0 \end{bmatrix}, \quad \tilde{\boldsymbol{b}} = \begin{bmatrix} 0 \\ 1 \end{bmatrix}, \quad \tilde{\boldsymbol{Q}} = \begin{bmatrix} \boldsymbol{Q} & \boldsymbol{0} \\ \boldsymbol{0} & 0 \end{bmatrix} \tag{7.48}$$

なる形のリカッチ方程式を満足する $(n+1) \times (n+1)$ の正定行列である．この $\tilde{\boldsymbol{P}}$ はつぎのように表わされる．

$$\tilde{\boldsymbol{P}} = \begin{bmatrix} \boldsymbol{P} & \boldsymbol{p}_{n+1} \\ \boldsymbol{p}_{n+1}^{\mathrm{T}} & p_{(n+1)(n+1)} \end{bmatrix} \tag{7.49}$$

ここに，$\boldsymbol{P}$ は $n \times n$ の行列 $([p_{ij}]\ ;\ i,j = 1,2,\cdots,n)$，$\boldsymbol{p}_{n+1}$ は n 次元の列ベクトル $(p_{i(n+1)}\ ;\ i = 1,2,\cdots,n)$，$p_{(n+1)(n+1)}$ はスカラー量である．

式 (7.46) は，式 (7.49) の要素を用いると，つぎのように表わされる．

$$\tilde{v}(t) = -\frac{1}{r}\begin{bmatrix} \boldsymbol{p}_{n+1}^{\mathrm{T}} & p_{(n+1)(n+1)} \end{bmatrix} \begin{bmatrix} \tilde{\boldsymbol{x}}(t) \\ \tilde{u}(t) \end{bmatrix} \tag{7.50}$$

上式と式 (7.44) より，つぎの関係が得られる．

$$\begin{bmatrix} \boldsymbol{h}^{\mathrm{T}} & k \end{bmatrix} \begin{bmatrix} \boldsymbol{A} & \boldsymbol{b} \\ \boldsymbol{c}^{\mathrm{T}} & 0 \end{bmatrix} = \frac{1}{r}\begin{bmatrix} \boldsymbol{p}_{n+1}^{\mathrm{T}} & p_{(n+1)(n+1)} \end{bmatrix} \tag{7.51}$$

したがって，ゲイン定数 $\boldsymbol{h}, k$ は次式により求められる (下記のノート 2 を参照)．

$$\begin{bmatrix} \boldsymbol{h}^{\mathrm{T}} & k \end{bmatrix} = \frac{1}{r}\begin{bmatrix} \boldsymbol{p}_{n+1}^{\mathrm{T}} & p_{(n+1)(n+1)} \end{bmatrix} \begin{bmatrix} \boldsymbol{A} & \boldsymbol{b} \\ \boldsymbol{c}^{\mathrm{T}} & 0 \end{bmatrix}^{-1} \tag{7.52}$$

このゲイン定数は式 (7.47) のリカッチ方程式の解から求められたものであり，リカッチ方程式を満足する状態フィードバック制御則は，前節で述べたように，閉ループ系としての漸近安定性を保証する．この閉ループ系の極は，行列 $(\tilde{\boldsymbol{A}} - \tilde{\boldsymbol{b}}\tilde{\boldsymbol{f}}^{\mathrm{T}})$ の固有値として，つぎの特性方程式から知ることができる．

$$\left| s\boldsymbol{I} - \left(\tilde{\boldsymbol{A}} - \tilde{\boldsymbol{b}}\tilde{\boldsymbol{f}}^{\mathrm{T}}\right) \right| = 0 \tag{7.53}$$

ノート 1 式 (7.45) の評価関数では制御入力に相当する項として $\tilde{v}(t)$ が用いられている．式 (7.44) にも示したように，この $\tilde{v}(t)$ は $\dot{\tilde{u}}(t)$ に等しい．1 型の制御系では，$u(\infty)$ は一定なので，$\dot{\tilde{u}}(t) = \dot{u}(t)$ である．すなわち，$\tilde{v}(t)$ は制御入力 $u(t)$ の時間変化率 $\dot{u}(t)$ を意味する．したがって，式 (7.45) の評価関数では，$u(t)$ そのものではなく，$u(t)$ の時間変化率を考慮していることになる．

ノート 2 式 (7.52) の関係が得られるためには，行列 $\begin{bmatrix} \boldsymbol{A} & \boldsymbol{b} \\ \boldsymbol{c}^{\mathrm{T}} & 0 \end{bmatrix}$ が正則でなければならない．この行列は，伝達関数 $\boldsymbol{c}^{\mathrm{T}}(s\boldsymbol{I} - \boldsymbol{A})^{-1}\boldsymbol{b}$ が $s = 0$ に零点を持たなければ，正則である (証明は章末の演習問題 3 の解答を参照)．

例題 7.3 式 (7.1) の $\boldsymbol{A}, \boldsymbol{b}, \boldsymbol{c}$ が

$$\boldsymbol{A} = 1, \quad \boldsymbol{b} = 1, \quad \boldsymbol{c} = 1 \qquad ①$$

として表わされる1次の制御対象がある．式(7.45)の評価関数の$\boldsymbol{Q}, r$が

$$\boldsymbol{Q}=1,\ r=1 \tag{②}$$

で与えられるとして，出力$y(t)$を，外乱dの存在にかかわらず，ステップ状の指令入力y_rに追従させるるような最適サーボ系を設計せよ．

解　この場合には，$x(t)$はスカラーで，制御入力$u(t)$は

$$u(t)=-hx(t)+kz(t) \tag{③}$$

として合成される．上式のゲイン定数h, kはリカッチ方程式を満足する2×2の正定行列$\tilde{\boldsymbol{P}}$を用いて決定される．この例では

$$\tilde{\boldsymbol{A}}=\begin{bmatrix}1 & 1\\ 0 & 0\end{bmatrix},\quad \tilde{\boldsymbol{b}}=\begin{bmatrix}0\\ 1\end{bmatrix},\quad \tilde{\boldsymbol{Q}}=\begin{bmatrix}1 & 0\\ 0 & 0\end{bmatrix} \tag{④}$$

なので，式(7.47)のリカッチ方程式はつぎのようになる．

$$\begin{bmatrix}1 & 0\\ 1 & 0\end{bmatrix}\begin{bmatrix}p_{11} & p_{12}\\ p_{12} & p_{22}\end{bmatrix}+\begin{bmatrix}p_{11} & p_{12}\\ p_{12} & p_{22}\end{bmatrix}\begin{bmatrix}1 & 1\\ 0 & 0\end{bmatrix}$$
$$-\begin{bmatrix}p_{11} & p_{12}\\ p_{12} & p_{22}\end{bmatrix}\begin{bmatrix}0\\ 1\end{bmatrix}[0\ \ 1]\begin{bmatrix}p_{11} & p_{12}\\ p_{12} & p_{22}\end{bmatrix}+\begin{bmatrix}1 & 0\\ 0 & 0\end{bmatrix}=\begin{bmatrix}0 & 0\\ 0 & 0\end{bmatrix}$$

すなわち，

$$\left.\begin{aligned}&2p_{11}-p_{12}^2+1=0\\ &p_{11}+p_{12}-p_{12}p_{22}=0\\ &2p_{12}-p_{22}^2=0\end{aligned}\right\} \tag{⑤}$$

上式より，つぎの方程式が導かれる．

$$p_{22}^4-4p_{22}^3+4p_{22}^2-4=0 \tag{⑥}$$

上式の根は$1\pm\sqrt{3}$, $1\pm j1$であるが，$\tilde{\boldsymbol{P}}$が正定であるためには，$p_{22}>0$でなければならないので，求めるべき根は$p_{22}=1+\sqrt{3}\ (\simeq 2.732)$である．このとき，$p_{12}, p_{11}$は，式⑤より，$p_{12}=2+\sqrt{3}\ (\simeq 3.732)$, $p_{11}=2\sqrt{3}+3\ (\simeq 6.464)$となる．

すなわち，行列$\tilde{\boldsymbol{P}}$はつぎのように与えられる．

$$\tilde{\boldsymbol{P}}=\begin{bmatrix}6.464 & 3.732\\ 3.732 & 2.732\end{bmatrix} \tag{⑦}$$

この$\tilde{\boldsymbol{P}}$の正定性は，$p_{11}=6.464>0$, $p_{11}p_{22}-p_{12}^2=10.196>0$により確かめられる．この場合には，

$$\begin{bmatrix}\boldsymbol{A} & \boldsymbol{b}\\ \boldsymbol{c}^{\mathrm{T}} & 0\end{bmatrix}^{-1}=\begin{bmatrix}1 & 1\\ 1 & 0\end{bmatrix}^{-1}=\begin{bmatrix}0 & 1\\ 1 & -1\end{bmatrix} \tag{⑧}$$

であるので，式(7.52)より，制御装置のゲイン定数h, kは

$$[\,h \quad k\,] = [\,3.732 \quad 2.732\,]\begin{bmatrix} 0 & 1 \\ 1 & -1 \end{bmatrix} = [\,2.732 \quad 1\,] \qquad ⑨$$

のように定まる．また，閉ループ系の極は，行列 $(\tilde{\boldsymbol{A}} - \tilde{\boldsymbol{b}}\tilde{\boldsymbol{f}}^{\mathrm{T}})$ の特性方程式

$$\begin{vmatrix} s-1 & -1 \\ 2+\sqrt{3} & s+1+\sqrt{3} \end{vmatrix} = 0 \quad \therefore \quad s^2 + \sqrt{3}s + 1 = 0 \qquad ⑩$$

の根として，$s = -\dfrac{\sqrt{3}}{2} \pm j\dfrac{1}{2}$ のように求められる．

図 7.6 に上述の設計結果のシミュレーション例を示す．この図は，$\boldsymbol{x}(t)$ の初期値 $\boldsymbol{x}_0$ を $\boldsymbol{0}$ とし，指令入力 $y_r(t)$，外乱 $d(t)$ を $\mathbb{1}(t)$ または 0 とした場合のものである．所期の目的が達成されていることがわかる．

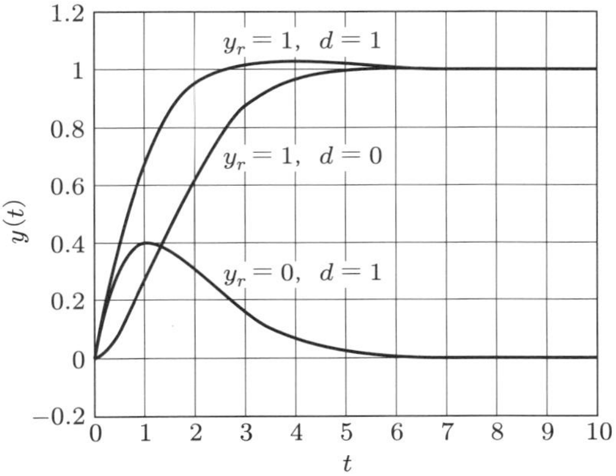

（a）出力 $y(t)$ の応答

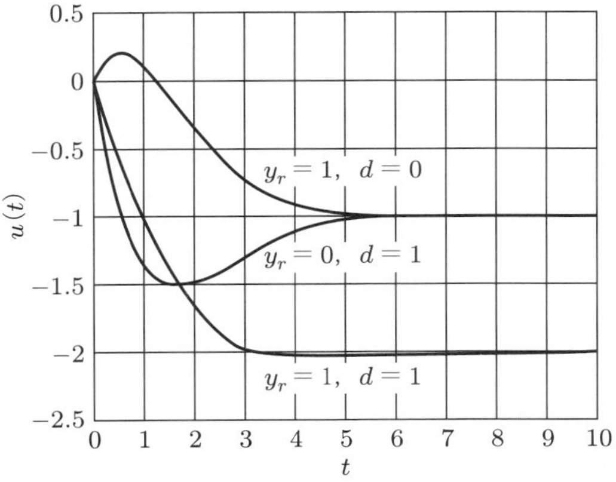

（b）制御入力 $u(t)$ の応答

図 7.6 最適サーボ系のシミュレーション結果 (1 次系の場合)

例題 7.4　式 (7.1) の $\boldsymbol{A}, \boldsymbol{b}, \boldsymbol{c}$ が

$$\boldsymbol{A} = \begin{bmatrix} 0 & 1 \\ 0 & -1 \end{bmatrix}, \quad \boldsymbol{b} = \begin{bmatrix} 0 \\ 1 \end{bmatrix}, \quad \boldsymbol{c} = \begin{bmatrix} 1 \\ 0 \end{bmatrix} \qquad ①$$

として表わされるような 2 次の制御対象がある．式 (7.45) の評価関数の $\boldsymbol{Q}, r$ が

$$\boldsymbol{Q} = \begin{bmatrix} 1 & 0 \\ 0 & 1 \end{bmatrix}, \quad r = 1 \qquad ②$$

で与えられるとして，出力 $y(t)$ を，外乱 d の存在にかかわらず，ステップ状の指令入力 y_r に追従させるような最適サーボ系を設計せよ．

解　図 7.5 に示すように，この場合には，制御入力 $u(t)$ は

$$u(t) = -\boldsymbol{h}^{\mathrm{T}}\boldsymbol{x}(t) + kz(t) \; ; \boldsymbol{h}^{\mathrm{T}} = [\, h_1 \quad h_2 \,] \qquad ③$$

のように合成される．上式のゲイン定数 h_1, h_2, k はリカッチ方程式を満足する 3×3 の正定行列 $\tilde{\boldsymbol{P}}$ を用いて決定される．この場合には，$\tilde{\boldsymbol{A}}, \tilde{\boldsymbol{b}}, \tilde{\boldsymbol{Q}}$ は

$$\tilde{\boldsymbol{A}} = \begin{bmatrix} 0 & 1 & 0 \\ 0 & -1 & 1 \\ 0 & 0 & 0 \end{bmatrix}, \; \tilde{\boldsymbol{b}} = \begin{bmatrix} 0 \\ 0 \\ 1 \end{bmatrix}, \; \tilde{\boldsymbol{Q}} = \begin{bmatrix} 1 & 0 & 0 \\ 0 & 1 & 0 \\ 0 & 0 & 0 \end{bmatrix} \qquad ④$$

なので，式 (7.47) のリカッチ方程式はつぎのようになる．

$$\begin{bmatrix} 0 & 0 & 0 \\ 1 & -1 & 0 \\ 0 & 1 & 0 \end{bmatrix}\begin{bmatrix} p_{11} & p_{12} & p_{13} \\ p_{12} & p_{22} & p_{23} \\ p_{13} & p_{23} & p_{33} \end{bmatrix} + \begin{bmatrix} p_{11} & p_{12} & p_{13} \\ p_{12} & p_{22} & p_{23} \\ p_{13} & p_{23} & p_{33} \end{bmatrix}\begin{bmatrix} 0 & 1 & 0 \\ 0 & -1 & 1 \\ 0 & 0 & 0 \end{bmatrix}$$
$$- \begin{bmatrix} p_{11} & p_{12} & p_{13} \\ p_{12} & p_{22} & p_{23} \\ p_{13} & p_{23} & p_{33} \end{bmatrix}\begin{bmatrix} 0 \\ 0 \\ 1 \end{bmatrix}[0 \quad 0 \quad 1]\begin{bmatrix} p_{11} & p_{12} & p_{13} \\ p_{12} & p_{22} & p_{23} \\ p_{13} & p_{23} & p_{33} \end{bmatrix} + \begin{bmatrix} 1 & 0 & 0 \\ 0 & 1 & 0 \\ 0 & 0 & 0 \end{bmatrix}$$
$$= \begin{bmatrix} 0 & 0 & 0 \\ 0 & 0 & 0 \\ 0 & 0 & 0 \end{bmatrix}$$

すなわち，

$$\left.\begin{aligned} & -p_{13}^2 + 1 = 0 \\ & p_{11} - p_{12} - p_{13}p_{23} = 0 \\ & p_{12} - p_{13}p_{33} = 0 \\ & 2(p_{12} - p_{22}) - p_{23}^2 + 1 = 0 \\ & p_{13} - p_{23} + p_{22} - p_{23}p_{33} = 0 \\ & 2p_{23} - p_{33}^2 = 0 \end{aligned}\right\} \qquad ⑤$$

上式より，p_{13} は $p_{13}=\pm 1$ と容易に求まる．$p_{13}=1$ を採用すると (次頁のノートを参照)，p_{33} に関して次式が導かれる．

$$p_{33}^4+4p_{33}^3+4p_{33}^2-8p_{33}-12=0 \qquad ⑥$$

上式の解は $\pm\sqrt{2}, -2\pm j\sqrt{2}$ として求められる．行列 $\tilde{\boldsymbol{P}}$ の正定性より，$p_{33}>0$ でなければならないので，求めるべき解は $p_{33}=\sqrt{2}$ である．このとき，式⑤より，$p_{12}=\sqrt{2}$，$p_{23}=1$，$p_{11}=1+\sqrt{2}$，$p_{22}=\sqrt{2}$ が得られる．すなわち，行列 $\tilde{\boldsymbol{P}}$ は

$$\tilde{\boldsymbol{P}}=\begin{bmatrix}1+\sqrt{2} & \sqrt{2} & 1\\ \sqrt{2} & \sqrt{2} & 1\\ 1 & 1 & \sqrt{2}\end{bmatrix} \qquad ⑦$$

となる．この行列の正定性は容易に確かめられる (各自で試みよ)．

この場合には，

$$\begin{bmatrix}\boldsymbol{A} & \boldsymbol{b}\\ \boldsymbol{c}^{\mathrm{T}} & 0\end{bmatrix}^{-1}=\begin{bmatrix}0 & 1 & 0\\ 0 & -1 & 1\\ 1 & 0 & 0\end{bmatrix}^{-1}=\begin{bmatrix}0 & 0 & 1\\ 1 & 0 & 0\\ 1 & 1 & 0\end{bmatrix} \qquad ⑧$$

となるので，制御装置のゲイン定数 h_1, h_2, k は，式 (7.52) より，

$$[h_1 \quad h_2 \quad k]=[1 \quad 1 \quad \sqrt{2}]\begin{bmatrix}0 & 0 & 1\\ 1 & 0 & 0\\ 1 & 1 & 0\end{bmatrix}=[1+\sqrt{2} \quad \sqrt{2} \quad 1] \qquad ⑨$$

のように定まる．また，閉ループ系の極は，行列 $(\tilde{\boldsymbol{A}}-\tilde{\boldsymbol{b}}\tilde{\boldsymbol{f}}^{\mathrm{T}})$ の特性方程式

$$\begin{vmatrix}s & -1 & 0\\ 0 & s+1 & -1\\ 1 & 1 & s+\sqrt{2}\end{vmatrix}=s^3+(1+\sqrt{2})s^2+(1+\sqrt{2})s+1=0 \qquad ⑩$$

の根として，$s=-1$，$-1/\sqrt{2}\pm j1/\sqrt{2}$ のように求められる．

上では $p_{13}=1$ としたが，$p_{13}=-1$ の場合には，式⑤から次式が導かれる．

$$p_{33}^4+4p_{33}^3+4p_{33}^2+8p_{33}+4=0$$

この方程式の解は $\pm j\sqrt{2}$，$-2\pm\sqrt{2}$ で，いずれも正定のための必要条件 $p_{33}>0$ を満足しない．したがって，$p_{13}=-1$ は採用してはならない．

図 7.7 に上述の設計結果のシミュレーション例を示す．シミュレーションの条件は，初期値を $\boldsymbol{x}_0=[0 \quad 0]^{\mathrm{T}}$ とするなど，前と同様である．所期の目的が満足に達成されていることがわかる．

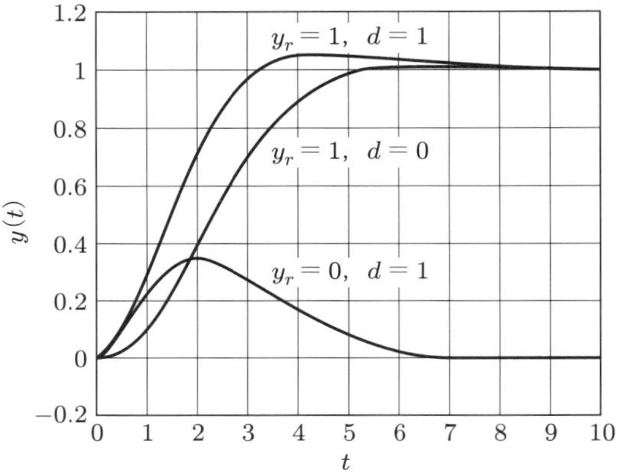

（a）出力 $y(t)$ の応答

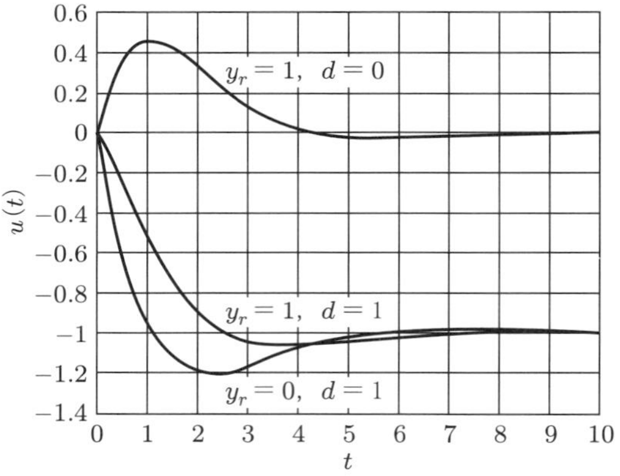

（b）制御入力 $u(t)$ の応答

図 7.7 最適サーボ系のシミュレーション結果 (2 次系の場合)

ノート 上述の最適サーボ系は，指令入力 $y_r(t)$ が 0 の場合には，ステップ外乱が存在する場合の最適レギュレータとなる．この場合には $e(t) = -y(t)$ となるので，制御装置は "比例 + 積分 (P+I)" 型となり，積分器の存在によりステップ外乱の影響が除去される．

7.3 固有ベクトルによる行列 P の計算

7.1，7.2 節では行列 $\boldsymbol{P}$ を式 (7.5) の形のリカッチ方程式を直接解くことにより求めたが，これはリカッチ方程式の構成要素 $\boldsymbol{A}, \boldsymbol{b}, \boldsymbol{Q}, r$ からなる行列の固有ベクトルを用いて求めることもできる [21]．以下ではこの方法を説明する．

次式で定義される行列 $\boldsymbol{H}$ (**ハミルトン行列** (Hamilton matrix) と呼ばれる) を考える．

$$\boldsymbol{H} = \begin{bmatrix} \boldsymbol{A} & -r^{-1}\boldsymbol{b}\boldsymbol{b}^{\mathrm{T}} \\ -\boldsymbol{Q} & -\boldsymbol{A}^{\mathrm{T}} \end{bmatrix} \tag{7.54}$$

上の $\boldsymbol{H}$ は $2n \times 2n$ の正方行列なので，$2n$ 個の固有値を有する．これらの固有値は，後で示すように，複素平面上の実軸と虚軸に対して対称である (図 7.8 を参照)．いま，左半平面に存在する安定な固有値を λ_i $(i = 1, 2, \cdots, n)$ とし，λ_i に対応する固有ベクトル $\boldsymbol{w}_i$ をつぎのように表わす．

$$\boldsymbol{w}_i = \begin{bmatrix} \boldsymbol{u}_i \\ \boldsymbol{v}_i \end{bmatrix} \ ; i = 1, 2, \cdots, n \tag{7.55}$$

ここに，$\boldsymbol{u}_i$ は $2n$ 次元ベクトル $\boldsymbol{w}_i$ の上半分の n 次元のベクトル，$\boldsymbol{v}_i$ は下半分の n 次元のベクトルを意味する．このとき，式 (7.5) のリカッチ方程式を満足する行列 $\boldsymbol{P}$ は次式で与えられる．

$$\boldsymbol{P} = [\,\boldsymbol{v}_1 \ \ \boldsymbol{v}_2 \ \ \cdots \ \ \boldsymbol{v}_n\,][\,\boldsymbol{u}_1 \ \ \boldsymbol{u}_2 \ \ \cdots \ \ \boldsymbol{u}_n\,]^{-1} \tag{7.56}$$

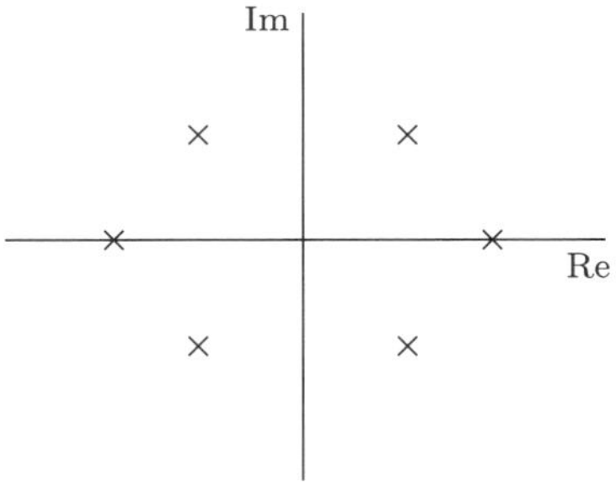

図 7.8 ハミルトン行列 H の固有値

証明 はじめに，行列 $\boldsymbol{H}$ の固有値が虚軸に対して対称であることを示す．固有値はつぎの特性方程式

$$|\boldsymbol{H} - \lambda\boldsymbol{I}| = 0 \tag{7.57}$$

の根として求められる．行列 $\boldsymbol{H}$ は $2n \times 2n$ なので，固有値は $2n$ 個存在する．これらを λ_i $(i = 1, 2, \cdots, 2n)$ と記すことにする．行列式 $|\boldsymbol{H} - \lambda\boldsymbol{I}|$ は，式 (7.54) を用いると，

$$|\boldsymbol{H}-\lambda\boldsymbol{I}| = \begin{vmatrix} \boldsymbol{A}-\lambda\boldsymbol{I} & -r^{-1}\boldsymbol{b}\boldsymbol{b}^{\mathrm{T}} \\ -\boldsymbol{Q} & -\boldsymbol{A}^{\mathrm{T}}-\lambda\boldsymbol{I} \end{vmatrix} \tag{7.58}$$

上式はつぎのように変形することができる (章末の演習問題 4 の解答を参照).

$$|\boldsymbol{H}-\lambda\boldsymbol{I}| = \begin{vmatrix} \boldsymbol{A}^{\mathrm{T}}+\lambda\boldsymbol{I} & -\boldsymbol{Q} \\ -r^{-1}\boldsymbol{b}\boldsymbol{b}^{\mathrm{T}} & -\boldsymbol{A}+\lambda\boldsymbol{I} \end{vmatrix} \tag{7.59}$$

ここで，λ の代わりに $-\lambda$ を代入すると，次式が得られる.

$$|\boldsymbol{H}+\lambda\boldsymbol{I}| = \begin{vmatrix} \boldsymbol{A}^{\mathrm{T}}-\lambda\boldsymbol{I} & -\boldsymbol{Q} \\ -r^{-1}\boldsymbol{b}\boldsymbol{b}^{\mathrm{T}} & -\boldsymbol{A}-\lambda\boldsymbol{I} \end{vmatrix} \tag{7.60}$$

一般に行列 $\boldsymbol{M}$ とその転置行列 $\boldsymbol{M}^{\mathrm{T}}$ の行列式の値は等しい．したがって，

$$|\boldsymbol{H}-\lambda\boldsymbol{I}| = \left|(\boldsymbol{H}-\lambda\boldsymbol{I})^{\mathrm{T}}\right| = \left|\boldsymbol{H}^{\mathrm{T}}-\lambda\boldsymbol{I}\right| \tag{7.61}$$

行列 $\boldsymbol{Q}, \boldsymbol{b}\boldsymbol{b}^{\mathrm{T}}$ が対称であることに留意すると，転置行列 $\boldsymbol{H}^{\mathrm{T}}$ は

$$\boldsymbol{H}^{\mathrm{T}} = \begin{bmatrix} \boldsymbol{A}^{\mathrm{T}} & -\boldsymbol{Q} \\ -r^{-1}\boldsymbol{b}\boldsymbol{b}^{\mathrm{T}} & -\boldsymbol{A} \end{bmatrix} \tag{7.62}$$

のように表わされる．したがって，行列式 $\left|\boldsymbol{H}^{\mathrm{T}}-\lambda\boldsymbol{I}\right|$ はつぎのようになる.

$$\left|\boldsymbol{H}^{\mathrm{T}}-\lambda\boldsymbol{I}\right| = \begin{vmatrix} \boldsymbol{A}^{\mathrm{T}}-\lambda\boldsymbol{I} & -\boldsymbol{Q} \\ -r^{-1}\boldsymbol{b}\boldsymbol{b}^{\mathrm{T}} & -\boldsymbol{A}-\lambda\boldsymbol{I} \end{vmatrix} \tag{7.63}$$

上式は式 (7.60) に等しい．したがって，式 (7.61) より，次式が成り立つ.

$$\left|\boldsymbol{H}-\lambda\boldsymbol{I}\right| = \left|\boldsymbol{H}+\lambda\boldsymbol{I}\right| \tag{7.64}$$

上の関係は，λ が特性方程式 $|\boldsymbol{H}-\lambda\boldsymbol{I}|=0$ の根ならば，$-\lambda$ も根であることを意味する (これは，特性方程式 $|\boldsymbol{H}-\lambda\boldsymbol{I}|=0$ は λ^2 に関する n 次の代数方程式であることを意味する)．したがって，行列 $\boldsymbol{H}$ の $2n$ 個の固有値は虚軸に対して対称で，n 個が虚軸の左側に，他の n 個が右側に存在する．また，行列 $\boldsymbol{H}$ は実数行列なので，その固有値は実数または共役複素数である．したがって，$\boldsymbol{H}$ の固有値は実軸に対しても対称である.

つぎに，左半平面に存在する n 個の固有値 λ_i $(i=1,2,\cdots,n)$ に対する固有ベクトル $\boldsymbol{w}_i$ について考える．この固有ベクトルは，λ_i が単根ならば，次式により求められる (λ_i が重根の場合には，第 1 章の式 (1.63) に示したように，一般化固有ベクトルとして求めればよい．次頁の例題 7.5 を参照).

$$(\boldsymbol{H}-\lambda_i\boldsymbol{I})\boldsymbol{w}_i = \boldsymbol{0}\ ;\ i=1,2,\cdots,n \tag{7.65}$$

上式は，$\boldsymbol{w}_i$ を式 (7.55) のように記すと，つぎのように表わされる.

$$\boldsymbol{H}\begin{bmatrix} \boldsymbol{u}_i \\ \boldsymbol{v}_i \end{bmatrix} = \lambda_i \begin{bmatrix} \boldsymbol{u}_i \\ \boldsymbol{v}_i \end{bmatrix}\ ;\ i=1,2,\cdots,n \tag{7.66}$$

7.1 節で述べたところによれば，式 (7.5) のリカッチ方程式を満足する $\boldsymbol{P}$ を用いた行列 $\boldsymbol{A}-r^{-1}\boldsymbol{b}\boldsymbol{b}^{\mathrm{T}}\boldsymbol{P}$ $(\equiv \boldsymbol{A}-\boldsymbol{b}\boldsymbol{f}^{\mathrm{T}})$ は漸近安定である．したがって，その固有値

$\mu_i\,;\, i=1,2,\cdots,n$ は負の実数部を有する．この μ_i に対応した固有ベクトル $\boldsymbol{\xi}_i$ は次式により定まる．

$$\{(\boldsymbol{A}-r^{-1}\boldsymbol{b}\boldsymbol{b}^{\mathrm{T}}\boldsymbol{P})-\mu_i\boldsymbol{I}\}\boldsymbol{\xi}_i=\boldsymbol{0}\,;\, i=1,2,\cdots,n \tag{7.67}$$

式 (7.5) のリカッチ方程式はつぎのように表わされる．

$$(s\boldsymbol{I}+\boldsymbol{A}^{\mathrm{T}})\boldsymbol{P}-\boldsymbol{P}\big(s\boldsymbol{I}-\boldsymbol{A}+r^{-1}\boldsymbol{b}\boldsymbol{b}^{\mathrm{T}}\boldsymbol{P}\big)+\boldsymbol{Q}=\mathbf{O} \tag{7.68}$$

上式において $s=\mu_i\,;\, i=1,2,\cdots,n$ とし，右側からベクトル $\boldsymbol{\xi}_i$ を掛け，式 (7.67) の関係を用いると，次式が得られる．

$$\{(\mu_i\boldsymbol{I}+\boldsymbol{A}^{\mathrm{T}})\boldsymbol{P}+\boldsymbol{Q}\}\boldsymbol{\xi}_i=\boldsymbol{0} \tag{7.69}$$

式 (7.67) と式 (7.69) は，一つにまとめると，

$$\begin{bmatrix}\boldsymbol{A} & -r^{-1}\boldsymbol{b}\boldsymbol{b}^{\mathrm{T}}\\ -\boldsymbol{Q} & -\boldsymbol{A}^{\mathrm{T}}\end{bmatrix}\begin{bmatrix}\boldsymbol{\xi}_i\\ \boldsymbol{P}\boldsymbol{\xi}_i\end{bmatrix}=\mu_i\begin{bmatrix}\boldsymbol{\xi}_i\\ \boldsymbol{P}\boldsymbol{\xi}_i\end{bmatrix}\,;\, i=1,2,\cdots,n \tag{7.70}$$

上式は，式 (7.54) の関係を用いると，つぎのように表わすことができる．

$$H\begin{bmatrix}\boldsymbol{\xi}_i\\ \boldsymbol{P}\boldsymbol{\xi}_i\end{bmatrix}=\mu_i\begin{bmatrix}\boldsymbol{\xi}_i\\ \boldsymbol{P}\boldsymbol{\xi}_i\end{bmatrix}\,;\, i=1,2,\cdots,n \tag{7.71}$$

上式と式 (7.66) を比べると，つぎの対応が成り立つことがわかる．

$$\lambda_i\to\mu_i,\ \ \boldsymbol{u}_i\to\boldsymbol{\xi}_i,\ \ \boldsymbol{v}_i\to\boldsymbol{P}\boldsymbol{\xi}_i\,;\, i=1,2,\cdots,n \tag{7.72}$$

すなわち，行列 $\boldsymbol{H}$ の安定な固有値 λ_i は行列 $\boldsymbol{A}-r^{-1}\boldsymbol{b}\boldsymbol{b}^{\mathrm{T}}\boldsymbol{P}$ の固有値 μ_i に対応する．すでに述べたように，μ_i は負の実数部を有するので，λ_i も負の実数部を有する (虚軸上には存在しない)．また，$\boldsymbol{u}_i$ は μ_i に対応した $\boldsymbol{H}$ の $2n$ 次元の固有ベクトルの上半分の n 次元ベクトル $\boldsymbol{\xi}_i$ を，$\boldsymbol{v}_i$ は下半分の n 次元ベクトル $\boldsymbol{P}\boldsymbol{\xi}_i$ を意味する．したがって，つぎの関係が成り立つ．

$$\boldsymbol{P}\boldsymbol{u}_i=\boldsymbol{v}_i\,;\, i=1,2,\cdots,n \tag{7.73}$$

上式は，行列の形で，つぎのように表わすことができる．

$$\boldsymbol{P}[\,\boldsymbol{u}_1\ \ \boldsymbol{u}_2\ \cdots\ \boldsymbol{u}_n\,]=[\,\boldsymbol{v}_1\ \ \boldsymbol{v}_2\ \cdots\ \boldsymbol{v}_n\,] \tag{7.74}$$

これより，式 (7.56) の関係が得られる．

例題 7.5　$\boldsymbol{A},\boldsymbol{b},\boldsymbol{Q},r$ が

$$\boldsymbol{A}=\begin{bmatrix}0 & 1\\ 0 & -1\end{bmatrix},\ \boldsymbol{b}=\begin{bmatrix}0\\ 1\end{bmatrix},\ \boldsymbol{Q}=\begin{bmatrix}1 & 0\\ 0 & 1\end{bmatrix},\ r=1 \qquad ①$$

のように与えられる場合について，式 (7.5) のリカッチ方程式を満足する正定行列 $\boldsymbol{P}$ を，ハミルトン行列 $\boldsymbol{H}$ の固有ベクトルを用いて，求めよ．

解　この場合には，$\boldsymbol{H}$ は

$$\boldsymbol{H}=\begin{bmatrix}0 & 1 & 0 & 0\\ 0 & -1 & 0 & -1\\ -1 & 0 & 0 & 0\\ 0 & -1 & -1 & 1\end{bmatrix} \qquad ②$$

この行列の特性方程式は,

$$|\boldsymbol{H}-\lambda\boldsymbol{I}|=(\lambda^2-1)^2=0 \quad ③$$

したがって, 固有値 λ_i ; $i=1\sim4$ は,

$$\lambda_1=-1,\ \lambda_2=-1,\ \lambda_3=1,\ \lambda_4=1 \quad ④$$

この場合には, 安定な固有値 λ_i ; $i=1,2$ は -1 の重根である. $\lambda_1=-1$ に対する固有ベクトル $\boldsymbol{w}_1$ は, 通常の固有ベクトルとして, 次式により求められる.

$$(\boldsymbol{H}-\lambda_1\boldsymbol{I})\boldsymbol{w}_1=\boldsymbol{0} \quad ⑤$$

その結果は,

$$\boldsymbol{w}_1=\begin{bmatrix}\boldsymbol{u}_1\\\boldsymbol{v}_1\end{bmatrix}\ ;\ \boldsymbol{u}_1=\begin{bmatrix}1\\-1\end{bmatrix}\ ;\ \boldsymbol{v}_1=\begin{bmatrix}1\\0\end{bmatrix} \quad ⑥$$

$\lambda_2=-1$ に対する固有ベクトル $\boldsymbol{w}_2$ は, 一般化固有ベクトルとして, 上の $\boldsymbol{w}_1$ を用いて次式により求められる.

$$(\boldsymbol{H}-\lambda_2\boldsymbol{I})\boldsymbol{w}_2=\boldsymbol{w}_1 \quad ⑦$$

その結果は,

$$\boldsymbol{w}_2=\begin{bmatrix}\boldsymbol{u}_2\\\boldsymbol{v}_2\end{bmatrix}\ ;\ \boldsymbol{u}_2=\begin{bmatrix}1\\0\end{bmatrix},\quad \boldsymbol{v}_2=\begin{bmatrix}2\\1\end{bmatrix} \quad ⑧$$

したがって, 行列 $\boldsymbol{P}$ は, 式 (7.56) より,

$$\boldsymbol{P}=\begin{bmatrix}1&2\\0&1\end{bmatrix}\begin{bmatrix}1&1\\-1&0\end{bmatrix}^{-1}=\begin{bmatrix}1&2\\0&1\end{bmatrix}\begin{bmatrix}0&-1\\1&1\end{bmatrix}=\begin{bmatrix}2&1\\1&1\end{bmatrix} \quad ⑨$$

上の結果は例題 7.2 で求めた $\boldsymbol{P}$ と同じである.

7.4 最大原理との関連

前節までに述べた最適制御問題は, 線形の制御対象に対して 2 次形式で記述される評価関数を最小にするような制御問題であった. ポントリャーギン (Pontryagin) はより一般的な制御問題に対して, 評価関数の値が最小になるという意味で制御入力が最適であるための必要条件を導出した. これは**最大原理** (maximum priciple) と呼ばれる. この方法では制御対象は必ずしも線形である必要はない. また, 評価関数も 2 次形式に限るということはない. ここでは, 最大原理を詳細に説明するつもりはないが, 最大原理の考え方を簡単に紹介すると共に, 前節までに述べた最適レギュレータ問題との関連について説明する.

7.4.1 ポントリャーギンの最大原理

これまでと同様，制御対象は線形時不変で，次式で記述されるものとする．

$$\dot{\boldsymbol{x}}(t) = \boldsymbol{A}\boldsymbol{x}(t) + \boldsymbol{b}u(t)\ ;\ \boldsymbol{x}(0) = \boldsymbol{x}_0 \tag{7.75}$$

この制御対象に対して，次式で表わされる評価関数 J を最小にするという意味で最適な制御入力 $u(t)$ を求める問題を考える．

$$J = L_f(\boldsymbol{x}(T)) + \int_0^T L(\boldsymbol{x}(t), u(t))\, dt \tag{7.76}$$

ここに，$\boldsymbol{x}(t)$ は n 次元の状態ベクトル，$u(t)$ はスカラーの制御入力である．この $u(t)$ がとりうる値は集合 U 内に限られるものとする (すなわち，$u \in U$)．また，$L_f(\boldsymbol{x}(T))$ は $\boldsymbol{x}(T) = \boldsymbol{0}$ のときは 0 でそれ以外では非負，$L(\boldsymbol{x}(t), u(t))$ は $\boldsymbol{x}(t) = \boldsymbol{0}, u(t) = 0$ のときは 0 でそれ以外では正の値をとるものとする．また，$\boldsymbol{x}(t)$ の初期値 $\boldsymbol{x}_0$ は既知とし，終端時刻 T はあらかじめ与えられているものとする．

状態ベクトル $\boldsymbol{x}(t)$ に対応して n 次元の共状態ベクトル $p(t)$ を導入し，関数 H (**ハミルトン関数**と呼ばれる) をつぎのように定義する．

$$H(\boldsymbol{x}, u, \boldsymbol{p}) = \boldsymbol{p}^{\mathrm{T}}(\boldsymbol{A}\boldsymbol{x} + \boldsymbol{b}u) - L(\boldsymbol{x}, u) \tag{7.77}$$

上の制御問題に関しては，つぎの定理が導出されている．

定理 7.1 制御入力 $u^*(t)$ とこれに対応する状態 $\boldsymbol{x}^*(t)$ が最適であるための必要条件は，$u^*(t)$ と $\boldsymbol{x}^*(t)$ に対応して，つぎの三つの条件を同時に満足するような関数 $\boldsymbol{p}^*(t)$ が存在することである．

(i) $\boldsymbol{x}^*(t)$ と $\boldsymbol{p}^*(t)$ は，それぞれつぎの微分方程式を満足する．

$$\dot{\boldsymbol{x}}^*(t) = \frac{\partial H}{\partial \boldsymbol{p}}(\boldsymbol{x}^*(t), u^*(t), \boldsymbol{p}^*(t)) \tag{7.78}$$

$$\dot{\boldsymbol{p}}^*(t) = -\frac{\partial H}{\partial \boldsymbol{x}}(\boldsymbol{x}^*(t), u^*(t), \boldsymbol{p}^*(t)) \tag{7.79}$$

(ii) $\boldsymbol{p}^*(t)$ はつぎの境界条件を満足する．

$$\boldsymbol{p}^*(T) = \left.\frac{\partial L_f}{\partial \boldsymbol{x}}\right|_{x = x^*(T)} \tag{7.80}$$

(iii) 任意の時刻 $t \in [0, T]$ に対して次式が成り立つ．

$$H(\boldsymbol{x}^*(t), u^*(t), \boldsymbol{p}^*(t)) = \max_{u \in U} H(\boldsymbol{x}^*(t), u(t), \boldsymbol{p}^*(t)) \tag{7.81}$$

条件 (i) の式 (7.78)，(7.79) は**ハミルトン** (Hamilton) **の正準方程式**と呼ばれる．式 (7.77) より，式 (7.78)，(7.79) はそれぞれつぎのように表わされる．

$$\dot{\boldsymbol{x}}^*(t) = \boldsymbol{A}\boldsymbol{x}^*(t) + \boldsymbol{b}u^*(t) \tag{7.82}$$

$$\dot{\boldsymbol{p}}^*(t) = -\boldsymbol{A}^{\mathrm{T}}\boldsymbol{p}^*(t) - \frac{\partial L}{\partial x}(\boldsymbol{x}^*(t), u^*(t)) \tag{7.83}$$

ここに，$\partial z/\partial \boldsymbol{x}$ $(z = H, L_f, L)$ は次式で表わされるようなベクトル量である．

$$\frac{\partial z}{\partial \boldsymbol{x}} = \left[\frac{\partial z}{\partial x_1}\ \frac{\partial z}{\partial x_2}\ \cdots\ \frac{\partial z}{\partial x_n}\right]^{\mathrm{T}}$$

式 (7.82) は式 (7.75) に示した制御対象の方程式であり，$\boldsymbol{x}^*(t), u^*(t)$ がこれを満足しなければならないのは当然である．式 (7.83) は，$\boldsymbol{x}^*(t), u^*(t)$ が存在するとき，$\boldsymbol{p}^*(t)$ が，式 (7.80) の境界条件の下に，式 (7.81) の解として存在しなければならないことを意味する．また，式 (7.81) は，最適な制御入力 $u^*(t)$ がすべての時点でハミルトン関数 $H(\boldsymbol{x}^*(t), u(t), \boldsymbol{p}^*(t))$ を最大にするものであることを意味する．上の定理が最大原理と呼ばれるのはこの点に由来する．

7.4.2　最大原理による最適レギュレータ問題

式 (7.76) において

$$L_f = 0, \quad L = \boldsymbol{x}^{\mathrm{T}}(t)\boldsymbol{Q}\boldsymbol{x}(t) + ru^2(t) \tag{7.84}$$

とし，終端時刻 T を $T \to \infty$ とすると，評価関数 J はつぎのように表わされる．

$$J = \int_0^{\infty} (\boldsymbol{x}^{\mathrm{T}}(t)\boldsymbol{Q}\boldsymbol{x}(t) + ru^2(t))\, dt \tag{7.85}$$

したがって，式 (7.77) のハミルトン関数 H は次式で与えられる．

$$H(\boldsymbol{x}, u, \boldsymbol{p}) = \boldsymbol{p}^{\mathrm{T}}(t)(\boldsymbol{A}\boldsymbol{x}(t) + \boldsymbol{b}u(t)) - (\boldsymbol{x}^{\mathrm{T}}(t)\boldsymbol{Q}\boldsymbol{x}(t) + ru^2(t)) \tag{7.86}$$

この場合には, 式 (7.82), (7.83), (7.80) はつぎのようになる (簡単のため, $\boldsymbol{x}^*(t), \boldsymbol{p}^*(t)$ を $\boldsymbol{x}(t), \boldsymbol{p}(t)$ のように表記する).

$$\dot{\boldsymbol{x}}(t) = \boldsymbol{A}\boldsymbol{x}(t) + \boldsymbol{b}u(t) \tag{7.87}$$

$$\dot{\boldsymbol{p}}(t) = -\boldsymbol{A}^{\mathrm{T}}\boldsymbol{p}(t) + 2\boldsymbol{Q}\boldsymbol{x}(t) \tag{7.88}$$

$$\boldsymbol{p}(\infty) = \boldsymbol{0} \tag{7.89}$$

定理 7.1 の条件 (iii) によれば，式 (7.86) の H を最大にするような $u(t)$ は，$u(t)$ に制約がなければ，$\partial H/\partial u = 0$ より次式で与えられる．

$$\boldsymbol{p}^{\mathrm{T}}(t)\boldsymbol{b} - 2ru(t) = 0 \quad \therefore\ u(t) = \frac{1}{2}r^{-1}\boldsymbol{b}^{\mathrm{T}}\boldsymbol{p}(t) \tag{7.90}$$

上式を式 (7.87) に代入すると，

$$\dot{\boldsymbol{x}}(t) = \boldsymbol{A}\boldsymbol{x}(t) + \frac{1}{2}\boldsymbol{b}r^{-1}\boldsymbol{b}^{\mathrm{T}}\boldsymbol{p}(t) \tag{7.91}$$

式 (7.88)，(7.89)，(7.91) を満足するような $p(t)$ は

$$\boldsymbol{p}(t) = -2\boldsymbol{P}\boldsymbol{x}(t) \tag{7.92}$$

として与えられる．ここに，$\boldsymbol{P}$ はつぎの方程式 (リカッチ方程式) を満足する正定行列である．

$$\boldsymbol{A}^{\mathrm{T}}\boldsymbol{P}+\boldsymbol{P}\boldsymbol{A}-r^{-1}\boldsymbol{P}\boldsymbol{b}\boldsymbol{b}^{\mathrm{T}}\boldsymbol{P}+\boldsymbol{Q}=\mathbf{O} \tag{7.93}$$

式 (7.92) における行列 $\boldsymbol{P}$ が式 (7.93) を満足することはつぎのようにして示すことができる．まず，式 (7.92) を式 (7.91)，(7.88) に代入すると，

$$\dot{\boldsymbol{x}}(t)=\boldsymbol{A}\boldsymbol{x}(t)-\boldsymbol{b}r^{-1}\boldsymbol{b}^{\mathrm{T}}\boldsymbol{P}\boldsymbol{x}(t)=(\boldsymbol{A}-r^{-1}\boldsymbol{b}\boldsymbol{b}^{\mathrm{T}}\boldsymbol{P})\boldsymbol{x}(t) \tag{7.94}$$

$$\dot{\boldsymbol{p}}(t)=2\boldsymbol{A}^{\mathrm{T}}\boldsymbol{P}\boldsymbol{x}(t)+2\boldsymbol{Q}\boldsymbol{x}(t)=2(\boldsymbol{A}^{\mathrm{T}}\boldsymbol{P}+\boldsymbol{Q})\boldsymbol{x}(t) \tag{7.95}$$

式 (7.92) は $\dot{\boldsymbol{p}}(t)=-2\boldsymbol{P}\dot{\boldsymbol{x}}(t)$ を意味する．この関係に式 (7.94)，(7.95) を用いると，

$$2(\boldsymbol{A}^{\mathrm{T}}\boldsymbol{P}+\boldsymbol{Q})\boldsymbol{x}(t)=-2\boldsymbol{P}(\boldsymbol{A}-r^{-1}\boldsymbol{b}\boldsymbol{b}^{\mathrm{T}}\boldsymbol{P})\boldsymbol{x}(t) \tag{7.96}$$

上の関係はすべての $\boldsymbol{x}(t)$ に対して成り立つ．したがって，上式より式 (7.93) の関係が得られる．

ベクトル $\boldsymbol{p}(t)$ が式 (7.92) で与えられるとき，式 (7.90) の最適制御入力 $u(t)$ はつぎのように表わされる．

$$u(t)=-r^{-1}\boldsymbol{b}^{\mathrm{T}}\boldsymbol{P}\boldsymbol{x}(t) \tag{7.97}$$

上式は 7.1 節で導出した最適レギュレータを与える制御入力 (式 (7.4)) そのものである．すなわち，7.1 節で述べた最適レギュレータは最大原理からも導くことができるわけである．

7.5 演習問題

1. 式 (7.29) のシステムは，対 $(\boldsymbol{A},\boldsymbol{b})$ が可制御で伝達関数 $\boldsymbol{c}^{\mathrm{T}}(s\boldsymbol{I}-\boldsymbol{A})^{-1}\boldsymbol{b}$ が $s=0$ に零点を持たなければ，可制御である．これを証明せよ．
2. 式 (7.43) のシステムが可制御であることを示せ．
3. 下記の行列 $\boldsymbol{V},\hat{\boldsymbol{V}}$ は，伝達関数 $\boldsymbol{c}^{\mathrm{T}}(s\boldsymbol{I}-\boldsymbol{A})^{-1}\boldsymbol{b}$ が $s=0$ に零点をもたなければ，正則である．これを証明せよ．

$$\text{(a)}\quad \boldsymbol{V}=\begin{bmatrix}\boldsymbol{A} & \boldsymbol{b}\\ \boldsymbol{c}^{\mathrm{T}} & 0\end{bmatrix}\qquad \text{(b)}\quad \hat{\boldsymbol{V}}=\begin{bmatrix}\boldsymbol{A}-\boldsymbol{b}\boldsymbol{h}^{\mathrm{T}} & \boldsymbol{b}k\\ -\boldsymbol{c}^{\mathrm{T}} & 0\end{bmatrix}\ ;k>0$$

4. $\boldsymbol{A},\boldsymbol{b},\boldsymbol{c}$ が

$$\boldsymbol{A}=\begin{bmatrix}0 & 1\\ 0 & -1\end{bmatrix},\ \boldsymbol{b}=\begin{bmatrix}0\\ 1\end{bmatrix},\ \boldsymbol{c}=\begin{bmatrix}1\\ 0\end{bmatrix}$$

で与えられる制御対象がある．$q=1$，$r=1$ として，ステップ外乱 d の存在にかかわらず，出力 $y(t)$ をステップ状の指令入力 y_r に追従させるような最適サーボ系を設計せよ．

5. 式 (7.58) が式 (7.59) のように変形できることを示せ．

演習問題解答

第1章

1. (a) 固有値は，$|\lambda \boldsymbol{I} - \boldsymbol{A}| = \lambda^2 + 2.5\lambda + 1 = (\lambda + 0.5)(\lambda + 2) = 0$ より，$\lambda_1 = -0.5, \lambda_2 = -2$ の相異なる単根.
   $\lambda_1 = -0.5$ に対する固有ベクトル：$(\boldsymbol{A} - \lambda_1 \boldsymbol{I})\boldsymbol{v}^1 = \boldsymbol{0}$ より，$\boldsymbol{v}^1 = [2 \quad -1]^{\mathrm{T}}$
   $\lambda_2 = -2$ に対する固有ベクトル：$(\boldsymbol{A} - \lambda_2 \boldsymbol{I})\boldsymbol{v}^2 = \boldsymbol{0}$ より，$\boldsymbol{v}^2 = [1 \quad -2]^{\mathrm{T}}$
   (b) 固有値は，$|\lambda \boldsymbol{I} - \boldsymbol{A}| = \lambda^2 + 2\lambda + 1 = (\lambda + 1)^2 = 0$ より，$\lambda_1\ (= \lambda_2) = -1$ の重根. $\lambda_1 = -1$ に対しては，$\boldsymbol{A} - \lambda_1 \boldsymbol{I} = \begin{bmatrix} 1 & 1 \\ -1 & -1 \end{bmatrix}$ なので，ランクは $r = 1$，したがって，$p\ (= n - r) = 1 \neq m = 2$ で，独立な固有ベクトルは 1 個だけ存在する. このベクトル $\boldsymbol{v}^{11}$ は，$(\boldsymbol{A} - \lambda_1 \boldsymbol{I})\boldsymbol{v}^{11} = \boldsymbol{0}$ より，$\boldsymbol{v}^{11} = [1 \quad -1]^{\mathrm{T}}$. $\lambda_1 = -1$ に対する他の固有ベクトル $\boldsymbol{v}^{12}$ は，一般化固有ベクトルとして，$(\boldsymbol{A} - \lambda_1 \boldsymbol{I})\boldsymbol{v}^{12} = \boldsymbol{v}^{11}$ より，$\boldsymbol{v}^{12} = [1 \quad 0]^{\mathrm{T}}$

2. (a) ジョルダン標準形への変換行列は，$\boldsymbol{M} = [\,\boldsymbol{v}^1 \quad \boldsymbol{v}^2\,] = \begin{bmatrix} 2 & 1 \\ -1 & -2 \end{bmatrix}$.
   逆行列は，$\boldsymbol{M}^{-1} = \dfrac{1}{-3}\begin{bmatrix} -2 & -1 \\ 1 & 2 \end{bmatrix}$，したがって，$\boldsymbol{J} = \boldsymbol{M}^{-1}\boldsymbol{A}\boldsymbol{M} = \begin{bmatrix} -0.5 & 0 \\ 0 & -2 \end{bmatrix}$
   (b) この場合の変換行列は，$\boldsymbol{M} = [\,\boldsymbol{v}^{11} \quad \boldsymbol{v}^{12}\,] = \begin{bmatrix} 1 & 1 \\ -1 & 0 \end{bmatrix}$. 逆行列は，$\boldsymbol{M}^{-1} = \begin{bmatrix} 0 & -1 \\ 1 & 1 \end{bmatrix}$，したがって，$\boldsymbol{J} = \boldsymbol{M}^{-1}\boldsymbol{A}\boldsymbol{M} = \begin{bmatrix} -1 & 1 \\ 0 & -1 \end{bmatrix}$

3. (a) 固有値は，$\lambda_1 = 1, \lambda_2 = 3, \lambda_3 = -2$ の相異なる単根
   $\lambda_1 = 1$ に対する固有ベクトル：$\boldsymbol{v}^1 = [1 \quad -1 \quad -1]^{\mathrm{T}}$
   $\lambda_2 = 3$ に対する固有ベクトル：$\boldsymbol{v}^2 = [1 \quad 1 \quad 1]^{\mathrm{T}}$
   $\lambda_3 = -2$ に対する固有ベクトル：$\boldsymbol{v}^3 = [11 \quad 1 \quad -14]^{\mathrm{T}}$
   (b) 固有値は，$\lambda_1\ (= \lambda_2) = 1, \lambda_3 = 3$ で，$\lambda_1 = 1$ は二重根 $(m = 2)$，$\lambda_3 = 3$ は単根. $\lambda_1\ (= \lambda_2) = 1$ に対しては，

$$\boldsymbol{A} - \lambda_1 \boldsymbol{I} = \begin{bmatrix} -1 & 1 & 0 \\ 0 & -1 & 1 \\ 3 & -7 & 4 \end{bmatrix}$$

なので，ランク r は 2，したがって，$p(= n - r) = 1 \neq m = 2$ であり，独立な固有ベクトルは 1 個しか存在しない. このベクトル $\boldsymbol{v}^{11}$ は，$(\boldsymbol{A} - \lambda_1 \boldsymbol{I})\boldsymbol{v}^{11} = \boldsymbol{0}$ より，

$\boldsymbol{v}^{11} = [1 \ \ 1 \ \ 1]^{\mathrm{T}}$. $\lambda_1 = 1$ に対応した他の固有ベクトル $\boldsymbol{v}^{12}$ は，$(\boldsymbol{A} - \lambda_1 \boldsymbol{I})\boldsymbol{v}^{12} = \boldsymbol{v}^{11}$ より，$\boldsymbol{v}^{12} = [0 \ \ 1 \ \ 2]^{\mathrm{T}}$. $\lambda_3 = 3$ に対する固有ベクトル $\boldsymbol{v}^3$ は，$\boldsymbol{v}^3 = [1 \ \ 3 \ \ 9]^{\mathrm{T}}$.

4. (a) この場合の変換行列は，$\boldsymbol{M} = [\,\boldsymbol{v}^1 \ \ \boldsymbol{v}^2 \ \ \boldsymbol{v}^3\,] = \begin{bmatrix} 1 & 1 & 11 \\ -1 & 1 & 1 \\ -1 & 1 & -14 \end{bmatrix}$. 逆行列は，

$$\boldsymbol{M}^{-1} = \frac{1}{30}\begin{bmatrix} 15 & -25 & 10 \\ 15 & 3 & 12 \\ 0 & 2 & -2 \end{bmatrix},\ したがって，\boldsymbol{J} = \boldsymbol{M}^{-1}\boldsymbol{A}\boldsymbol{M} = \begin{bmatrix} 1 & 0 & 0 \\ 0 & 3 & 0 \\ 0 & 0 & -2 \end{bmatrix}$$

(b) この場合の変換行列は，$\boldsymbol{M} = [\,\boldsymbol{v}^{11} \ \ \boldsymbol{v}^{12} \ \ \boldsymbol{v}^3\,] = \begin{bmatrix} 1 & 0 & 1 \\ 1 & 1 & 3 \\ 1 & 2 & 9 \end{bmatrix}$. 逆行列は，

$$\boldsymbol{M}^{-1} = \frac{1}{4}\begin{bmatrix} 3 & 2 & -1 \\ -6 & 8 & -2 \\ 1 & -2 & 1 \end{bmatrix},\ したがって，\boldsymbol{J} = \boldsymbol{M}^{-1}\boldsymbol{A}\boldsymbol{M} = \begin{bmatrix} 1 & 1 & 0 \\ 0 & 1 & 0 \\ 0 & 0 & 3 \end{bmatrix}$$

この場合には，左上の 2 行 2 列が重根 $\lambda_1 = 1$ に対するジョルダン標準形で 2 列目の対角要素 $\lambda_1 = 1$ の上に 1 がつく.

5. (a) この行列の固有値は，$\lambda_1 = 1$, $\lambda_2 = 3$

$\lambda_1 = 1$ に対する正規化固有ベクトル：$\boldsymbol{v}^1 = \left[\dfrac{1}{\sqrt{2}} \ \ -\dfrac{1}{\sqrt{2}}\right]^{\mathrm{T}}$

$\lambda_2 = 3$ に対する正規化固有ベクトル：$\boldsymbol{v}^2 = \left[\dfrac{1}{\sqrt{2}} \ \ \dfrac{1}{\sqrt{2}}\right]^{\mathrm{T}}$

上に求めた固有ベクトル $\boldsymbol{v}^1, \boldsymbol{v}^2$ を用いて行列 $\boldsymbol{M}$ を

$$\boldsymbol{M} = [\,\boldsymbol{v}^1 \ \ \boldsymbol{v}^2\,] = \begin{bmatrix} \dfrac{1}{\sqrt{2}} & \dfrac{1}{\sqrt{2}} \\ -\dfrac{1}{\sqrt{2}} & \dfrac{1}{\sqrt{2}} \end{bmatrix}$$

のように作ると，この $\boldsymbol{M}$ は $\boldsymbol{M}^{\mathrm{T}}\boldsymbol{M} = \boldsymbol{I}$ を満足する．したがって，この $\boldsymbol{M}$ は直交行列である.

(b) この行列の固有値は，$\lambda_1 = 0$, $\lambda_2 = \sqrt{2}$, $\lambda_3 = 2\sqrt{2}$

$\lambda_1 = 0$ に対する正規化固有ベクトル：$\boldsymbol{v}^1 = \left[\dfrac{1}{\sqrt{2}} \ \ -\dfrac{1}{2} \ \ -\dfrac{1}{2}\right]^{\mathrm{T}}$

$\lambda_2 = \sqrt{2}$ に対する正規化固有ベクトル：$\boldsymbol{v}^2 = \left[0 \ \ \dfrac{1}{\sqrt{2}} \ \ -\dfrac{1}{\sqrt{2}}\right]^{\mathrm{T}}$

$\lambda_3 = 2\sqrt{2}$ に対する正規化固有ベクトル：$\boldsymbol{v}^3 = \left[\dfrac{1}{\sqrt{2}} \ \ \dfrac{1}{2} \ \ \dfrac{1}{2}\right]^{\mathrm{T}}$

したがって，直交行列 $\boldsymbol{M}$ は，$\boldsymbol{M} = [\, \boldsymbol{v}^1 \;\; \boldsymbol{v}^2 \;\; \boldsymbol{v}^3 \,] = \begin{bmatrix} \dfrac{1}{\sqrt{2}} & 0 & \dfrac{1}{\sqrt{2}} \\ -\dfrac{1}{2} & \dfrac{1}{\sqrt{2}} & \dfrac{1}{2} \\ -\dfrac{1}{2} & -\dfrac{1}{\sqrt{2}} & \dfrac{1}{2} \end{bmatrix}$

第2章

1. 水槽 I の出口からの流出流量は水位 $h_1(t)$ に比例し，水槽 I から II への流出流量は水位の差 $h_1(t) - h_2(t)$ に比例し，その比例係数は抵抗 R_1, R_{12} の逆数である．水槽 I への流入流量は $q(t)$ であるから，水槽 I については，

$$C_1 \frac{dh_1(t)}{dt} = q(t) - \frac{1}{R_1} h_1(t) - \frac{1}{R_{12}} (h_1(t) - h_2(t)) \qquad ①$$

また，水槽 II については，流入流量は $(h_1(t) - h_2(t))/R_{12}$，流出流量は $h_2(t)/R_2$ なので，

$$C_2 \frac{dh_2(t)}{dt} = \frac{1}{R_{12}} (h_1(t) - h_2(t)) - \frac{1}{R_2} h_2(t) \qquad ②$$

したがって，

$$h_1 = x_1, \quad h_2 = x_2, \quad q = u, \quad h_2 = y \qquad ③$$

とすると，次式が得られる．

$$\begin{aligned} \begin{bmatrix} \dot{x}_1(t) \\ \dot{x}_2(t) \end{bmatrix} &= \begin{bmatrix} a_{11} & a_{12} \\ a_{21} & a_{22} \end{bmatrix} \begin{bmatrix} x_1(t) \\ x_2(t) \end{bmatrix} + \begin{bmatrix} b_1 \\ 0 \end{bmatrix} u(t) \\ y(t) &= [\, 0 \;\; 1 \,] \begin{bmatrix} x_1(t) \\ x_2(t) \end{bmatrix} \end{aligned} \qquad ④$$

ただし，

$$\begin{aligned} & a_{11} = -\left(\frac{1}{C_1 R_1} + \frac{1}{C_1 R_{12}} \right), \quad a_{12} = \frac{1}{C_1 R_{12}}, \\ & a_{21} = \frac{1}{C_2 R_{12}}, \quad a_{22} = -\left(\frac{1}{C_2 R_{12}} + \frac{1}{C_2 R_2} \right), \quad b_1 = \frac{1}{C_1} \end{aligned} \qquad ⑤$$

上の式 ④，⑤ は，例題 2.1 で求めた電気回路の状態方程式と同じ形であることがわかる．すなわち，図 2.15 の水槽系は，動的な挙動に関しては，図 2.1 の電気回路と等価である．

2. この電気回路には，例題 2.1 の式 ① の関係が成り立つ．したがって，$v_1 = x_1$，$(v_1 - v_2)/R_{12} = x_2$，$i = u$，$v_2 = y$ とすると，

$$\begin{aligned} \begin{bmatrix} \dot{x}_1(t) \\ \dot{x}_2(t) \end{bmatrix} &= \begin{bmatrix} a_{11} & a_{12} \\ a_{21} & a_{22} \end{bmatrix} \begin{bmatrix} x_1(t) \\ x_2(t) \end{bmatrix} + \begin{bmatrix} b_1 \\ b_2 \end{bmatrix} u(t) \\ y(t) &= [\, c_1 \;\; c_2 \,] \begin{bmatrix} x_1(t) \\ x_2(t) \end{bmatrix} \end{aligned} \qquad ①$$

ただし,

$$a_{11} = -\frac{1}{C_1 R_1}, \quad a_{12} = \frac{1}{C_1}, \quad a_{21} = \frac{1}{R_{12}}\left(\frac{1}{C_2 R_2} - \frac{1}{C_1 R_1}\right)$$

$$a_{22} = -\left(\frac{1}{C_1 R_{12}} + \frac{1}{C_2 R_{12}} + \frac{1}{C_2 R_2}\right) \qquad ②$$

$$b_1 = \frac{1}{C_1}, \quad b_2 = \frac{1}{C_1 R_{12}}, \quad c_1 = 1, \quad c_2 = -R_{12}$$

(a) $C_1 = R_1 = R_{12} = 1$, $C_2 = 0.5$, $R_2 = 2$ とすると, $\boldsymbol{A}, \boldsymbol{b}, \boldsymbol{c}$ は,

$$\boldsymbol{A} = \begin{bmatrix} -1 & 1 \\ 0 & -4 \end{bmatrix}, \ \boldsymbol{b} = \begin{bmatrix} 1 \\ 1 \end{bmatrix}, \ \boldsymbol{c} = \begin{bmatrix} 1 \\ -1 \end{bmatrix} \qquad ③$$

(b) この場合の入出力伝達関数 $G(s)$ は,

$$G(s) = \boldsymbol{c}^{\mathrm{T}}(s\boldsymbol{I} - \boldsymbol{A})^{-1}\boldsymbol{b} = \frac{2}{(s+1)(s+4)} \qquad ④$$

これは例題 2.5 の結果と同じである. すなわち, 入出力伝達関数は入力と出力の関係を表わすものであり, 状態変数の選び方には依存しない.

3. この方式のモータでは, 電機子に流れる電流を一定に保つために, 電機子に直列に大きな抵抗 R_a を接続して電流を供給し, モータの回転による逆起電力の影響が無視できるようにしてある. 電機子電流 I_a と界磁電流 $i_f(t)$ による磁界との相互作用により, $i_f(t)$ に比例したトルク $\tau(t)$ が発生し, モータは回転を始める. この場合には, 界磁回路には次式が成り立つ.

$$L_f \frac{di_f(t)}{dt} + R_f i_f(t) = e_f(t) \qquad ①$$

モータの回転に関しては, 例題 2.2 と同様, 次式が成り立つ.

$$J\frac{d^2\theta(t)}{dt^2} = \tau(t) - \mu\frac{d\theta(t)}{dt}, \quad \tau(t) = K_T i_f(t) \qquad ②$$

ここで, $\theta(t) = x_1(t)$, $\dot{\theta}(t) = x_2(t)$, $i_f(t) = x_3(t)$, $e_f(t) = u(t)$, $\theta(t) = y(t)$ とおくと, このモータの状態方程式は次式で与えられる.

$$\begin{bmatrix} \dot{x}_1(t) \\ \dot{x}_2(t) \\ \dot{x}_3(t) \end{bmatrix} = \begin{bmatrix} 0 & 1 & 0 \\ 0 & -\mu/\boldsymbol{J} & K_T/\boldsymbol{J} \\ 0 & 0 & -R_f/L_f \end{bmatrix}\begin{bmatrix} x_1(t) \\ x_2(t) \\ x_3(t) \end{bmatrix} + \begin{bmatrix} 0 \\ 0 \\ 1/L_f \end{bmatrix} u(t)$$

$$y(t) = x_1(t) = [1 \ \ 0 \ \ 0]\begin{bmatrix} x_1(t) \\ x_2(t) \\ x_3(t) \end{bmatrix} \qquad ③$$

4. (a) この場合の $(s\boldsymbol{I} - \boldsymbol{A})^{-1}$ は,

$$(s\boldsymbol{I} - \boldsymbol{A})^{-1} = \frac{1}{|s\boldsymbol{I} - \boldsymbol{A}|}\begin{bmatrix} s+3 & 1 \\ 2 & s+2 \end{bmatrix} \ ; |s\boldsymbol{I} - \boldsymbol{A}| = (s+1)(s+4) \qquad ①$$

したがって, $G(s) = \boldsymbol{c}^{\mathrm{T}}(s\boldsymbol{I} - \boldsymbol{A})^{-1}\boldsymbol{b}$ は,

$$G(s) = \frac{2(s+4)}{(s+1)(s+4)} = \frac{2}{s+1} \qquad ②$$

(b) この場合の $(s\boldsymbol{I}-\boldsymbol{A})^{-1}$ は

$$(s\boldsymbol{I}-\boldsymbol{A})^{-1}=\frac{1}{|s\boldsymbol{I}-\boldsymbol{A}|}\begin{bmatrix} s^2+5s+5 & s+3 & 1 \\ s+3 & s^2+4s+3 & s+1 \\ 1 & s+1 & s^2+3s+1 \end{bmatrix};$$

$$|s\boldsymbol{I}-\boldsymbol{A}|=s^3+10s^2+9s+2 \qquad ③$$

したがって，$G(s)=\boldsymbol{c}^{\mathrm{T}}(s\boldsymbol{I}-\boldsymbol{A})^{-1}\boldsymbol{b}$ は，

$$G(s)=\frac{2}{s^3+10s^2+9s+2} \qquad ④$$

5. 図のサーボ機構において，

$$\Theta(s)=X_1(s)=Y(s),\ \ s\Theta(s)=X_2(s) \qquad ①$$

とすると，次式が成り立つ．

$$\begin{aligned} &X_1(s)=\frac{1}{s}X_2(s),\quad X_2(s)=\frac{K_p}{1+Ts}U(s) \\ &U(s)=K_c(Y_r(s)-Y(s)),\quad Y(s)=X_1(s) \end{aligned} \qquad ②$$

上式より，

$$\begin{aligned} &sX_1(s)=X_2(s) \\ &TsX_2(s)=-X_2(s)-K_pK_cX_1(s)+K_pK_cY_r(s) \end{aligned} \qquad ③$$

したがって，状態方程式は，

$$\begin{bmatrix} \dot{x}_1(t) \\ \dot{x}_2(t) \end{bmatrix}=\begin{bmatrix} 0 & 1 \\ -\dfrac{K_pK_c}{T} & -\dfrac{1}{T} \end{bmatrix}\begin{bmatrix} x_1(t) \\ x_2(t) \end{bmatrix}+\begin{bmatrix} 0 \\ \dfrac{K_pK_c}{T} \end{bmatrix}y_r(t) \qquad ④$$

$$y(t)=[1\ \ 0]\begin{bmatrix} x_1(t) \\ x_2(t) \end{bmatrix} \qquad ⑤$$

第3章

1. (a) この行列 $\boldsymbol{A}$ は，第 1 章の演習問題 1(a) の解答で示したように，行列

$$\boldsymbol{M}=[\boldsymbol{v}^1\ \ \boldsymbol{v}^2]=\begin{bmatrix} 2 & 1 \\ -1 & -2 \end{bmatrix}\quad \left(\boldsymbol{M}^{-1}=\frac{1}{3}\begin{bmatrix} 2 & 1 \\ -1 & -2 \end{bmatrix}\right)$$

により，$\boldsymbol{J}=\begin{bmatrix} -0.5 & 0 \\ 0 & -2 \end{bmatrix}$ なる形に変換できる．この $\boldsymbol{J}$ に対しては，

$$e^{\boldsymbol{J}t}=\begin{bmatrix} e^{-0.5t} & 0 \\ 0 & e^{-2t} \end{bmatrix}$$

したがって，$e^{\boldsymbol{A}t}$ は，

$$e^{\boldsymbol{A}t}=\boldsymbol{M}e^{\boldsymbol{J}t}\boldsymbol{M}^{-1}=\begin{bmatrix} \dfrac{4}{3}e^{-0.5t}-\dfrac{1}{3}e^{-2t} & \dfrac{2}{3}e^{-0.5t}-\dfrac{2}{3}e^{-2t} \\ -\dfrac{2}{3}e^{-0.5t}+\dfrac{2}{3}e^{-2t} & -\dfrac{1}{3}e^{-0.5t}+\dfrac{4}{3}e^{-2t} \end{bmatrix}$$

(b)　この行列 $\boldsymbol{A}$ は，第 1 章の演習問題 1(b) の解答で示したように，行列

$$\boldsymbol{M} = [\,\boldsymbol{v}^{11}\ \ \boldsymbol{v}^{12}\,] = \begin{bmatrix} 1 & 1 \\ -1 & 0 \end{bmatrix} \quad \left(\boldsymbol{M}^{-1} = \begin{bmatrix} 0 & -1 \\ 1 & 1 \end{bmatrix} \right)$$

により，$\boldsymbol{J} = \begin{bmatrix} -1 & 1 \\ 0 & -1 \end{bmatrix}$ なる形に変換できる．この $\boldsymbol{J}$ に対しては，

$$e^{\boldsymbol{J}t} = \begin{bmatrix} e^{-t} & te^{-t} \\ 0 & e^{-t} \end{bmatrix}$$

したがって，$e^{\boldsymbol{A}t}$ は，

$$e^{\boldsymbol{A}t} = \boldsymbol{M}e^{\boldsymbol{J}t}\boldsymbol{M}^{-1} = \begin{bmatrix} (1+t)e^{-t} & te^{-t} \\ -te^{-t} & (1-t)e^{-t} \end{bmatrix}$$

2.　(a)　この $\boldsymbol{A}$ に対しては，

$$(s\boldsymbol{I} - \boldsymbol{A})^{-1} = \begin{bmatrix} s & -1 \\ 1 & s+2.5 \end{bmatrix}^{-1} = \begin{bmatrix} \dfrac{s+2.5}{(s+0.5)(s+2)} & \dfrac{1}{(s+0.5)(s+2)} \\ \dfrac{-1}{(s+0.5)(s+2)} & \dfrac{s}{(s+0.5)(s+2)} \end{bmatrix}$$

したがって，$e^{\boldsymbol{A}t}$ は，上式の逆ラプラス変換として，

$$e^{\boldsymbol{A}t} = \begin{bmatrix} \dfrac{4}{3}e^{-0.5t} - \dfrac{1}{3}e^{-2t} & \dfrac{2}{3}e^{-0.5t} - \dfrac{2}{3}e^{-2t} \\ -\dfrac{2}{3}e^{-0.5t} + \dfrac{2}{3}e^{-2t} & -\dfrac{1}{3}e^{-0.5t} + \dfrac{4}{3}e^{-2t} \end{bmatrix}$$

(b)　この $\boldsymbol{A}$ に対しては，

$$(s\boldsymbol{I} - \boldsymbol{A})^{-1} = \begin{bmatrix} s & -1 \\ 1 & s+2 \end{bmatrix}^{-1} = \begin{bmatrix} \dfrac{s+2}{(s+1)^2} & \dfrac{1}{(s+1)^2} \\ \dfrac{-1}{(s+1)^2} & \dfrac{s}{(s+1)^2} \end{bmatrix}$$

したがって，$e^{\boldsymbol{A}t}$ は，上式の逆ラプラス変換として，

$$e^{\boldsymbol{A}t} = \begin{bmatrix} (1+t)e^{-t} & te^{-t} \\ -te^{-t} & (1-t)e^{-t} \end{bmatrix}$$

3.　(a)　この行列 $\boldsymbol{A}$ は，第 1 章の演習問題 3(a) の解答で示したように，行列

$$\boldsymbol{M} = \begin{bmatrix} 1 & 1 & 11 \\ -1 & 1 & 1 \\ -1 & 1 & -14 \end{bmatrix} \quad \left(\boldsymbol{M}^{-1} = \frac{1}{30}\begin{bmatrix} 15 & -25 & 10 \\ 15 & 3 & 12 \\ 0 & 2 & -2 \end{bmatrix} \right)$$

により，$\boldsymbol{J} = \begin{bmatrix} 1 & 0 & 0 \\ 0 & 3 & 0 \\ 0 & 0 & -2 \end{bmatrix}$ なる形に変換できる．この $\boldsymbol{J}$ に対しては，

$$e^{\boldsymbol{J}t} = \begin{bmatrix} e^{t} & 0 & 0 \\ 0 & e^{3t} & 0 \\ 0 & 0 & e^{-2t} \end{bmatrix}$$

したがって，$e^{\boldsymbol{A}t}$ は，

$$e^{\boldsymbol{A}t} = \boldsymbol{M}e^{\boldsymbol{J}t}\boldsymbol{M}^{-1}$$

$$= \begin{bmatrix} \dfrac{1}{2}e^{t} + \dfrac{1}{2}e^{3t} & -\dfrac{5}{6}e^{t} + \dfrac{1}{10}e^{3t} + \dfrac{11}{15}e^{-2t} & \dfrac{1}{3}e^{t} + \dfrac{2}{5}e^{3t} - \dfrac{11}{15}e^{-2t} \\ -\dfrac{1}{2}e^{t} + \dfrac{1}{2}e^{3t} & \dfrac{5}{6}e^{t} + \dfrac{1}{10}e^{3t} + \dfrac{1}{15}e^{-2t} & -\dfrac{1}{3}e^{t} + \dfrac{2}{5}e^{3t} - \dfrac{1}{15}e^{-2t} \\ -\dfrac{1}{2}e^{t} + \dfrac{1}{2}e^{3t} & \dfrac{5}{6}e^{t} + \dfrac{1}{10}e^{3t} - \dfrac{14}{15}e^{-2t} & -\dfrac{1}{3}e^{t} + \dfrac{2}{5}e^{3t} + \dfrac{14}{15}e^{-2t} \end{bmatrix}$$

(b)　この行列 $\boldsymbol{A}$ は，第 1 章の演習問題 3(b) の解答で示したように，行列

$$\boldsymbol{M} = \begin{bmatrix} 1 & 0 & 1 \\ 1 & 1 & 3 \\ 1 & 2 & 9 \end{bmatrix} \quad \left(\boldsymbol{M}^{-1} = \frac{1}{4}\begin{bmatrix} 3 & 2 & -1 \\ -6 & 8 & -2 \\ 1 & -2 & 1 \end{bmatrix} \right)$$

により，$\boldsymbol{J} = \begin{bmatrix} 1 & 1 & 0 \\ 0 & 1 & 0 \\ 0 & 0 & 3 \end{bmatrix}$ なる形に変換できる．この $\boldsymbol{J}$ に対しては，

$$e^{\boldsymbol{J}t} = \begin{bmatrix} e^{t} & te^{t} & 0 \\ 0 & e^{t} & 0 \\ 0 & 0 & e^{3t} \end{bmatrix}$$

したがって，$e^{\boldsymbol{A}t}$ は，

$$e^{\boldsymbol{A}t} = \boldsymbol{M}e^{Jt}\boldsymbol{M}^{-1} = \begin{bmatrix} \dfrac{3-6t}{4}e^{t} + \dfrac{1}{4}e^{3t} & \dfrac{1+4t}{2}e^{t} - \dfrac{1}{2}e^{3t} & -\dfrac{1+2t}{4}e^{t} + \dfrac{1}{4}e^{3t} \\ -\dfrac{3+6t}{4}e^{t} + \dfrac{3}{4}e^{3t} & \dfrac{5+4t}{2}e^{t} - \dfrac{3}{2}e^{3t} & -\dfrac{3+2t}{4}e^{t} + \dfrac{3}{4}e^{3t} \\ -\dfrac{9+6t}{4}e^{t} + \dfrac{9}{4}e^{3t} & \dfrac{9+4t}{2}e^{t} - \dfrac{9}{2}e^{3t} & -\dfrac{5+2t}{4}e^{t} + \dfrac{9}{4}e^{3t} \end{bmatrix}$$

4.　(a)　この $\boldsymbol{A}$ に対しては，

$$(s\boldsymbol{I} - \boldsymbol{A})^{-1} = \begin{bmatrix} s-2 & 2 & -3 \\ -1 & s-1 & -1 \\ -1 & -3 & s+1 \end{bmatrix}^{-1}$$

$$= \begin{bmatrix} \dfrac{s^2-4}{(s-1)(s-3)(s+2)} & \dfrac{-2s+7}{(s-1)(s-3)(s+2)} & \dfrac{3s-5}{(s-1)(s-3)(s+2)} \\ \dfrac{s+2}{(s-1)(s-3)(s+2)} & \dfrac{s^2-s-5}{(s-1)(s-3)(s+2)} & \dfrac{s+1}{(s-1)(s-3)(s+2)} \\ \dfrac{s+2}{(s-1)(s-3)(s+2)} & \dfrac{3s-8}{(s-1)(s-3)(s+2)} & \dfrac{s^2-3s+4}{(s-1)(s-3)(s+2)} \end{bmatrix}$$

したがって，$e^{\boldsymbol{A}t}$ は，上式の逆ラプラス変換として，

$$
e^{\boldsymbol{A}t}=\begin{bmatrix} \frac{1}{2}e^{t}+\frac{1}{2}e^{3t} & -\frac{5}{6}e^{t}+\frac{1}{10}e^{3t}+\frac{11}{15}e^{-2t} & \frac{1}{3}e^{t}+\frac{2}{5}e^{3t}-\frac{11}{15}e^{-2t} \\ -\frac{1}{2}e^{t}+\frac{1}{2}e^{3t} & \frac{5}{6}e^{t}+\frac{1}{10}e^{3t}+\frac{1}{15}e^{-2t} & -\frac{1}{3}e^{t}+\frac{2}{5}e^{3t}-\frac{1}{15}e^{-2t} \\ -\frac{1}{2}e^{t}+\frac{1}{2}e^{3t} & \frac{5}{6}e^{t}+\frac{1}{10}e^{3t}-\frac{14}{15}e^{-2t} & -\frac{1}{3}e^{t}+\frac{2}{5}e^{3t}+\frac{14}{15}e^{-2t} \end{bmatrix}
$$

(b)　この $\boldsymbol{A}$ に対しては，

$$
(s\boldsymbol{I}-\boldsymbol{A})^{-1}=\begin{bmatrix} s & -1 & 0 \\ 0 & s & -1 \\ -3 & 7 & s-5 \end{bmatrix}^{-1}
$$

$$
=\begin{bmatrix} \frac{s^2-5s+7}{(s-1)^2(s-3)} & \frac{s-5}{(s-1)^2(s-3)} & \frac{1}{(s-1)^2(s-3)} \\ \frac{3}{(s-1)^2(s-3)} & \frac{s^2-5s}{(s-1)^2(s-3)} & \frac{s}{(s-1)^2(s-3)} \\ \frac{3s}{(s-1)^2(s-3)} & \frac{7s-3}{(s-1)^2(s-3)} & \frac{s^2}{(s-1)^2(s-3)} \end{bmatrix}
$$

したがって，$e^{\boldsymbol{A}t}$ は，上式の逆ラプラス変換として，

$$
e^{\boldsymbol{A}t}=\begin{bmatrix} \frac{3-6t}{4}e^{t}+\frac{1}{4}e^{3t} & \frac{1+4t}{2}e^{t}-\frac{1}{2}e^{3t} & -\frac{1+2t}{4}e^{t}+\frac{1}{4}e^{3t} \\ -\frac{3+6t}{4}e^{t}+\frac{3}{4}e^{3t} & \frac{5+4t}{2}e^{t}-\frac{3}{2}e^{3t} & -\frac{3+2t}{4}e^{t}+\frac{3}{4}e^{3t} \\ -\frac{9+6t}{4}e^{t}+\frac{9}{4}e^{3t} & \frac{9+4t}{2}e^{t}-\frac{9}{2}e^{3t} & -\frac{5+2t}{4}e^{t}+\frac{9}{4}e^{3t} \end{bmatrix}
$$

5.　ここでは，ラプラス変換による方法のみを示す．

(a)　まず，この行列 $\boldsymbol{A}$ に対しては，

$$
(s\boldsymbol{I}-\boldsymbol{A})^{-1}=\begin{bmatrix} s & -1 \\ 2 & s+2 \end{bmatrix}^{-1}=\begin{bmatrix} \frac{s+2}{s^2+2s+2} & \frac{1}{s^2+2s+2} \\ \frac{-2}{s^2+2s+2} & \frac{s}{s^2+2s+2} \end{bmatrix}
$$

ここで，

$$
\mathscr{L}^{-1}\left[\frac{s+1}{s^2+2s+2}\right]=\mathscr{L}^{-1}\left[\frac{s+1}{(s+1)^2+1^2}\right]=e^{-t}\cos t
$$

$$
\mathscr{L}^{-1}\left[\frac{1}{s^2+2s+2}\right]=\mathscr{L}^{-1}\left[\frac{1}{(s+1)^2+1^2}\right]=e^{-t}\sin t
$$

なる関係に留意すれば，$e^{\boldsymbol{A}t}$ は，

$$
e^{\boldsymbol{A}t}=\begin{bmatrix} e^{-t}(\cos t+\sin t) & e^{-t}\sin t \\ -2e^{-t}\sin t & e^{-t}(\cos t-\sin t) \end{bmatrix}
$$

(b)　$U(s)=\mathscr{L}[\mathbb{1}(t)]=1/s$ であるので，$\boldsymbol{X}(s)$ は，

$$
\boldsymbol{X}(s)=(s\boldsymbol{I}-\boldsymbol{A})^{-1}\boldsymbol{b}U(s)=\begin{bmatrix} \frac{s+2}{s(s^2+2s+2)} \\ \frac{-2}{s(s^2+2s+2)} \end{bmatrix}
$$

上式の各要素はつぎのように展開できる.

$$\frac{s+2}{s(s^2+2s+2)} = \frac{1}{s} - \frac{s+1}{(s+1)^2+1^2}$$

$$\frac{-2}{s(s^2+2s+2)} = -\frac{1}{s} + \frac{s+1}{(s+1)^2+1^2} + \frac{1}{(s+1)^2+1^2}$$

したがって, ステップ応答 $\boldsymbol{x}(t)$ は, 表 3.1 のラプラス変換表より,

$$\boldsymbol{x}(t) = \mathscr{L}^{-1}[\boldsymbol{X}(s)] = \begin{bmatrix} 1-e^{-t}\cos t \\ -1+e^{-t}(\cos t+\sin t) \end{bmatrix}$$

第 4 章

1. このシステムの可制御行列 $\boldsymbol{U}_c$ は,

$$\boldsymbol{U}_c = [\,\boldsymbol{b} \quad \boldsymbol{Ab} \quad \boldsymbol{A}^2\boldsymbol{b}\,] = \begin{bmatrix} 0 & 0 & 2 \\ 0 & 2 & -10 \\ 2 & -6 & 20 \end{bmatrix}$$

この $\boldsymbol{U}_c$ は $|\boldsymbol{U}_c| = -8 \neq 0$, したがって, このシステムは可制御. また, 可観測行列 $\boldsymbol{U}_o$ は,

$$\boldsymbol{U}_o = \begin{bmatrix} \boldsymbol{c}^{\mathrm{T}} \\ \boldsymbol{c}^{\mathrm{T}}\boldsymbol{A} \\ \boldsymbol{c}^{\mathrm{T}}\boldsymbol{A}^2 \end{bmatrix} = \begin{bmatrix} 1 & 0 & 0 \\ -1 & 1 & 0 \\ 2 & -3 & 1 \end{bmatrix}$$

この $\boldsymbol{U}_o$ は $|\boldsymbol{U}_o| = 1 \neq 0$, したがって, このシステムは可観測.

2. $n=3$ の場合, 式 (4.48) のシステムの可制御行列は,

$$\bar{\boldsymbol{U}}_c = [\,\boldsymbol{b}_c \quad \boldsymbol{A}_c\boldsymbol{b}_c \quad \boldsymbol{A}_c^2\boldsymbol{b}_c\,] = \begin{bmatrix} 0 & 0 & 1 \\ 0 & 1 & -\alpha_1 \\ 1 & -\alpha_1 & -\alpha_2+\alpha_1^2 \end{bmatrix}$$

上の $\bar{\boldsymbol{U}}_c$ の逆行列 $\bar{\boldsymbol{U}}_c^{-1}$ は,

$$\bar{\boldsymbol{U}}_c^{-1} = \frac{1}{-1}\begin{bmatrix} -\alpha_2 & -\alpha_1 & -1 \\ -\alpha_1 & -1 & 0 \\ -1 & 0 & 0 \end{bmatrix} = \begin{bmatrix} \alpha_2 & \alpha_1 & 1 \\ \alpha_1 & 1 & 0 \\ 1 & 0 & 0 \end{bmatrix}$$

これは $n=3$ に対する式 (4.51) の行列 $\boldsymbol{L}$ に等しい.

3. $n=3$ の場合, 式 (4.55) のシステムの可観測行列は,

$$\bar{\boldsymbol{U}}_o = \begin{bmatrix} \boldsymbol{c}_o^{\mathrm{T}} \\ \boldsymbol{c}_o^{\mathrm{T}}\boldsymbol{A}_o \\ \boldsymbol{c}_o^{\mathrm{T}}\boldsymbol{A}_o^2 \end{bmatrix} = \begin{bmatrix} 0 & 0 & 1 \\ 0 & 1 & -\alpha_1 \\ 1 & -\alpha_1 & -\alpha_2+\alpha_1^2 \end{bmatrix}$$

この $\bar{\boldsymbol{U}}_o$ の逆行列 $\boldsymbol{U}_o^{-1}$ は $n=3$ に対する式 (4.58) の行列 $\boldsymbol{L}$ に等しい (上の $\bar{\boldsymbol{U}}_o$ は本章の演習問題 2 の解答の $\bar{\boldsymbol{U}}_c$ と同じ. したがって, 式 (4.58) の行列 $\boldsymbol{L}$ は式 (4.51) の行列 $\boldsymbol{L}$ に等しい).

4. (a) 可制御標準形：

$$\boldsymbol{A}_c = \begin{bmatrix} 0 & 1 & 0 \\ 0 & 0 & 1 \\ -15 & -23 & -9 \end{bmatrix}, \quad \boldsymbol{b}_c = \begin{bmatrix} 0 \\ 0 \\ 1 \end{bmatrix}, \quad \boldsymbol{c}_c = \begin{bmatrix} k \\ 12 \\ 2 \end{bmatrix}$$

(b) 可観測標準形：

$$\boldsymbol{A}_o = \begin{bmatrix} 0 & 0 & -15 \\ 1 & 0 & -23 \\ 0 & 1 & -9 \end{bmatrix}, \quad \boldsymbol{b}_o = \begin{bmatrix} k \\ 12 \\ 2 \end{bmatrix}, \quad \boldsymbol{c}_o = \begin{bmatrix} 0 \\ 0 \\ 1 \end{bmatrix}$$

(c) 可制御・可観測性は，可制御性を仮定すれば，可制御標準形に対する可観測行列 U_o の正則条件から判別できる．この場合には，$|U_o|$ は，

$$|\boldsymbol{U}_o| = \begin{vmatrix} \boldsymbol{c}_c^{\mathrm{T}} \\ \boldsymbol{c}_c^{\mathrm{T}}\boldsymbol{A} \\ \boldsymbol{c}_c^{\mathrm{T}}\boldsymbol{A}^2 \end{vmatrix} = \begin{vmatrix} k & 12 & 2 \\ -30 & k-46 & -6 \\ 90 & 108 & k+8 \end{vmatrix}$$
$$= k^3 - 38k^2 + 460k - 1800 = (k-10)^2(k-18)$$

$|\boldsymbol{U}_o| = 0$，すなわち，このシステムが可制御・可観測でなくなるのは k の値が $k = 10, 18$ のときである．(可観測標準形に対する可制御行列 U_c の正則条件から判別してもよい．)

5. 式 (4.48) は $\boldsymbol{z}' = \boldsymbol{T}\boldsymbol{z}$ により変換すると，

$$\dot{\boldsymbol{z}}'(t) = \boldsymbol{A}_c'\boldsymbol{z}'(t) + \boldsymbol{b}_c'u(t), \quad y(t) = \boldsymbol{c}_c'^{\mathrm{T}}\boldsymbol{z}'(t) \qquad ①$$

ただし，

$$\boldsymbol{A}_c' = \boldsymbol{T}\boldsymbol{A}_c\boldsymbol{T}^{-1}, \quad \boldsymbol{b}_c' = \boldsymbol{T}\boldsymbol{b}_c, \quad \boldsymbol{c}_c' = (\boldsymbol{T}^{-1})^{\mathrm{T}}\boldsymbol{c}_c \qquad ②$$

$n = 3$ の場合には，

$$\boldsymbol{T} = \begin{bmatrix} 0 & 0 & 1 \\ 0 & 1 & 0 \\ 1 & 0 & 0 \end{bmatrix}, \quad \boldsymbol{T}^{-1} = \begin{bmatrix} 0 & 0 & 1 \\ 0 & 1 & 0 \\ 1 & 0 & 0 \end{bmatrix}^{-1} = \begin{bmatrix} 0 & 0 & 1 \\ 0 & 1 & 0 \\ 1 & 0 & 0 \end{bmatrix} \qquad ③$$

したがって，

$$\boldsymbol{T}\boldsymbol{A}_c\boldsymbol{T}^{-1} = \begin{bmatrix} -\alpha_1 & -\alpha_2 & -\alpha_3 \\ 1 & 0 & 0 \\ 0 & 1 & 0 \end{bmatrix}, \quad \boldsymbol{T}\boldsymbol{b}_c = \begin{bmatrix} 1 \\ 0 \\ 0 \end{bmatrix}, \quad (\boldsymbol{T}^{-1})^{\mathrm{T}}\boldsymbol{c}_c = \begin{bmatrix} \beta_1 \\ \beta_2 \\ \beta_3 \end{bmatrix} \qquad ④$$

第5章

1. 図 5.4 の閉ループ制御系の特性方程式は，

$$1 + \frac{K}{s(1+0.5s)(1+s)} = 0 \quad \therefore \quad s^3 + 3s^2 + 2s + 2K = 0 \qquad ①$$

ラウスの判別法の条件 (i) より，$K > 0$．条件 (ii) のラウスの数列は，

$$\begin{array}{c|cc} s^3 & 1 & 2 \\ s^2 & 3 & 2K \\ s^1 & 6-2K & 0 \\ s^0 & 2K & 0 \end{array} \qquad ②$$

第 1 列がすべて正となるためには，$6-2K>0$，$K>0$．したがって，安定条件は，$0<K<3$.

2. (a) Q を単位行列 $\boldsymbol{I}$ とすると，この場合の式 (5.25) の行列方程式は，

$$\begin{bmatrix} -1 & 2 \\ 1 & -3 \end{bmatrix}\begin{bmatrix} p_{11} & p_{12} \\ p_{12} & p_{22} \end{bmatrix}+\begin{bmatrix} p_{11} & p_{12} \\ p_{12} & p_{22} \end{bmatrix}\begin{bmatrix} -1 & 1 \\ 2 & -3 \end{bmatrix}=-\begin{bmatrix} 1 & 0 \\ 0 & 1 \end{bmatrix} \qquad ①$$

上式より，p_{11}, p_{12}, p_{22} は，

$$p_{11}=7/4, \quad p_{12}=5/8, \quad p_{22}=3/8 \qquad ②$$

これより，

$$p_{11}>0, \quad p_{11}p_{22}-(p_{12})^2=17/64>0 \qquad ③$$

となるので，シルベスターの判別法により，行列 $\boldsymbol{P}$ の正定性がいえる．したがって，このシステムは漸近安定.

(b) $\boldsymbol{Q}$ を単位行列 $\boldsymbol{I}$ とすると，この場合の行列方程式は，

$$\begin{bmatrix} 0 & 1 \\ -1 & -4 \end{bmatrix}\begin{bmatrix} p_{11} & p_{12} \\ p_{12} & p_{22} \end{bmatrix}+\begin{bmatrix} p_{11} & p_{12} \\ p_{12} & p_{22} \end{bmatrix}\begin{bmatrix} 0 & -1 \\ 1 & -4 \end{bmatrix}=-\begin{bmatrix} 1 & 0 \\ 0 & 1 \end{bmatrix} \qquad ①$$

上式より，p_{11}, p_{12}, p_{22} は，

$$p_{11}=9/4, \ p_{12}=-1/2, \ p_{22}=1/4 \qquad ②$$

これより，

$$p_{11}=9/4>0, \ p_{11}p_{22}-(p_{12})^2=5/16>0 \qquad ③$$

となるので，シルベスターの判別法により，行列 $\boldsymbol{P}$ の正定性がいえる．したがって，このシステムは漸近安定.

3. ベクトル $\boldsymbol{c}$ を $\boldsymbol{c}=[0 \ \ 1]^{\mathrm{T}}$ のように選ぶと，上の問 2 の行列 $\boldsymbol{A}$ に対して，対 $(\boldsymbol{A}, \boldsymbol{c})$ は可観測である．この $\boldsymbol{c}$ を用いると，式 (5.30) は，

$$\begin{bmatrix} 0 & 1 \\ -1 & -4 \end{bmatrix}\begin{bmatrix} p_{11} & p_{12} \\ p_{12} & p_{22} \end{bmatrix}+\begin{bmatrix} p_{11} & p_{12} \\ p_{12} & p_{22} \end{bmatrix}\begin{bmatrix} 0 & -1 \\ 1 & -4 \end{bmatrix}=-\begin{bmatrix} 0 & 0 \\ 0 & 1 \end{bmatrix} \qquad ①$$

上式を解くと，

$$p_{11}=1/8, \ p_{12}=0, \ p_{22}=1/8 \qquad ②$$

この行列 P の正定性は明らか．したがって，このシステムは漸近安定.

4. (a) $\boldsymbol{c}=[0 \ \ 0 \ \ 1]^{\mathrm{T}}$ とした場合の可観測行列 $\boldsymbol{U}_o$ は，

$$U_o=\begin{bmatrix} \boldsymbol{c}^{\mathrm{T}} \\ \boldsymbol{c}^{\mathrm{T}}\boldsymbol{A} \\ \boldsymbol{c}^{\mathrm{T}}\boldsymbol{A}^2 \end{bmatrix}=\begin{bmatrix} 0 & 0 & 1 \\ -5K & 0 & -5 \\ 25K & -5K & 25 \end{bmatrix}$$

この $\boldsymbol{U}_o$ の行列式は $|\boldsymbol{U}_o|=25K^2$ で，$K\neq 0$ ならば $\boldsymbol{U}_o$ は正則．したがって，対 $(\boldsymbol{A}, \boldsymbol{c})$ は可観測である.

(b) $\boldsymbol{c}=[0\ \ 0\ \ 1]^{\mathrm{T}}$ の場合には，$\boldsymbol{c}\boldsymbol{c}^{\mathrm{T}}$ は，

$$\boldsymbol{c}\boldsymbol{c}^{\mathrm{T}}=\begin{bmatrix}0&0&0\\0&0&0\\0&0&1\end{bmatrix} \quad ①$$

したがって，式 (5.30) は，

$$\begin{bmatrix}0&0&-5K\\1&-1&0\\0&1&-5\end{bmatrix}\begin{bmatrix}p_{11}&p_{12}&p_{13}\\p_{12}&p_{22}&p_{23}\\p_{13}&p_{23}&p_{33}\end{bmatrix}+\begin{bmatrix}p_{11}&p_{12}&p_{13}\\p_{12}&p_{22}&p_{23}\\p_{13}&p_{23}&p_{33}\end{bmatrix}\begin{bmatrix}0&1&0\\0&-1&1\\-5K&0&-5\end{bmatrix}$$
$$=-\begin{bmatrix}0&0&0\\0&0&0\\0&0&1\end{bmatrix} \quad ②$$

上式より，行列 $\boldsymbol{P}$ の要素 $p_{ij}\ (=p_{ji})$ は，

$$\begin{aligned}&p_{11}=\frac{K(5K+6)}{2(6-K)},\quad p_{12}=\frac{6K}{2(6-K)},\quad p_{13}=0\\&p_{22}=\frac{6K}{2(6-K)},\quad p_{23}=\frac{K}{2(6-K)},\quad p_{33}=\frac{1.2}{2(6-K)}\end{aligned} \quad ③$$

行列 $\boldsymbol{P}$ の正定条件 (すなわち，漸近安定のための条件) は，

$$\begin{aligned}&p_{11}=\frac{K(5K+6)}{2(6-K)}>0,\quad p_{11}p_{22}-p_{12}^2=\frac{30K^3}{4(6-K)^2}>0,\\&|\boldsymbol{P}|=\frac{5K^3}{8(6-K)^2}>0\end{aligned} \quad ④$$

より，$0<K<6$ として求められる．この結果は，当然のことながら，例題 5.2，5.4 で求めた結果と同じである．

5. (a) この場合の行列 $\boldsymbol{A}$ の特性方程式は，$|s\boldsymbol{I}-\boldsymbol{A}|=0$ より，

$$s^2-(a_{11}+a_{22})s+(a_{11}a_{22}-a_{12}a_{21})=0 \quad ①$$

ラウスの判別法によれば，安定条件は，

$$a_{11}+a_{22}<0,\quad a_{11}a_{22}-a_{12}a_{21}\ (=|\boldsymbol{A}|)>0 \quad ②$$

(b) $\boldsymbol{Q}=\boldsymbol{I}$ とすれば，行列方程式 $\boldsymbol{A}^{\mathrm{T}}\boldsymbol{P}+\boldsymbol{P}\boldsymbol{A}=-\boldsymbol{I}$ より，

$$\begin{bmatrix}a_{11}&a_{21}&0\\a_{12}&a_{11}+a_{22}&a_{21}\\0&a_{12}&a_{22}\end{bmatrix}\begin{bmatrix}p_{11}\\p_{12}\\p_{22}\end{bmatrix}=\begin{bmatrix}-1/2\\0\\-1/2\end{bmatrix} \quad ③$$

行列 $\boldsymbol{P}$ は，上式よりつぎのように求められる．

$$\begin{bmatrix}p_{11}\\p_{12}\\p_{22}\end{bmatrix}=\begin{bmatrix}a_{11}&a_{21}&0\\a_{12}&a_{11}+a_{22}&a_{21}\\0&a_{12}&a_{22}\end{bmatrix}^{-1}\begin{bmatrix}-1/2\\0\\-1/2\end{bmatrix}$$
$$=\frac{-1}{2\Delta}\begin{bmatrix}(a_{11}a_{22}-a_{12}a_{21})+(a_{21}^2+a_{22}^2)\\-(a_{11}a_{21}+a_{12}a_{22})\\(a_{11}a_{22}-a_{12}a_{21})+(a_{12}^2+a_{11}^2)\end{bmatrix} \quad ④$$

ただし，$\Delta = (a_{11}+a_{22})(a_{11}a_{22}-a_{12}a_{21})$

安定条件は，$\boldsymbol{P}$ の正定条件 ($p_{11}>0$, $|\boldsymbol{P}| = p_{11}p_{22}-(p_{12})^2>0$) として，つぎのように求められる．まず，$p_{11}, |\boldsymbol{P}|$ は，

$$p_{11} = \frac{-1}{2(a_{11}+a_{22})(a_{11}a_{22}-a_{12}a_{21})}((a_{11}a_{22}-a_{12}a_{21})+(a_{21}^2+a_{22}^2)),$$
$$|\boldsymbol{P}| = \frac{1}{4(a_{11}+a_{22})^2(a_{11}a_{22}-a_{12}a_{21})}((a_{11}+a_{22})^2+(a_{12}-a_{21})^2) \quad ⑤$$

したがって，$\boldsymbol{P}$ の正定条件は，

$$a_{11}a_{22}-a_{12}a_{21}\ (=|\boldsymbol{A}|)>0, \quad a_{11}+a_{22}<0 \quad ⑥$$

これは上の (a) で求めたラウスの判別法による結果と同じである．

第6章

1. 簡単のため，$n=3$ として示す．この場合の可制御行列 $\boldsymbol{U}_c$ は，

$$\boldsymbol{U}_c = [\,\boldsymbol{b}\ \ (\boldsymbol{A}-\boldsymbol{b}\boldsymbol{f}^{\mathrm{T}})\boldsymbol{b}\ \ (\boldsymbol{A}-\boldsymbol{b}\boldsymbol{f}^{\mathrm{T}})^2\boldsymbol{b}\,] \quad ①$$

この $\boldsymbol{U}_c$ の行列式は，

$$|\boldsymbol{U}_c| = |\,\boldsymbol{b}\ \ (\boldsymbol{A}-\boldsymbol{b}\boldsymbol{f}^{\mathrm{T}})\ \ \boldsymbol{b}\ \ (\boldsymbol{A}-\boldsymbol{b}\boldsymbol{f}^{\mathrm{T}})^2\boldsymbol{b}\,|$$
$$= |\,\boldsymbol{b}\ \ \boldsymbol{A}\boldsymbol{b}+h_1\boldsymbol{b}\ \ \boldsymbol{A}^2\boldsymbol{b}+h_1(\boldsymbol{A}\boldsymbol{b}+h_1\boldsymbol{b})+h_2\boldsymbol{b}\,| \quad ②$$

上式における h_1, h_2 はそれぞれ，

$$h_1 = -\boldsymbol{f}^{\mathrm{T}}\boldsymbol{b}, \quad h_2 = -\boldsymbol{f}^{\mathrm{T}}\boldsymbol{A}\boldsymbol{b} \quad ③$$

であり，共にスカラー量である．式 ② の第 2 列は $\boldsymbol{A}\boldsymbol{b}$ に第 1 列の $\boldsymbol{b}$ の h_1 倍を加えたもの，第 3 列は $\boldsymbol{A}^2\boldsymbol{b}$ に第 2 列の $\boldsymbol{A}\boldsymbol{b}+h_1\boldsymbol{b}$ の h_1 倍と第 1 列の $\boldsymbol{b}$ の h_2 倍を加えたものとなっている．したがって，式 ② の行列式は

$$|\boldsymbol{U}_c| = |\,\boldsymbol{b}\ \ \boldsymbol{A}\boldsymbol{b}\ \ \boldsymbol{A}^2\boldsymbol{b}\,| \quad ④$$

に等しい．上の行列式は，対 $(\boldsymbol{A}, \boldsymbol{b})$ が可制御という仮定により，非零．したがって，$(\boldsymbol{A}-\boldsymbol{b}\boldsymbol{f}^{\mathrm{T}}, \boldsymbol{b})$ は可制御．

2. 前と同様，$n=3$ の場合について示す．この場合の可観測行列 $\boldsymbol{U}_o$ は，

$$\boldsymbol{U}_o = \begin{bmatrix} \boldsymbol{c}^{\mathrm{T}} \\ \boldsymbol{c}^{\mathrm{T}}(\boldsymbol{A}-\boldsymbol{g}\boldsymbol{c}^{\mathrm{T}}) \\ \boldsymbol{c}^{\mathrm{T}}(\boldsymbol{A}-\boldsymbol{g}\boldsymbol{c}^{\mathrm{T}})^2 \end{bmatrix} \quad ①$$

この $\boldsymbol{U}_o$ の行列式はつぎのようになる．

$$|\boldsymbol{U}_o| = \begin{vmatrix} \boldsymbol{c}^{\mathrm{T}} \\ \boldsymbol{c}^{\mathrm{T}}(\boldsymbol{A}-\boldsymbol{g}\boldsymbol{c}^{\mathrm{T}}) \\ \boldsymbol{c}^{\mathrm{T}}(\boldsymbol{A}-\boldsymbol{g}\boldsymbol{c}^{\mathrm{T}})^2 \end{vmatrix} = \begin{vmatrix} \boldsymbol{c}^{\mathrm{T}} \\ \boldsymbol{c}^{\mathrm{T}}\boldsymbol{A}+h_1\boldsymbol{c}^{\mathrm{T}} \\ \boldsymbol{c}^{\mathrm{T}}\boldsymbol{A}^2+h_1(\boldsymbol{c}^{\mathrm{T}}\boldsymbol{A}+h_1\boldsymbol{c}^{\mathrm{T}})+h_2\boldsymbol{c}^{\mathrm{T}} \end{vmatrix} \quad ②$$

ただし，$h_1 = -\boldsymbol{c}^{\mathrm{T}}\boldsymbol{g}, h_2 = -\boldsymbol{c}^{\mathrm{T}}\boldsymbol{A}\boldsymbol{g}$

上の h_1, h_2 は共にスカラー量である．式 ② の第 2 行は $\boldsymbol{c}^{\mathrm{T}}\boldsymbol{A}$ に第 1 行の $\boldsymbol{c}^{\mathrm{T}}$ の h_1 倍を加えたもの，第 3 行は $\boldsymbol{c}^{\mathrm{T}}\boldsymbol{A}^2$ に第 2 行の $\boldsymbol{c}^{\mathrm{T}}\boldsymbol{A}+h_1\boldsymbol{c}^{\mathrm{T}}$ の h_1 倍と第 1 行の $\boldsymbol{c}^{\mathrm{T}}$ の h_2 倍を加えたものとなっている．したがって，式 ② の行列式は

$$|\boldsymbol{U}_o| = \begin{vmatrix} \boldsymbol{c}^{\mathrm{T}} \\ \boldsymbol{c}^{\mathrm{T}}\boldsymbol{A} \\ \boldsymbol{c}^{\mathrm{T}}\boldsymbol{A}^2 \end{vmatrix} \qquad ③$$

に等しい．上の行列式は，対 $(\boldsymbol{A}, \boldsymbol{c})$ が可観測という仮定により，非零．したがって，$(\boldsymbol{A} - \boldsymbol{g}\boldsymbol{c}^{\mathrm{T}}, \boldsymbol{c})$ は可観測．

3. このシステムの可観測行列 $\boldsymbol{U}_o$ は，

$$\boldsymbol{U}_o = \begin{bmatrix} \boldsymbol{c}^{\mathrm{T}} \\ \boldsymbol{c}^{\mathrm{T}}\boldsymbol{A} \end{bmatrix} = \begin{bmatrix} 1 & 0 \\ 0 & 1 \end{bmatrix} \quad \left(\because \boldsymbol{c}^{\mathrm{T}}\boldsymbol{A} = [1 \ \ 0] \begin{bmatrix} 0 & 1 \\ 0 & -1 \end{bmatrix} = [0 \ \ 1] \right) \qquad ①$$

また，行列 $\boldsymbol{A}$ の特性多項式は，

$$|s\boldsymbol{I} - \boldsymbol{A}| = \begin{vmatrix} s & -1 \\ 0 & s+1 \end{vmatrix} = s^2 + s \qquad ②$$

したがって，$\alpha_1 = 1, \alpha_2 = 0$ であり，行列 $\boldsymbol{L}$ は，

$$\boldsymbol{L} = \begin{bmatrix} \alpha_1 & 1 \\ 1 & 0 \end{bmatrix} = \begin{bmatrix} 1 & 1 \\ 1 & 0 \end{bmatrix} \qquad ③$$

これより，行列 $\boldsymbol{T}_o (= \boldsymbol{L}\boldsymbol{U}_o), \boldsymbol{T}_o^{-1}$ は，

$$\boldsymbol{T}_o = \begin{bmatrix} 1 & 1 \\ 1 & 0 \end{bmatrix} \begin{bmatrix} 1 & 0 \\ 0 & 1 \end{bmatrix} = \begin{bmatrix} 1 & 1 \\ 1 & 0 \end{bmatrix}, \quad \boldsymbol{T}_o^{-1} = \begin{bmatrix} 0 & 1 \\ 1 & -1 \end{bmatrix} \qquad ④$$

したがって，$\boldsymbol{A}_o, \boldsymbol{c}_o$ は，

$$\boldsymbol{A}_o = \boldsymbol{T}_o\boldsymbol{A}\boldsymbol{T}_o^{-1} = \begin{bmatrix} 0 & 0 \\ 1 & -1 \end{bmatrix}, \quad \boldsymbol{c}_o = (\boldsymbol{T}_o^{-1})^{\mathrm{T}}\boldsymbol{c} = \begin{bmatrix} 0 \\ 1 \end{bmatrix} \qquad ⑤$$

行列 $(\boldsymbol{A} - \boldsymbol{g}\boldsymbol{c}^{\mathrm{T}})$ の特性多項式は，

$$|s\boldsymbol{I} - (\boldsymbol{A} - \boldsymbol{g}\boldsymbol{c}^{\mathrm{T}})| = |s\boldsymbol{I} - (\boldsymbol{A}_o - \bar{\boldsymbol{g}}\boldsymbol{c}_o^{\mathrm{T}})| = s^2 + (1 + \bar{g}_2)s + \bar{g}_1 \qquad ⑥$$

上式を $s^2 + 10s + 25$ とするためには，$\bar{g}_1 = 25$，$\bar{g}_2 = 9$ とすればよい．したがって，$\boldsymbol{g}\ (= \boldsymbol{T}_o^{-1}\bar{\boldsymbol{g}})$ は，

$$\boldsymbol{g} = \begin{bmatrix} g_1 \\ g_2 \end{bmatrix} = \begin{bmatrix} 0 & 1 \\ 1 & -1 \end{bmatrix} \begin{bmatrix} 25 \\ 9 \end{bmatrix} = \begin{bmatrix} 9 \\ 16 \end{bmatrix} \qquad ⑦$$

4. この場合には，上の 3 で述べたように，$\boldsymbol{T}_o, \boldsymbol{T}_o^{-1}$ は，

$$\boldsymbol{T}_o = \begin{bmatrix} 1 & 1 \\ 1 & 0 \end{bmatrix}, \quad \boldsymbol{T}_o^{-1} = \begin{bmatrix} 0 & 1 \\ 1 & -1 \end{bmatrix} \qquad ①$$

また，$\boldsymbol{A}_o, \boldsymbol{b}_o, \boldsymbol{c}_o$ は，

$$\boldsymbol{A}_o = \begin{bmatrix} 0 & 0 \\ 1 & -1 \end{bmatrix}, \ \boldsymbol{b}_o = \begin{bmatrix} 1 \\ 0 \end{bmatrix}, \quad \boldsymbol{c}_o = \begin{bmatrix} 0 \\ 1 \end{bmatrix} \qquad ②$$

この場合には $D_1 = -5$ なので，式 (6.35) は

$$\dot{\hat{w}}(t) = -5\hat{w}(t) + b_1 u(t) + g_1 y(t) \ ; b_1 = \boldsymbol{H}_1\boldsymbol{b}_o \qquad ③$$

上式の $\boldsymbol{H}_1$ は (1×2) の行列 $(\boldsymbol{H}_1 = [\, h_1 \ \ h_2 \,])$ で，次式を満足する．

$$[\,h_1 \quad h_2\,]\begin{bmatrix} 0 & 0 \\ 1 & -1 \end{bmatrix} + 5[\,h_1 \quad h_2\,] = g_1[\,0 \quad 1\,]$$
$$\therefore \quad h_2 + 5h_1 = 0, \quad 4h_2 = g_1 \qquad ④$$

上式より，$h_1 = 1$ とすると，$h_2 = -5$，$g_1 = -4$．このとき，$\boldsymbol{H}_1 = [\,1 \quad -5\,]$ であり，式 ③ の b_1 は

$$b_1 = \boldsymbol{H}_1 \boldsymbol{b}_o = [\,1 \quad -5\,]\begin{bmatrix} 1 \\ 0 \end{bmatrix} = 1 \qquad ⑤$$

また，行列 $\boldsymbol{W}, \boldsymbol{W}^{-1}$ は

$$\boldsymbol{W} = \begin{bmatrix} \boldsymbol{H}_1 \\ \boldsymbol{c}_o^{\mathrm{T}} \end{bmatrix} = \begin{bmatrix} 1 & -5 \\ 0 & 1 \end{bmatrix}, \ \boldsymbol{W}^{-1} = \begin{bmatrix} 1 & 5 \\ 0 & 1 \end{bmatrix} \qquad ⑥$$

したがって，$\hat{\boldsymbol{z}}(t), \hat{\boldsymbol{x}}(t)$ は

$$\hat{\boldsymbol{z}}(t) = \boldsymbol{W}^{-1}\begin{bmatrix} \hat{w}(t) \\ y(t) \end{bmatrix} = \begin{bmatrix} 1 & 5 \\ 0 & 1 \end{bmatrix}\begin{bmatrix} \hat{w}(t) \\ y(t) \end{bmatrix} = \begin{bmatrix} \hat{w}(t) + 5y(t) \\ y(t) \end{bmatrix} \qquad ⑦$$

$$\hat{\boldsymbol{x}}(t) = \boldsymbol{T}_o^{-1}\hat{\boldsymbol{z}}(t) = \begin{bmatrix} 0 & 1 \\ 1 & -1 \end{bmatrix}\begin{bmatrix} \hat{w}(t) + 5y(t) \\ y(t) \end{bmatrix} = \begin{bmatrix} y(t) \\ \hat{w}(t) + 4y(t) \end{bmatrix} \qquad ⑧$$

5. 例題 6.2 のプラントの可観測行列 U_o は，

$$\boldsymbol{U}_o = \begin{bmatrix} \boldsymbol{c}^{\mathrm{T}} \\ \boldsymbol{c}^{\mathrm{T}}\boldsymbol{A} \end{bmatrix} = \begin{bmatrix} 0 & 1 \\ 2 & -3 \end{bmatrix} \qquad ①$$

この $\boldsymbol{U}_o$ は正則 ($|\boldsymbol{U}_o| = -2 \neq 0$) なので，このプラントは可観測．対 $(\boldsymbol{A}, \boldsymbol{c})$ が可観測ならば，双対性の原理により，対 $(\boldsymbol{A}^{\mathrm{T}}, \boldsymbol{c})$ は可制御．したがって，この場合の $\boldsymbol{A}^{\mathrm{T}}, \boldsymbol{c}$ を $\boldsymbol{A}, \boldsymbol{b}$ とみなすことにより，例題 6.4 におけると同様の手法で $\boldsymbol{g}$ $(= [\,g_1 \quad g_2\,]^{\mathrm{T}})$ の値が決定できる．

まず，対 $(\boldsymbol{A}^{\mathrm{T}}, \boldsymbol{c})$ を可制御標準形に変換するための行列 $\boldsymbol{T}_c$ を求める．この場合の $\boldsymbol{A}$ の転置行列 $\boldsymbol{A}^T$ は，

$$\boldsymbol{A}^{\mathrm{T}} = \begin{bmatrix} -2 & 2 \\ 1 & -3 \end{bmatrix} \qquad ②$$

したがって，対 (A^{T}, c) に対する可制御行列 $\boldsymbol{U}_c$ は，

$$\boldsymbol{U}_c = [\,\boldsymbol{c} \quad \boldsymbol{A}^{\mathrm{T}}\boldsymbol{c}\,] = \begin{bmatrix} 0 & 2 \\ 1 & -3 \end{bmatrix} \qquad ③$$

式 ② の $\boldsymbol{A}^{\mathrm{T}}$ の特性多項式は，

$$|s\boldsymbol{I} - \boldsymbol{A}^{\mathrm{T}}| = \begin{vmatrix} s+2 & -2 \\ -1 & s+3 \end{vmatrix} = s^2 + 5s + 4 \qquad ④$$

したがって，例題 6.2 におけると同様，$\alpha_1 = 5, \alpha_2 = 4$ であり，行列 $\boldsymbol{L}$ は

$$\boldsymbol{L} = \begin{bmatrix} \alpha_1 & 1 \\ 1 & 0 \end{bmatrix} = \begin{bmatrix} 5 & 1 \\ 1 & 0 \end{bmatrix} \qquad ⑤$$

これより，$\boldsymbol{T}_c^{-1}, \boldsymbol{T}_c$ は，

$$\boldsymbol{T}_c^{-1} = \boldsymbol{U}_c\boldsymbol{L} = \begin{bmatrix} 0 & 2 \\ 1 & -3 \end{bmatrix}\begin{bmatrix} 5 & 1 \\ 1 & 0 \end{bmatrix} = \begin{bmatrix} 2 & 0 \\ 2 & 1 \end{bmatrix}, \quad \boldsymbol{T}_c = \begin{bmatrix} 1/2 & 0 \\ -1 & 1 \end{bmatrix} \qquad ⑥$$

上の $\boldsymbol{T}_c$ によれば，この場合の $\boldsymbol{A}^{\mathrm{T}}, \boldsymbol{c}$ はつぎのように $\boldsymbol{A}_c, \boldsymbol{b}_c$ に変換される．

$$\boldsymbol{A}_c = \boldsymbol{T}_c\boldsymbol{A}^{\mathrm{T}}\boldsymbol{T}_c^{-1} = \begin{bmatrix} 0 & 1 \\ -\alpha_2 & -\alpha_1 \end{bmatrix} = \begin{bmatrix} 0 & 1 \\ -4 & -5 \end{bmatrix}, \quad \boldsymbol{b}_c = \boldsymbol{T}_c\boldsymbol{c} = \begin{bmatrix} 0 \\ 1 \end{bmatrix} \qquad ⑦$$

したがって，この場合の状態観測器の特性多項式は，

$$|s\boldsymbol{I} - (\boldsymbol{A}^{\mathrm{T}} - \boldsymbol{g}\boldsymbol{c}^{\mathrm{T}})| = |s\boldsymbol{I} - (\boldsymbol{A}_c - \boldsymbol{b}_c\bar{\boldsymbol{g}}^{\mathrm{T}})| = s^2 + (5 + \bar{g}_2)s + (4 + \bar{g}_1) \qquad ⑧$$

上式を指定の多項式 $s^2 + 10s + 25$ に一致させるためには，$\bar{g}_1, \bar{g}_2$ を

$$\bar{g}_1 = 25 - 4 = 21, \quad \bar{g}_2 = 10 - 5 = 5 \qquad ⑨$$

とすればよい．これより，係数ベクトル $\boldsymbol{g}\ \left(= [\,g_1\ \ g_2\,]^{\mathrm{T}}\right)$ は，

$$[\,g_1\ \ g_2\,] = \bar{\boldsymbol{g}}^{\mathrm{T}}\boldsymbol{T}_c = [\,21\ \ 5\,]\begin{bmatrix} 1/2 & 0 \\ -1 & 1 \end{bmatrix} = [\,11/2\ \ 5\,] \qquad ⑩$$

この結果は例題 6.4 で求めた結果と同じである．

第7章

1. 式 (7.43) の系の可制御性をいうためには，

$$\begin{bmatrix} \boldsymbol{A} & \boldsymbol{0} \\ \boldsymbol{c}^{\mathrm{T}} & 0 \end{bmatrix} = \hat{\boldsymbol{A}}, \quad \begin{bmatrix} \boldsymbol{b} \\ 0 \end{bmatrix} = \hat{\boldsymbol{b}} \qquad ①$$

として，行列 $\hat{\boldsymbol{W}} \triangleq [\,\hat{\boldsymbol{b}}\ \ \hat{\boldsymbol{A}}\hat{\boldsymbol{b}}\ \cdots\ \hat{\boldsymbol{A}}^n\hat{\boldsymbol{b}}\,]$ が正則 (すなわち，$|\hat{\boldsymbol{W}}| \neq 0$) が成り立つことを示せばよい．$\hat{\boldsymbol{W}}$ 内のベクトル $\hat{\boldsymbol{A}}^i\hat{\boldsymbol{b}}$；$i = 1, 2, \cdots, n$ は，

$$\hat{\boldsymbol{A}}^i\hat{\boldsymbol{b}} = \begin{bmatrix} \boldsymbol{A} & \boldsymbol{0} \\ \boldsymbol{c}^{\mathrm{T}} & 0 \end{bmatrix}\begin{bmatrix} \boldsymbol{A}^{i-1}\boldsymbol{b} \\ \boldsymbol{c}^{\mathrm{T}}\boldsymbol{A}^{i-2}\boldsymbol{b} \end{bmatrix} = \begin{bmatrix} \boldsymbol{A}^i\boldsymbol{b} \\ \boldsymbol{c}^{\mathrm{T}}\boldsymbol{A}^{i-1}\boldsymbol{b} \end{bmatrix} \qquad ②$$

したがって，$\hat{\boldsymbol{W}}$ は，

$$\hat{\boldsymbol{W}} = [\,\hat{\boldsymbol{b}}\ \ \hat{\boldsymbol{A}}\hat{\boldsymbol{b}}\ \ \hat{\boldsymbol{A}}^2\hat{\boldsymbol{b}}\ \cdots\ \hat{\boldsymbol{A}}^n\hat{\boldsymbol{b}}\,] = \begin{bmatrix} \boldsymbol{b} & \boldsymbol{A}\boldsymbol{b} & \boldsymbol{A}^2\boldsymbol{b} & \cdots & \boldsymbol{A}^n\boldsymbol{b} \\ 0 & \boldsymbol{c}^{\mathrm{T}}\boldsymbol{b} & \boldsymbol{c}^{\mathrm{T}}\boldsymbol{A}\boldsymbol{b} & \cdots & \boldsymbol{c}^{\mathrm{T}}\boldsymbol{A}^{n-1}\boldsymbol{b} \end{bmatrix} \qquad ③$$

上式より，$\hat{\boldsymbol{W}}$ の行列式は，

$$|\hat{\boldsymbol{W}}| = \begin{vmatrix} \boldsymbol{b} & \boldsymbol{A}\boldsymbol{b} & \boldsymbol{A}^2\boldsymbol{b} & \cdots & \boldsymbol{A}^n\boldsymbol{b} \\ 0 & \boldsymbol{c}^{\mathrm{T}}\boldsymbol{b} & \boldsymbol{c}^{\mathrm{T}}\boldsymbol{A}\boldsymbol{b} & \cdots & \boldsymbol{c}^{\mathrm{T}}\boldsymbol{A}^{n-1}\boldsymbol{b} \end{vmatrix} \qquad ④$$

ケーリー・ハミルトンの定理によれば，行列 $\boldsymbol{A}$ は自身の特性方程式を満足する．すなわち，

$$\boldsymbol{A}^n + \alpha_1\boldsymbol{A}^{n-1} + \cdots + \alpha_{n-1}\boldsymbol{A} + \alpha_n\boldsymbol{I} = \boldsymbol{0} \qquad ⑤$$

したがって，式③の右端 (第 $(n+1)$ 列) の $\boldsymbol{A}^n\boldsymbol{b}$ は，

$$\boldsymbol{A}^n\boldsymbol{b} = -\alpha_n\boldsymbol{b} - \alpha_{n-1}\boldsymbol{A}\boldsymbol{b} - \cdots - \alpha_1\boldsymbol{A}^{n-1}\boldsymbol{b} \qquad ⑥$$

行列式の性質によれば，式④の第 i 列に α_{n+1-i} を掛けて第 $(n+1)$ 列に加えても，行列式の値は変わらない．したがって，式④ は，

$$|\hat{\boldsymbol{W}}| = \begin{vmatrix} \boldsymbol{b} & \boldsymbol{A}\boldsymbol{b} & \boldsymbol{A}^2\boldsymbol{b} & \cdots & \boldsymbol{A}^{n-1}\boldsymbol{b} & \boldsymbol{0} \\ 0 & \boldsymbol{c}^{\mathrm{T}}\boldsymbol{b} & \boldsymbol{c}^{\mathrm{T}}\boldsymbol{A}\boldsymbol{b} & \cdots & \boldsymbol{c}^{\mathrm{T}}\boldsymbol{A}^{n-2}\boldsymbol{b} & \gamma \end{vmatrix} \qquad ⑦$$

ただし，

$$\gamma = \boldsymbol{c}^{\mathrm{T}}\boldsymbol{A}^{n-1}\boldsymbol{b} + \alpha_1\boldsymbol{c}^{\mathrm{T}}\boldsymbol{A}^{n-2}\boldsymbol{b} + \cdots + \alpha_{n-2}\boldsymbol{c}^{\mathrm{T}}\boldsymbol{A}\boldsymbol{b} + \alpha_{n-1}\boldsymbol{c}^{\mathrm{T}}\boldsymbol{b} \qquad ⑧$$

上の γ はスカラー量なので，$|\hat{\boldsymbol{W}}|$ はつぎのように表わされる．

$$|\hat{\boldsymbol{W}}| = \gamma\,|\boldsymbol{b}\ \ \boldsymbol{A}\boldsymbol{b}\ \ \boldsymbol{A}^2\boldsymbol{b}\ \cdots\ \boldsymbol{A}^{n-1}\boldsymbol{b}| \qquad ⑨$$

上式は，$\gamma \neq 0$ で対 $(\boldsymbol{A}, \boldsymbol{b})$ が可制御ならば，$|\hat{\boldsymbol{W}}| \neq 0$，すなわち，行列 $\hat{\boldsymbol{W}}$ は正則である．対 $(\boldsymbol{A}, \boldsymbol{b})$ は，仮定により可制御，したがって，式 ⑨ 右辺の行列式は非零である．式 ⑧ の γ は伝達関数 $G(s) = \boldsymbol{c}^{\mathrm{T}}(s\boldsymbol{I} - \boldsymbol{A})^{-1}\boldsymbol{b}$ の分子多項式の定数項を意味する $(\boldsymbol{A}, \boldsymbol{b}, \boldsymbol{c}$ を可制御標準形にしてみれば容易にわかる)．したがって，伝達関数 $G(s)$ が $s=0$ に零点をもたなければ，$\gamma \neq 0$ である．すなわち，対 $(\boldsymbol{A}, \boldsymbol{b})$ が可制御で $G(s)$ が $s=0$ に零点をもたなければ，式 (7.29) の系の可制御性がいえる．

2. 式 (7.43) のシステムの可制御性をいうためには，

$$\begin{bmatrix} \boldsymbol{A} & \boldsymbol{b} \\ \boldsymbol{0} & 0 \end{bmatrix} = \tilde{\boldsymbol{A}}, \qquad \begin{bmatrix} 0 \\ 1 \end{bmatrix} = \tilde{\boldsymbol{b}} \qquad ①$$

として，行列 $\tilde{\boldsymbol{W}} \triangleq [\tilde{\boldsymbol{b}}\ \ \tilde{\boldsymbol{A}}\tilde{\boldsymbol{b}}\ \cdots\ \tilde{\boldsymbol{A}}^n\tilde{\boldsymbol{b}}]$ が正則 (すなわち，$|\tilde{\boldsymbol{W}}| \neq 0$) であることを示せばよい．$\tilde{\boldsymbol{W}}$ 内のベクトル $\tilde{\boldsymbol{A}}^i\tilde{\boldsymbol{b}}$; $i = 1, 2, \cdots, n$ は，

$$\tilde{\boldsymbol{A}}^i\tilde{\boldsymbol{b}} = \begin{bmatrix} \boldsymbol{A} & \boldsymbol{b} \\ \boldsymbol{0} & 0 \end{bmatrix}^i \begin{bmatrix} \boldsymbol{0} \\ 1 \end{bmatrix} = \begin{bmatrix} \boldsymbol{A}^{i-1}\boldsymbol{b} \\ 0 \end{bmatrix} \qquad ②$$

したがって，

$$|\tilde{\boldsymbol{W}}| = \begin{vmatrix} 0 & \boldsymbol{b} & \boldsymbol{A}\boldsymbol{b} & \cdots & \boldsymbol{A}^{n-1}\boldsymbol{b} \\ 1 & 0 & 0 & \cdots & 0 \end{vmatrix} = (-1)^n|\boldsymbol{b}\ \ \boldsymbol{A}\boldsymbol{b}\ \cdots\ \boldsymbol{A}^{n-1}\boldsymbol{b}| \qquad ③$$

対 $(\boldsymbol{A}, \boldsymbol{b})$ は仮定により可制御 $(|\boldsymbol{b}\ \ \boldsymbol{A}\boldsymbol{b}\ \cdots\ \boldsymbol{A}^{n-1}\boldsymbol{b}| \neq 0)$，したがって，$|\tilde{\boldsymbol{W}}| \neq 0$ がいえる．すなわち，対 $(\tilde{\boldsymbol{A}}, \tilde{\boldsymbol{b}})$ は可制御．

3. (a) 伝達関数 $G(s) \triangleq \boldsymbol{c}^{\mathrm{T}}(s\boldsymbol{I} - \boldsymbol{A})^{-1}\boldsymbol{b}$ の零点は，行列 $\boldsymbol{M}(s)$ を

$$\boldsymbol{M}(s) = \begin{bmatrix} s\boldsymbol{I} - \boldsymbol{A} & \boldsymbol{b} \\ -\boldsymbol{c}^{\mathrm{T}} & 0 \end{bmatrix} \qquad ①$$

とすると，$|\boldsymbol{M}(s)| = 0$ の根として求められる (第 2 章を参照)．したがって，$|\boldsymbol{M}(0)| = 0$ は伝達関数 $G(s)$ が $s=0$ に零点をもつことを意味する．すなわち，$|\boldsymbol{M}(0)| \neq 0$ ならば，$G(s)$ は $s=0$ に零点をもたない．これより，伝達関数 $G(s)$ が $s=0$ に零点をもたなければ，

$$\boldsymbol{M}(0) = \begin{bmatrix} -\boldsymbol{A} & \boldsymbol{b} \\ -\boldsymbol{c}^{\mathrm{T}} & 0 \end{bmatrix} \qquad ②$$

の正則性がいえる．行列式 $|\boldsymbol{M}(0)|$ は

$$|\boldsymbol{M}(0)| = \begin{vmatrix} -\boldsymbol{A} & \boldsymbol{b} \\ -\boldsymbol{c}^{\mathrm{T}} & 0 \end{vmatrix} = (-1)^n \begin{vmatrix} \boldsymbol{A} & \boldsymbol{b} \\ \boldsymbol{c}^{\mathrm{T}} & 0 \end{vmatrix} \qquad ③$$

のように表わされるので，$|\boldsymbol{M}(0)| \neq 0$ は

$$|\boldsymbol{V}| = \begin{vmatrix} \boldsymbol{A} & \boldsymbol{b} \\ \boldsymbol{c}^{\mathrm{T}} & 0 \end{vmatrix} \neq 0 \qquad ④$$

を意味する．すなわち，伝達関数 $G(s) \triangleq \boldsymbol{c}^{\mathrm{T}}(s\boldsymbol{I} - \boldsymbol{A})^{-1}\boldsymbol{b}$ が $s = 0$ に零点をもたなければ，行列 $\boldsymbol{V}$ は正則である．

(b) 行列 $\hat{\boldsymbol{V}}$ の行列式 $|\hat{\boldsymbol{V}}|$ は，行列 $\boldsymbol{A}$ を $\boldsymbol{A} = [\,\boldsymbol{a}_1 \;\; \boldsymbol{a}_2 \;\; \cdots \;\; \boldsymbol{a}_n\,]$ と記し，k がスカラー量であることを考えると，

$$|\hat{\boldsymbol{V}}| = \begin{vmatrix} \boldsymbol{A} - \boldsymbol{b}\boldsymbol{h}^{\mathrm{T}} & \boldsymbol{b}k \\ -\boldsymbol{c}^{\mathrm{T}} & 0 \end{vmatrix} = -k \begin{vmatrix} \boldsymbol{a}_1 - h_1\boldsymbol{b} & \boldsymbol{a}_2 - h_2\boldsymbol{b} & \cdots & \boldsymbol{a}_n - h_n\boldsymbol{b} & \boldsymbol{b} \\ c_1 & c_2 & \cdots & c_n & 0 \end{vmatrix} \qquad ①$$

第 $(n+1)$ 列の要素に係数 h_i $(i = 1, 2, \cdots, n)$ を掛けて他の列に加えても，行列式の値は変わらないから，上の式 ① はつぎのように表わされる．

$$|\hat{\boldsymbol{V}}| = -k \begin{vmatrix} \boldsymbol{a}_1 & \boldsymbol{a}_2 & \cdots & \boldsymbol{a}_n & \boldsymbol{b} \\ c_1 & c_2 & \cdots & c_n & 0 \end{vmatrix} = -k \begin{vmatrix} \boldsymbol{A} & \boldsymbol{b} \\ \boldsymbol{c}^{\mathrm{T}} & 0 \end{vmatrix} = -k|\boldsymbol{V}| \qquad ②$$

すなわち，$k \neq 0$ で $\boldsymbol{V}$ が正則ならば，$\hat{\boldsymbol{V}}$ は正則．上の (a) で述べたように，$\boldsymbol{V}$ は，$G(s) \triangleq \boldsymbol{c}^{\mathrm{T}}(s\boldsymbol{I} - \boldsymbol{A})^{-1}\boldsymbol{b}$ が $s = 0$ に零点をもたなければ，正則．したがって，$\hat{\boldsymbol{V}}$ は，$k \neq 0$ で伝達関数 $G(s)$ が $s = 0$ に零点をもたなければ，正則である．

4. 重み係数 $\boldsymbol{Q}$ を

$$\boldsymbol{Q} = \boldsymbol{c}\boldsymbol{c}^{\mathrm{T}} = \begin{bmatrix} 1 & 0 \\ 0 & 0 \end{bmatrix} \qquad ①$$

として，例題 7.4 と同様の考え方で設計すればよい．この場合には，

$$\tilde{\boldsymbol{A}} = \begin{bmatrix} 0 & 1 & 0 \\ 0 & -1 & 1 \\ 0 & 0 & 0 \end{bmatrix}, \quad \tilde{\boldsymbol{b}} = \begin{bmatrix} 0 \\ 0 \\ 1 \end{bmatrix}, \quad \tilde{\boldsymbol{Q}} = \begin{bmatrix} 1 & 0 & 0 \\ 0 & 0 & 0 \\ 0 & 0 & 0 \end{bmatrix} \qquad ②$$

となるので，式 (7.47) のリカッチ方程式は，

$$\begin{bmatrix} 0 & 0 & 0 \\ 1 & -1 & 0 \\ 0 & 1 & 0 \end{bmatrix} \begin{bmatrix} p_{11} & p_{12} & p_{13} \\ p_{12} & p_{22} & p_{23} \\ p_{13} & p_{23} & p_{33} \end{bmatrix} + \begin{bmatrix} p_{11} & p_{12} & p_{13} \\ p_{12} & p_{22} & p_{23} \\ p_{13} & p_{23} & p_{33} \end{bmatrix} \begin{bmatrix} 0 & 1 & 0 \\ 0 & -1 & 1 \\ 0 & 0 & 0 \end{bmatrix}$$

$$- \begin{bmatrix} p_{11} & p_{12} & p_{13} \\ p_{12} & p_{22} & p_{23} \\ p_{13} & p_{23} & p_{33} \end{bmatrix} \begin{bmatrix} 0 \\ 0 \\ 1 \end{bmatrix} [0 \;\; 0 \;\; 1] \begin{bmatrix} p_{11} & p_{12} & p_{13} \\ p_{12} & p_{22} & p_{23} \\ p_{13} & p_{23} & p_{33} \end{bmatrix} + \begin{bmatrix} 1 & 0 & 0 \\ 0 & 0 & 0 \\ 0 & 0 & 0 \end{bmatrix}$$

$$= \begin{bmatrix} 0 & 0 & 0 \\ 0 & 0 & 0 \\ 0 & 0 & 0 \end{bmatrix} \qquad ③$$

上式より，$p_{13}=\pm 1$ が得られる．前と同様 $p_{13}=1$ を採用すると，p_{33} に関して次式が導かれる．

$$p_{33}^4+4p_{33}^3+4p_{33}^2-8p_{33}-8=0 \quad ④$$

上式の解は 1.300，-0.879，$-2.211\pm j1.455$ として求められる．行列 $\tilde{\boldsymbol{P}}$ の正定性より，$p_{33}>0$ でなければならないので，求めるべき解は $p_{33}=1.300$ である．したがって，行列 $\tilde{\boldsymbol{P}}$ は，

$$\tilde{\boldsymbol{P}}=\begin{bmatrix} 2.145 & 1.300 & 1.000 \\ 1.300 & 0.943 & 0.845 \\ 1.000 & 0.845 & 1.300 \end{bmatrix} \quad ⑤$$

この場合には，

$$\begin{bmatrix} \boldsymbol{A} & \boldsymbol{b} \\ \boldsymbol{c}^{\mathrm{T}} & 0 \end{bmatrix}^{-1}=\begin{bmatrix} 0 & 1 & 0 \\ 0 & -1 & 1 \\ 1 & 0 & 0 \end{bmatrix}^{-1}=\begin{bmatrix} 0 & 0 & 1 \\ 1 & 0 & 0 \\ 1 & 1 & 0 \end{bmatrix} \quad ⑥$$

となるので，制御装置のゲイン定数 h_1, h_2, k は，式 (7.52) より，

$$[\,h_1 \quad h_2 \quad k\,]=[\,1 \quad 0.845 \quad 1.300\,]\begin{bmatrix} 0 & 0 & 1 \\ 1 & 0 & 0 \\ 1 & 1 & 0 \end{bmatrix}=[\,2.145 \quad 1.300 \quad 1\,] \quad ⑦$$

5. 式 (7.58) の右辺は，行列式の性質を利用して，つぎの手順により式 (7.59) のように変形される．

(i) 下半分の n 行を上半分の n 行と入れ替える．
(ii) 右半分の n 列を左半分の n 列と入れ替える．
(iii) 上半分の n 行に -1 を掛ける．
(iv) 右半分の n 列に -1 を掛ける．

$$\begin{aligned}
\begin{vmatrix} \boldsymbol{A}-\lambda\boldsymbol{I} & -r^{-1}\boldsymbol{b}\boldsymbol{b}^{\mathrm{T}} \\ -\boldsymbol{Q} & -\boldsymbol{A}^{\mathrm{T}}-\lambda\boldsymbol{I} \end{vmatrix}
&=(-1)^n\begin{vmatrix} -\boldsymbol{Q} & -\boldsymbol{A}^{\mathrm{T}}-\lambda\boldsymbol{I} \\ \boldsymbol{A}-\lambda\boldsymbol{I} & -r^{-1}\boldsymbol{b}\boldsymbol{b}^{\mathrm{T}} \end{vmatrix} \\
&=(-1)^{2n}\begin{vmatrix} -\boldsymbol{A}^{\mathrm{T}}-\lambda\boldsymbol{I} & -\boldsymbol{Q} \\ -r^{-1}\boldsymbol{b}\boldsymbol{b}^{\mathrm{T}} & \boldsymbol{A}-\lambda\boldsymbol{I} \end{vmatrix} \\
&=(-1)^{3n}\begin{vmatrix} \boldsymbol{A}^{\mathrm{T}}+\lambda\boldsymbol{I} & \boldsymbol{Q} \\ -r^{-1}\boldsymbol{b}\boldsymbol{b}^{\mathrm{T}} & \boldsymbol{A}-\lambda\boldsymbol{I} \end{vmatrix} \\
&=(-1)^{4n}\begin{vmatrix} \boldsymbol{A}^{\mathrm{T}}+\lambda\boldsymbol{I} & -\boldsymbol{Q} \\ -r^{-1}\boldsymbol{b}\boldsymbol{b}^{\mathrm{T}} & -\boldsymbol{A}+\lambda\boldsymbol{I} \end{vmatrix} \\
&=\begin{vmatrix} \boldsymbol{A}^{\mathrm{T}}+\lambda\boldsymbol{I} & -\boldsymbol{Q} \\ -r^{-1}\boldsymbol{b}\boldsymbol{b}^{\mathrm{T}} & -\boldsymbol{A}+\lambda\boldsymbol{I} \end{vmatrix}
\end{aligned}$$

参 考 文 献

本書の執筆に当たっては，下記の文献を参考にさせていただいた．各著者の方々に感謝の意を表します．

1）K. Ogata：Modern Control Engineering，Prentice-Hall (1970)
2）高橋安人：自動制御計算法，共立出版 (1970)
3）伊藤正美：システム制御理論，昭晃堂 (1973)
4）中野道雄，美多 勉：制御基礎理論〔古典から現代まで〕，昭晃堂 (1982)
5）市川邦彦：最新自動制御講義，学献社 (1983)
6）伊藤正美：自動制御概論（下），昭晃堂 (1985)
7）須田信英：線形システム理論，朝倉書店 1993)
8）吉川恒夫，井村順一：現代制御理論，昭晃堂 (1994)
9）野波健蔵，西村秀和：MATLAB による制御理論の基礎，東京電機大学出版局 (1998)
10）田中幹也，石川昌明，浪花智英：現代制御の基礎，森北出版 (1999)
11）川田昌克，西岡勝博：MATLAB/Simulink によるわかりやすい制御工学，森北出版 (2001)
12）森 泰親：制御工学，コロナ社 (2001)
13）志水清孝，大森浩充：線形制御理論入門，培風館（2003）
14）森 泰親：演習で学ぶ現代制御理論，森北出版 (2003)
15）大住 晃：線形システム制御理論，森北出版 (2003)
16）鈴木 隆，板宮敬悦：例題で学ぶ自動制御の基礎，森北出版 (2011)
17）MathWorks：http://www.mathworks.co.jp
18）R. E. Kalman and J. E. Bertram：Control System Analysis and Design via the Second Method of Lyapunov, ASME Trans., Journal of Basic Engineering, Vol.82, pp.371-400 (1960)
19）J. E. Ackerman：On the Synthesis of Linear Control Systems with Specified Characteristics，Automatica，Vol.13，No.1，pp.89-94 (1977)
20）J. J. Bongiorno and D. C. Youla：On Observers in Multivariable Control Systems，Int. J. Control，Vol.8，No.3，pp.221-243 (1968)
21）J. E. Potter：Matrix Quadratic Solution, SIAM Journal of Applied Mathematics, Vol.14，No.3，pp.496-501 (1966)

索　引

【た行】

【な行】

【は行】

【や行】

【ら行】

【わ行】

著　者　略　歴

鈴木　隆（すずき・たかし）

1958 年　防衛大学校電気工学科 卒業
1965 年　京都大学大学院工学研究科博士課程 修了
　　　　防衛庁技術研究本部第 3 研究所 勤務
1966 年　工学博士（京都大学）
1975 年　防衛大学校教授
2001 年　防衛大学校名誉教授
　　　　現在に至る

著　書　自動制御理論演習（学献社）
　　　　アダプティブ コントロール（コロナ社）
　　　　例題で学ぶ自動制御の基礎（森北出版）

板宮　敬悦（いたみや・けいえつ）

1985 年　防衛大学校理工学専攻電気工学専門 卒業
1993 年　筑波大学大学院工学研究科博士課程電子・情報工学専攻 修了
　　　　博士（工学）
1993 年　防衛大学校助手
1995 年　防衛大学校講師
1999 年　防衛大学校助教授
2007 年　防衛大学校准教授
2014 年　防衛大学校教授
　　　　現在に至る

著　書　例題で学ぶ自動制御の基礎（森北出版）

編集担当　水垣偉三夫（森北出版）
編集責任　石田昇司（森北出版）
組　　版　アベリー
印　　刷　創栄図書印刷
製　　本　創栄図書印刷

例題で学ぶ現代制御の基礎
Fundamentals of Modern Control

2011 年　10 月　20 日　第 1 版第 1 刷発行
2019 年　2 月　20 日　第 1 版第 3 刷発行

著　　者　鈴木　隆・板宮敬悦
発 行 者　森北博巳
発 行 所　**森北出版株式会社**
東京都千代田区富士見 1-4-11（〒 102-0071）
電話 03-3265-8341 ／ FAX 03-3264-8709
https://www.morikita.co.jp/
日本書籍出版協会・自然科学書協会　会員
JCOPY ＜（一社）出版者著作権管理機構 委託出版物＞

落丁・乱丁本はお取替えいたします.

Printed in Japan ／ ISBN978-4-627-92091-0